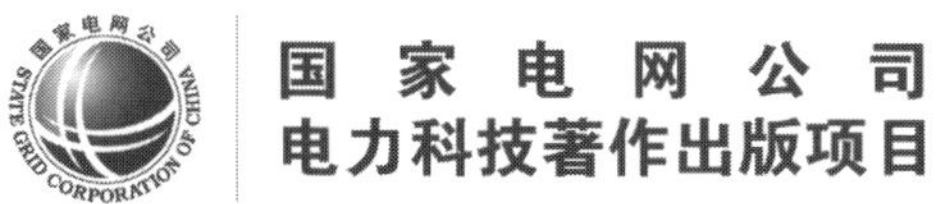

智能变电站自动化系统集成测试技术

陈其森 主编
宣晓华 副主编

内 容 提 要

智能变电站是坚强智能电网重要组成部分。2011 年开始，所有新建变电站全部按照智能变电站技术要求开展设计、建设、调试和运行。国网浙江省电力公司电力科学研究院在浙江电网试点工程实践基础上，对智能变电站的工程应用进行阶段性总结，同时吸收国内外相关领域研究成果，结合“通用平台、标准配置、全过程控制”的测试理念，全面分析，认真概括，编写了《智能变电站自动化系统集成测试技术》。

本书共分为八章，第一章为概述，第二章介绍系统配置，第三章介绍主要设备测试，第四章介绍网络系统测试，第五章介绍时间同步系统测试，第六章介绍系统功能测试，第七章介绍集成测试工具软件，第八章介绍集成测试实践案例。

本书可供电力建设单位、科研单位和设备厂商参考和使用。

图书在版编目（CIP）数据

智能变电站自动化系统集成测试技术 / 陈其森主编. —北京：中国电力出版社，2015.2
ISBN 978-7-5123-7310-5

Ⅰ. ①智…　Ⅱ. ①陈…　Ⅲ. ①变电所－智能技术－自动化系统　Ⅳ. ①TM63

中国版本图书馆 CIP 数据核字（2015）第 042107 号

中国电力出版社出版、发行
（北京市东城区北京站西街 19 号　100005　http://www.cepp.sgcc.com.cn）
三河市万龙印装有限公司印刷
各地新华书店经售
*
2015 年 8 月第一版　　2015 年 8 月北京第一次印刷
700 毫米×1000 毫米　16 开本　18 印张　336 千字
印数 0001—2000 册　定价 **90.00** 元

编　委　会

主　　编　陈其森

副 主 编　宣晓华

编写组成员　黄晓明　陆承宇　王　松　阮黎翔
吴栋萁　杨　涛　蔡耀红　吴　俊
丁　峰　舒　鹏　赵晓明　童　凯
方　芳

前 言

作为实现低碳电力的基础与前提，智能电网技术已成为电网未来发展的新趋势。面对新形势和挑战，国家电网公司深入贯彻落实科学发展观，认真贯彻落实中央有关决策部署，提出加快建设以特高压电网为骨干网架，各级电网协调发展，以“信息化、自动化、互动化”为特征的坚强智能电网，努力实现我国电网从传统电网向高效、经济、清洁、互动的现代电网升级和跨越，积极促进清洁能源的发展，为实现经济社会又好又快发展提供强大支撑。

智能变电站是坚强智能电网的重要组成部分。2011 年开始，所有新建变电站全部按照智能变电站技术要求开展设计、建设、调试和运行。国网浙江省电力公司电力科学研究院在浙江电网试点工程实践基础上，对智能变电站的工程应用进行阶段性总结，同时吸收国内外相关领域研究成果，结合“通用平台、标准配置、全过程控制”的测试理念，全面分析，认真概括，编写了《智能变电站自动化系统集成测试技术》。

本书围绕智能变电站二次系统集成测试技术，从基本概念入手，对智能变电站二次系统若干关键测试技术，如系统配置技术、典型装置测试技术、网络系统测试技术、时间同步系统测试技术、系统功能测试技术和典型工具软件进行总结和归纳，并在调试基地建设、集成测试组织和集成测试新技术方面进行了建设性说明和阐述。

本书既阐述了智能变电站二次系统技术，又重点突出集成测试工作实施，目的是为今后智能变电站建设提供借鉴和指导，进一步提高智能变电站二次系统工程调试质量和水平。随着智能变电站新技术的不断开发和应用，工程建设模式将进一步丰富和完善，工程调试技术也必将在现阶段基础上获得进一步的提升和拓展。

本书由国网浙江省电力公司电力科学研究院组织编写，陈其森担任主编，宣晓华担任副主编，参加编写的同志具有丰富的现场实践经验和较强的理论基础。

其中，第一章由黄晓明、阮黎翔编写，第二章由王松编写，第三章由杨涛、童凯编写，第四章由吴俊、蔡耀红编写，第五章由吴栋萁编写，第六章由丁峰、赵晓明编写，第七章由舒鹏、吴俊、王松、阮黎翔、吴栋萁、方芳编写，第八章由陆承宇、王松、阮黎翔编写。

在本书的编写过程中，浙江省电力公司领导高度重视并给予了人力、物力支持，同时得到了试点建设单位、科研单位和设备厂商的大力支持与协助。本书的编写还参阅了相关参考文献、技术标准和技术说明书。在此，对于以上单位及相关作者表示衷心感谢！

需要说明一下，IEC 61850 标准定义的变电站自动化系统，与国内常规定义的变电站二次系统含义基本一致，为了保持与国内常规用法的一致性，本书在前言和正文部分均优先采用变电站二次系统名称。

由于编写时间仓促，书中难免有疏漏和不足之处，恳请读者批评指正。

本书编写组

2014 年 8 月

目 录

概　　述

本章简要介绍了 IEC 61850 标准的制定历程和技术特点，同时介绍了数字化变电站和智能变电站基本概念，详细说明了智能变电站自动化系统技术特点，为读者阅读后续章节奠定基础。本章重点阐述了智能变电站自动化系统集成测试的地位和作用，同时介绍了集成测试新模式和具体流程，对比传统调试模式，说明了集成测试模式在实际工程中呈现出来的优势。

第一节　IEC 61850 标准与智能变电站

一、IEC 61850 标准

1999 年 3 月，IEC（国际电工委员会）3 个工作组提出了 IEC 61850 委员会草案版本。IEC 61850 标准共分为 10 个部分。2002～2005 年间，IEC 陆续正式颁布了 IEC 61850 标准第一版的 10 个部分。我国也从 2002 年开始对 IEC 61850 系列标准进行翻译转换，目前已经基本制定了相应的行业标准。

IEC 61850 标准是国际电工委员会 TC57 工作组针对解决变电站自动化系统面临的互操作性问题制定的《变电站通信网络和系统》系列标准，它采用面向对象的思想对变电站自动化系统进行建模，明确了一致性测试标准，将变电站自动化系统应用与通信技术进行有效分离。

IEC 61850 标准具有以下特点：面向对象建模，抽象通信服务接口，面向实时的服务，配置语言，整个电力系统统一建模。

其优点具体表现在：分层的智能电子设备和变电站自动化系统，满足实时信息传输要求的服务模型，采用抽象通信服务接口、特定通信服务映射，以适应网络发展。采用对象建模技术，面向设备建模和自我描述，以适应功能扩展，满足应用开放互操作要求，采用配置语言，在信息源定义数据和数据属性，传输采样测量值。IEC 61850 标准还包括变电站通信网络和系统总体要求、系统和工程管理、一致性测试等。

IEC 61850 标准的目标是互操作性、自由配置和长期稳定性。互操作性就是为不同厂家的设备互联提供互操作性，即不同制造厂家提供的智能设备可交换信息和使用这些信息执行特定功能；自由配置就是满足变电站自动化系统（SAS）功能和性能的要求，可灵活配置，将功能自由分配到装置中，支持用户集中式（如RTU）和分散式系统的各种要求；长期稳定性即标准支持未来的技术发展，因为它可兼容主流通信技术而发展，并可伴随系统需求而进化。

二、数字化变电站

数字化变电站是以变电站一、二次设备为数字化对象，以高速网络通信平台为基础，通过对数字化信息进行标准化，实现信息共享和互操作，并以网络数据为基础，实现继电保护、数据管理等功能，满足安全稳定、建设经济等现代化建设要求的变电站。

通信网络消除了常规无法回避的电缆绝缘问题带来的安全隐患，互操作性带来的互换能力解决了自动化系统扩建改造中对原厂家设备的依赖性，整体的程序化操作适应了远方操作的需求。这都给电网生产创造了技术可能，带来了实际的益处。

2008 年 1 月投产的浙江 220kV 外陈变电站受到国内主流厂家和用户广泛关注。该工程首次采用了国内外八个厂家的基于 IEC 61850 的继电保护及自动化装置，充分验证了该标准的互操作性并进行了工程化实施。此外，外陈变电站 220kV 系统继电保护采用了面向通用对象的变电站事件（Generic Object Oriented Substation Event，GOOSE）通信机制，用于传输实时性和可靠性要求非常高的保护启动、跳闸等信号，也是对 IEC 61850 标准过程层实时传输机制 GOOSE 在国内高压继电保护的第一次工程验证。2009 年 12 月投产的 500kV 兰溪变电站工程系统化、规模化运用 IEC 61850 技术，全站应用 GOOSE 通信，采用安装于户外的智能终端，充分考虑了数字化变电站运行、检修、扩建方式。此外，110kV 大侣变电站、田乐变电站等技术试验站也相继投入运行，实践了过程层采样值（Sample Value，SV）+GOOSE、电子式互感器、基于 GARP 的组播注册协议（GARP Multicast Registration Protocol，GMRP）、IEEE 1588 对时等技术。

三、智能变电站

随着国家电网公司智能电网战略的加快发展，智能变电站的建设快速推进。

智能变电站是指采用先进、可靠、集成、低碳、环保的智能设备，以全站信息数字化、通信平台网络化、信息共享标准化为基本要求，自动完成信息采集、测量、控制、保护、计量和监测等基本功能，并可根据需要支持电网实时自动控制、智能调节、在线分析决策、协同互动等高级功能，实现与相邻变电站、电网调度等互动的变电站。

可见，数字化变电站更体现了一种技术手段的应用，而智能变电站对站内的功能和实现作出了更广的规范。数字化变电站的部分特征，如IEC 61850标准信息化是智能变电站发展的技术基础，智能变电站则进一步综合站内功能与发展对外支撑，智能变电站并不要求过程层设备高度数字化。基于IEC 61850标准的变电站网络通信是两者最大的共同点。

目前，国家电网公司已颁布了Q/GDW 383—2009《智能变电站技术导则》、Q/GDW 394—2009《330kV～750kV 智能变电站设计技术规定》、Q/GDW 414—2011《变电站智能化改造技术规范》、Q/GDW 441—2010《智能变电站继电保护技术规范》、Q/GDW 1396—2012《IEC 61850 工程继电保护应用模型》等一系列智能变电站相关规程规范。这些规程规范也直接指导了数字化技术在变电站的应用。

第二节 变电站二次系统典型应用与技术特征

变电站自动化系统功能实现的基本原则并未改变，设计思想则由面向功能的设计转变为面向对象的设计，重点体现“数字化、网络化、模型化”的特点。

一、典型工程应用模式

目前，国内已有数百座基于IEC 61850标准的变电站自动化系统，各变电站的建设时间、变电站电压等级（风险承担能力）、建设目的等方面存在差异，因此，各变电站中数字化技术的应用范围和程度也有所不同，主要分为：

（1）IEC 61850 规约应用站。该类型站与传统的计算机监控系统站的结构类似，站控层与间隔层的保护、测控装置应用IEC 61850标准进行信息传递。保护装置间、间隔层装置与开关场设备通过二次电缆进行连接。

（2）部分实现过程层数字化的变电站。此类型变电站在过程层部分实现数字化，主要应用GOOSE技术，实现间隔层装置与过程层装置（智能操作箱）间的开关量信息的数字化，而电气量的采集仍采用传统互感器，并通过二次电缆实现与间隔层装置的连接。其典型结构如图1-1所示。

（3）全数字化变电站。此类型变电站从过程层到站控层全面采用IEC 61850技术，现场电气量采集也全面采用电子式互感器，全面实现数字化。其典型结构如图1-2所示。

二、设备分层

IEC 61850定义了的变电站通信的三层通信接口模型，数字化变电站很自然对应到站控层、间隔层、过程层和其间的过程层网、站控层网结构。站控层网运用制造报文规范（Manufacturing Message Specification，MMS）协议传递综合信息，过程层网运用GOOSE、SV传输快速传递实时信息。具体到各层的具体设备以及各网的组建形式、介质、冗余方式、网络规约等随着具体的变电站的设计方案而不同。设备分层典型结构如图 1-3 所示。

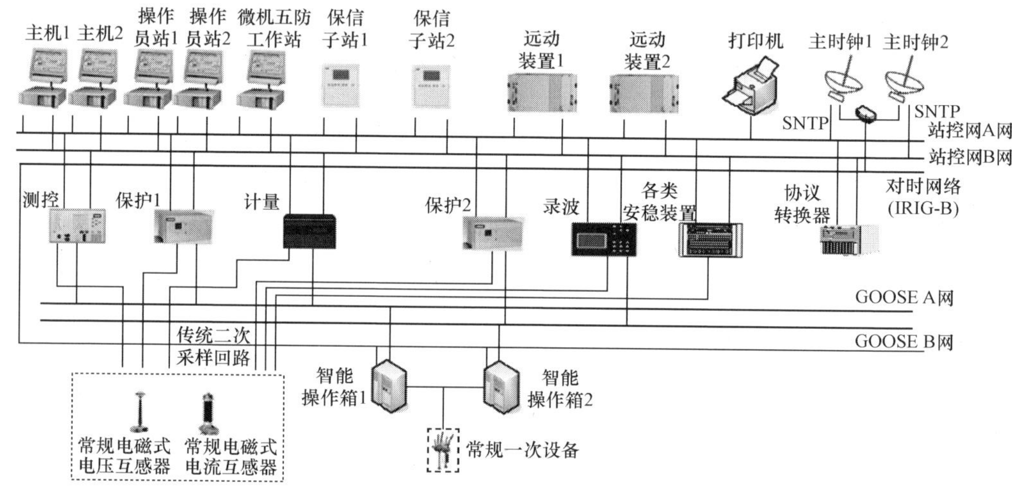

图 1-1　部分数字化变电站系统结构示意图

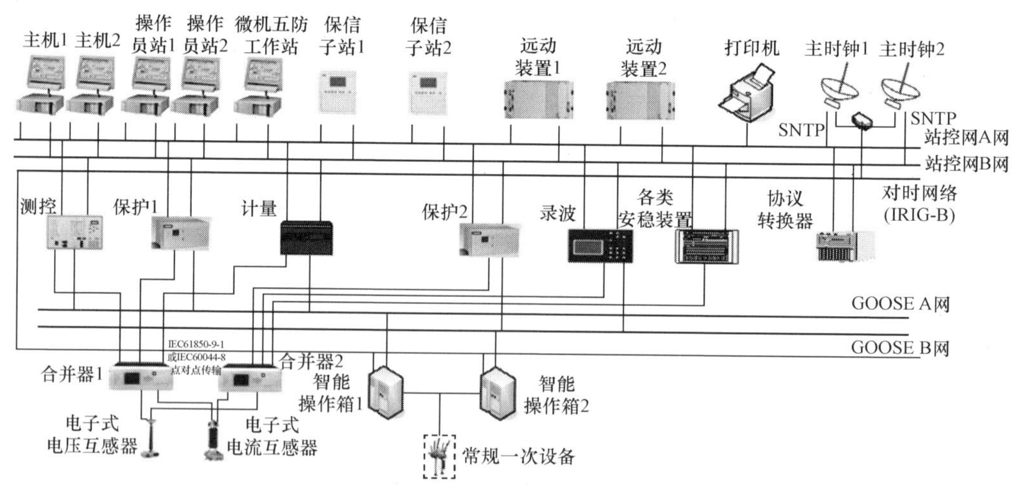

图 1-2　全数字化变电站系统结构示意图

三、基于变电站系统配置描述（Substation Configuration Description，SCD）文件的全站统一描述

数字化变电站中，要求以 SCD 文件为统一的数据源供后台、远动、保信子站以及保护测控装置统一数据源使用，从而避免了在实施过程中数据源和配置混乱的情况出现。SCD 文件作为统一的数据源具有十分重要的意义，对于规范 IEC

61850 变电站工程实施和推广非常重要。

四、全站系统统一配置工具

SCD 配置工具一般由系统集成商提供，其主要功能为：

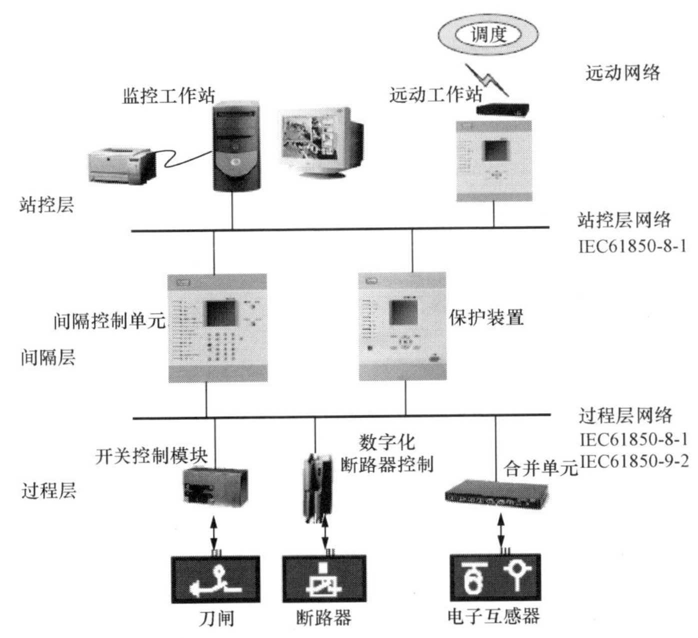

图 1-3　站内设备分层

（1）支持智能电子设备能力描述（IED Configuration Description，ICD）文件导入、更新及相应过程中各种冲突的检查和处理。后台系统支持 SCD 文件的增量更新，有效避免了调试过程中装置模型修改对工程实施带来的影响。

（2）支持全站统一的 GOOSE 及 SV 信号连线的配置，并导出各装置所需的已配置的智能电子设备描述（Configured IED Description，CID）文件。配置工具同时提供装置 GOOSE 及 SV 连线配置表的功能模块，有效确保 GOOSE 及 SV 配置的正确性问题。

五、基于 GOOSE 的开关量信息实时快速传输机制

变电站中保护信号、联闭锁等信号的传输对可靠性和实时性要求很高，数字化站中采用 GOOSE 进行此类信号的传输。GOOSE 没有采用 MMS 的客户端/服务器机制，而是另外制定了发布者/订阅者的模型，数据按要求以组播的方式向外发送，可以实现一发多收，同时使用一种特殊的重传方案来获得合适级别的可靠性，GOOSE 报文还带有虚拟局域网（Virtual Local Area Network，VLAN）和优先级标签，保证其在交换机中能优先通过，保证其实时性。实践表明，基于 GOOSE 的

开关量信息传输的可靠性和快速性是有保障的。

六、统一的应用标准模型

通过 IEC 61850 标准的应用可以有效实现不同厂家的智能电子设备（Intelligent Electronic Device，IED）之间的数据共享和互操作。但是 IEC 61850 标准有很多细节没有确切规定，有很多地方存在不同的实现选项，这些给互联互操作带来了困难。

例如，IEC 61850 标准 7-4 部分定义很多类型保护的模型，但是大部分模型不适用于国内对保护的要求，往往各个厂家根据自己的需求独立扩充保护信号和定值，造成用户对模型的理解困难，在工程实施的过程中经常会出现数据冲突的情况，影响工程的实施。

电力行业制定了 IEC 61850 装置统一建模的标准，并将 IEC 61850 实施的规范进一步细化：

（1）定义了统一的数据类型；

（2）定义了统一的保护、测控逻辑节点类型及隔离开关命名规范；

（3）定义了统一的装置模型框架；

（4）详细定义了 GOOSE 和 IEC 61850-9-2 的实施细则，完善了 GOOSE 和 SV 系统配置方案和检修机制，为变电站未来改扩建和平时运行维护检修提供了有效的解决方案；

继电保护设备的通信服务、数据模型以及配置流程应满足 Q/GDW 1396—2012《IEC 61850 工程继电保护应用模型》的要求。

七、虚端子

在装置建模时一般采用约定名称的 GGIO 模型作为 Extref 元素的 IntAddr 使用，且规定装置的输入端子统一表达在 LLN0 的 Inputs 中。“虚端子”方案通过 GGIO 中 DO 的描述和 dU 来说明输入信号的含义和要求，且以“GOIN”为 GGIO 实例前缀隐含规定了该信号来源于 GOOSE；以“SVIN”为 GGIO 实例前缀隐含规定了该信号来源于 SV，对照全站 SCD 配置，可以确定订阅对象的唯一性，方便了 GOOSE 连线工作。在工程实施过程中，能够很清楚的表达传统二次回路的分布。系统配置器完成的 GOOSE 与 SV 连线工作，主要体现在 SCD 文件中“inputs”部分，这就要求 IED 配置器能够解析 SCD 文件中“inputs”的内容，直接导出 CID 文件，生成和 GOOSE 与 SV 相关的私有配置文件，将这些文件下载至装置中，即可保证装置按照系统配置的内容正确订阅和发布 GOOSE 与 SV 信号。这种方式对以后数字化变电站的工程化推广有很好的借鉴作用，解决了数字化变电站装置 GOOSE 与 SV 信息无接点、无端子、无接线带来的具体配置难以在设计中体现的问题。

有了 GOOSE 与 SV 虚端子和设计院提供的 GOOSE 与 SV 连线表，系统集成商就可以采用 SCD 配置工具进行 GOOSE 与 SV 连线的配置了。

八、运用 Test 位的检修机制

在传统回路发信的方式下，检修时检修人员会做安全措施将信号公共端解除，保证在检修时继电保护信号不会上送后台主机干扰运行人员工作。数字化站取消了继电保护中央信号回路，所有继电保护动作和告警信号都是保护装置主动上送后台主机的。在检修时，如拔掉网络线可以避免信号上送，但不能满足特定客户端的要求（如后台需要核对信号，但是又不能让远动装置将信号转发到调度端）。因此，实际应用中都采用带品质位的信号解决，带品质传送信号——信号的相关检修品质位（第 11 位）置位——有很多优点，可以让客户端在收到信号的同时了解信号的来源、可信度及是否真实等。因此，采用标准的品质位来表示保护的检修状态，客户端接收到信号报文后根据其检修品质位决定如何处理。

对于 GOOSE 传输，500kV 兰溪变电站项目创新性地提出了“基于异或原则的 GOOSE 网络信号传输检修安全机制”的概念，通过将装置检修压板状态反映到 GOOSE 信息中，采用异或原则将装置自身检修状态和收到的 GOOSE 信息中的检修状态进行比较，来决定装置控制输出，实现了变电站检修状态装置和运行状态的装置在网络上自动隔离，保证了维护检修的安全性。

另外，数字化变电站采用 GOOSE 技术后，检修安全措施不能按传统方式进行。兰溪变电站项目所有二次设备（保护、测控、智能终端）都只设置了一块检修硬压板，通过 GOOSE 报文中携带的设备检修状态实现了检修时运行设备与检修设备的有效隔离，安全措施简单易行。基于异或原则的 GOOSE 网络信号传输检修安全机制为接收设备辨别 GOOSE 报文用途提供了简单有效的检修模式。

九、基于 SV 的采样值传输机制

IEC 61850 标准定义了两种 SV 传输技术：单向多路点对点串行通信链路上的采样值（IEC 61850-9-1）和映射到 ISO/IEC 8802-3 的采样值（IEC 61850-9-2）。

IEC 61850-9-1 保留了电子式互感器标准传输内容，用以太网报文格式进行了封装，映射方式固定简单，容易实现，不支持全部的抽象通信服务接口（Abstract Communication Service Interface，ACSI）模型访问，也不支持采样值控制块（SVCB）控制服务，不符合 IEC 61850 标准“自由配置、长期稳定”的制定目标，是一个兼容 IEC 60044-8 传输内容的通信协议。2009 年 1 月，国际电工委员会投票通过撤销 IEC 61850-9-1 的建议，IEC 61850-9-2 成为 IEC 61850 标准中唯一的采样值特殊通信服务映射（Specific Communication Service Mapping，SCSM）标准。

无论是 9-1 还是 9-2 SV 传输方式，其核心思想是采样数据源端同步，即电子式互感器接收外部信号同步采样，接收采样值数据的装置根据同步采样序号同步不同互感器的采样数据。如果需要从不同电子式互感器获取数据，装置必须依赖外部同步信号。

针对 IEC 61850 标准 SV 传输继电保护须依赖外部同步的问题，国家电网公司公司颁布了 Q/GDW 441—2010《智能变电站继电保护技术规范》，规定了 9-2 SV 传输必须等间隔直接传输（不经过网络），必须将采样延时附加到传输数据集中。这样保护可以通过接收报文插值计算同步采样数据。Q/GDW 441—2010《智能变电站继电保护技术规范》的点对点 9-2 SV 传输方案其实是综合了 IEC 60044-8 与 IEC 61850-9-2 两种标准的优点，该方案按照 9-2 格式传输采样值，可以组网依赖外部同步，也可以点对点插值同步。

合并单元（Merging Unit，MU）应能支持 GB/T 20840.8—2007《互感器　第 8 部分：电子式电流互感器》（IEC 60044-8）、IEC 61850-9-2《变电站通信网络和系统 第 9-2 部分：特定通信服务映射（SCSM）映射到 ISO/IEC 8802-3 的采样值》等标准。当 MU 采用 GB/T 20840.8（IEC 60044-8）标准时，应支持数据帧通道可配置功能。

第三节　集成测试介绍

对应于智能变电站以数字化通信为系统构建和功能实现主要载体的特点，在实验室内开展现场实际设备的调试工作，依据工程设计，确定全站的信息分布，完成设备功能配置，搭建最终运行系统，并进行系统集成及功能测试。

集成测试是针对具体工程的设备（主要为保护、监控）以整体规模进行功能配置和验证的过程。组织完整规模的设备调试，评估系统性能，有助于发现潜在的系统性问题，并在发往现场前予以解决。在流程上，打破了先就地安装后调试的限制条件，部分替代现场调试工作，减少现场工作量，规避现场土建及安装进程等不确定因素的影响。在《国家电网公司基建部智能变电站调试管理办法》中，已将集成测试工作确认为调试环节之一。

一、集成测试的地位和作用

集成测试是一种调试行为，因智能变电站的技术特点，使其与传统的设计和现场调试相互衔接，相互渗透。目前，国内的大部分电厂、变电站建设工程模式中，设计、设备安装调试和设备的供应是分离的，分别通过招标确定。三者相对独立，又需相互协调，都会对工程的投产和最终质量产生影响。

（一）设计

变电站二次部分主要负责完成一次设备的采集、控制和保护，一般可分为变电站自动化监控系统、继电保护及安全自动装置、调度自动化、系统及站内通信、元件保护及自动装置、交直流电源系统、全站时钟同步系统、设备状态监测系统、辅助系统、二次设备组柜及布置等。二次系统设计就是对上述的二次部分进行选型、组网、功能要求、配置等设计，以完成变电站实现综合自动化监控及信号远传功能。

传统上，设计意图以图纸来展示。常规综合自动化站电气二次图含系统结构图，电流电压回路图、控制信号回路图、端子排图、电缆清册等，所有不同设备间的连接均通过从端子到端子的电缆连接实现。这些图纸反映了二次设备的原理、功能和一、二次设备间的连接关系，可用于指导施工接线和运行的检修维护。

（二）设备安装

设备安装主要完成设备屏柜的到位、固定和各类电气及通信连接。其中二次电缆的连接工作量大、复杂、易错且隐蔽性强，但它却是连接各一次二次设备的纽带，是系统功能实现的重要一环，也自然成为主要的核对对象。

（三）现场调试

现场调试以完成站内设备和系统的定制和验证，并最终实现变电站设备的投运为目标。在国内，现场调试分为单体调试、分系统调试和整套启动试验三个阶段。

（1）单体调试是指设备在未安装时或安装工作结束而未与系统连接时，按照电力建设施工及验收技术规范的要求，为确认其是否符合产品出厂标准和满足实际使用条件而进行的单体试运或单体调试工作。

（2）分系统调试是指工程的各系统在设备单机试运或单体调试合格后，为使系统达到整套启动所必须具备的条件而进行的调试工作。

（3）整套启动试验是指工程的设备和系统在分系统调试合格后，从联合启动开始到满负荷试运合格移交生产运行为止所进行的调整试验和试运行工作。

单体调试和分系统调试项目的界限是看设备是否与系统连接。设备和系统断开时的单独调试属单体调试，设备和系统连接在一起的调试属分系统调试。送变电工程调试，以一次设备首次带负荷为界。之前为分系统调试，之后为整套启动调试。

在调试的流程上来说，安装、单体调试、分系统调试、启动试验是串联的关系。现场调试以完成设备安装和电气连接为前提。二次线缆是信号的承载者，其连接是否正确决定了信号能否按设计的要求进行传导，正确完成功能。因此，检查二次接线正确性成为调试工作的一项重要工作。另一方面，线缆的接地和寄生回路也是检查的重点。调试工作的对象决定了传统的变电站调试的重头工作需要在现场进行。工程必须安排足够的现场调试时间。

与发电机组、直流输电系统等的过程型调试方式有所差别，国内交流电力系统调试一般要求系统一次性正确的投入运行，除了必要的实测验证外，不需要进行系统的综合性能调整。

二、集成测试模式

智能变电站电气二次设计与常规综合自动化变电站的设计比较发生了很大的变化。智能变电站各层设备通过网络进行连接，设备间的连接是基于网络传输的数字信号，原有二次回路中点对点的电缆连接被承载大量数据通信的网络传输介质连接所取代，已不再有传统的端子概念。所以在今后的智能变电站设计中，至少应提供基于虚端子的二次接线图、过程层 GOOSE 配置表、全站网络结构图、交换机端口连接图等，真正在设计层面上完善和实现智能变电站的透明性和开放性。

智能变电站的革新并不仅仅在于其技术本身，其影响是广泛的。在专业管理领域，原先的设备分界变得模糊，设备的功能有了交叉和融合。而在工程建设领域，最直接的是技术变革带来的现场工作内容的改变，常规的数万根二次电缆的电气连接工作变成数量少得多的通信线缆的插头连接。设备连接已由一个重要的验证对象，弱化为一项简单的无需特别验证的工作，因为系统的自验证功能很容易发现连接上的错误。不仅于此，更重要的是通信平台搭建的便利性和易复原性，意味着限制调试工作开展的制约条件已不复存在，调试流程的优化成为可能，从而大大提高工作效率。常规变电站与智能变电站在调试流程上的区别正如图 1-4 所示。

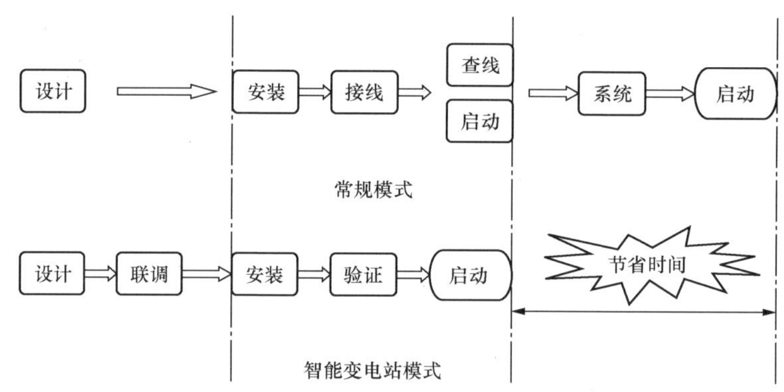

图 1-4　常规变电站与智能变电站在调试流程上的区别

排列智能变电站调试的各主要阶段内容，并对工作开展的环境条件进行分析：

（1）设备及系统 SCD、CID 等配置，可脱离实际设备独立完成。

（2）间隔级、过程层级设备整定与功能试验，可在实验室环境中完成完整试验。

（3）全站级系统组建和试验，可在实验室环境中完成完整试验。

（4）运行定值的输入，可在现场或实验室环境中完成。

（5）现场传动等验证性的试验，必须在现场完成。

（6）启动试验，必须在现场完成。

由此可见，重点的试验工作均可以脱离现场条件开展，在现场仅需完成实际设备传动等验证性工作。最大化的实验室工作、最小化的现场工作正是调试工作效率和效益的体现。理想的调试流程如图 1-5 所示：

系统配置
厂家资料
ICD
设计资料
SSD
集成
SCD
装置
下装
站控层
服务器
IED
实验室内的系统联调
系统配置
单体调试
单体调试
分系统调试
屏柜 1
屏柜 2
屏柜3
现场安装及
系统复原
现场试验
现场传动
启动
启动试验

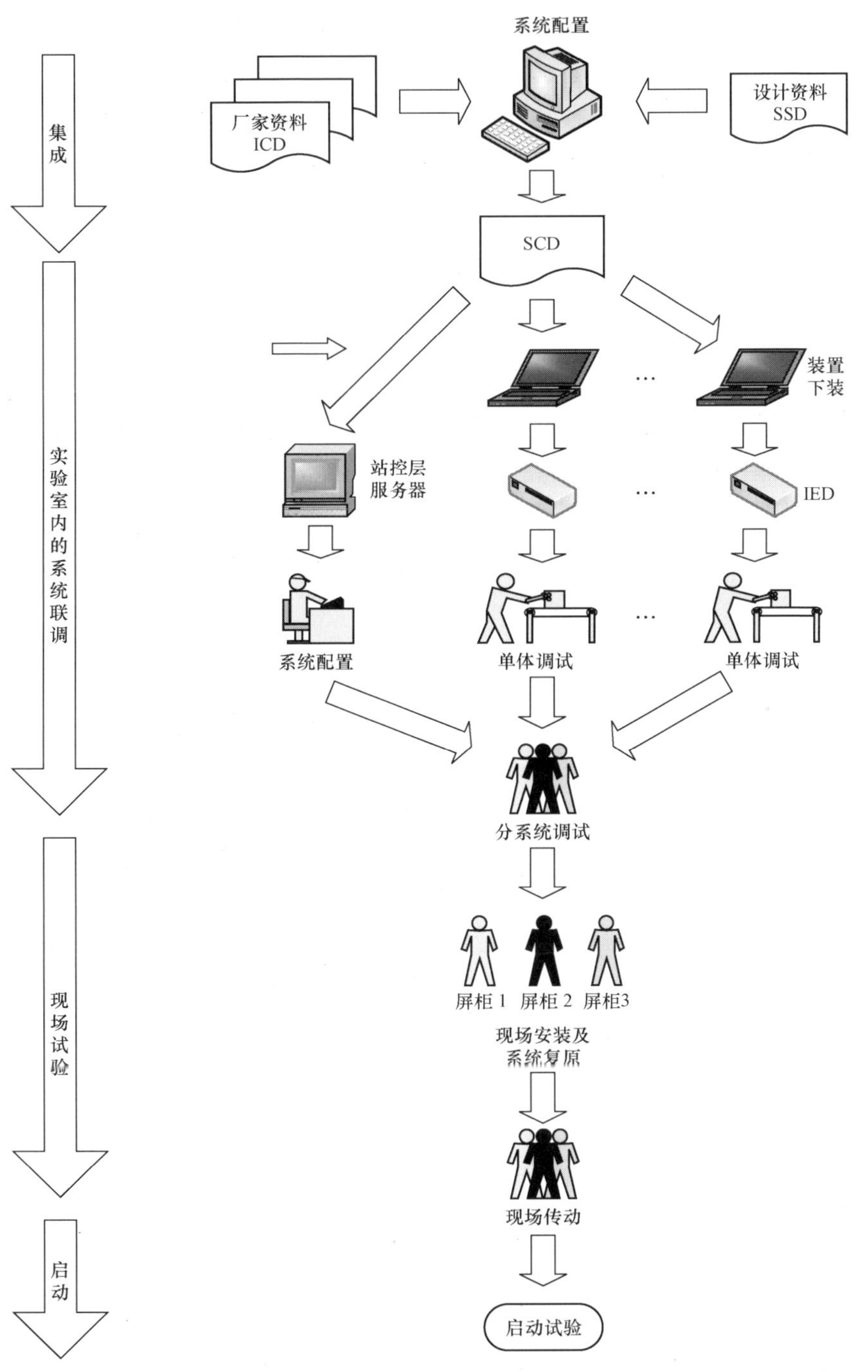

图 1-5　理想的调试流程

工厂验收试验（Factory Acceptance Testing，FAT）和集成测试的区别：FAT更侧重于系统中单个设备或子系统的构成、功能、性能验证，通常在设备制造厂家进行，具体工作主要由卖方负责完成。集成测试的目标是系统整体实现，从字面上理解包含有系统集成和功能测试两部分，其对象和结果是完整的二次系统和功能实现。

三、集成测试模式带来的影响

调试模式的变化，也必然对变电站建设过程中的其他相关参与者产生影响：

（1）设计院的设计内容略有变化。引入虚端子的概念后，设计保持了与常规站设计相类似的设计内容，但其展示方式有所改变，通常为列表的形式，图 1-6 为典型虚端子表设计样本；因交换机及交换技术的大量应用，要求有更为详细的组网设计和 VLAN 划分设计。通过标准化工作，固化设计，特别是与一次设备连接的电气接线端子的内容，可以让调试工作更早地开展。

输出信号

编号	信号描述	引用名
OUT1	A相跳闸	GOPTRC1.Tr.phsA
OUT2	B相跳闸	GOPTRC1.Tr.phsB
OUT3	C相跳闸	GOPTRC1.Tr.phsC
OUT4	A相启动失灵	GOPTRC1.StrBF.phsA
OUT5	B相启动失灵	GOPTRC1.StrBF.phsB
OUT6	C相启动失灵	GOPTRC1.StrBF.phsC
OUT7	闭锁重合闸	GOPTRC1.B1KRec.stVal
OUT8	重合闸	GORREC1.Op.general

输入虚端子

编号	虚端子描述	引用名
IN1	开关A相位置	GOINGGIO1.DPCSO.stVal
IN2	开关B相位置	GOINGGIO2.DPCSO.stVal
IN3	开关C相位置	GOINGGIO3.DPCSO.stVal
IN4	开关压力低禁重	GOINGGIO4.SPCSO.stVal
IN5	闭锁重合闸	GOINGGIO5.SPCSOl.stVal
IN6	远传	GOINGGIO6.SPCSOl.stVal
IN7	远跳	GOINGGIO7.SPCSOl.stVal

图 1-6　虚端子图

（2）系统集成的角色。可由设备商、调试单位、设计单位或第三方来担任。从保证最终系统功能符合用户要求，以及利于用户承担日后维护工作的角度出发，倾向于由调试单位或有资质的第三方单位主导系统集成。

（3）调度命名、保护定值等资料的提供。这些资料由专业管理部门提供确定。调试阶段需要有保护的调试定值。随着调试工作的提前，调试定值需求也较以往提前。调度命名在人机交互界面及信息描述中较为关键，需要及时明确以避免重复工作。

（4）调试者需具备合适的实验室场所和调试工具及方法。数字式的调试工具大量出现，调试技术更新换代，自动化程度越来越高。

（5）工程管理者一般在联调地点举行出厂验收，可将设备到达联调地点视为设备到货。

（6）设备提供方的交货期将较常规要求提前，技术人员的工作地点也主要集中在联调地点，而非现场。

四、集成测试的优势和应用

集成测试工作优先选择由电力用户主导实施开展。在用户（电网公司）内部单位负责开展项目的联调试验，主要有以下优势：

（1）全设备先期集中调试，可尽早发现问题。现场的施工、安装进度受多方面因素影响，在系统完成连接后，所剩余的时间已经不多。一旦在调试过程中发现重大的原理性或设备内在缺陷，其刚性的处理时间可能会直接延迟变电站的投运。

（2）提供现场无法提供的试验设备，解决难题。受一次设备及建筑分散的影响，现场的二次设备在空间分布上往往间隔很大，使得一些需要仪器、线缆等互联的测试系统难以开展，如雪崩试验、实时仿真试验等。

（3）便于集中省内优势技术人员，便于工作进度掌控。一套完善的系统，需要设计、运行、检修、调试、应用技术等各方面人员的大量投入。用户可以较容易地组织本系统的专家投入该项工作。在项目的各个节点上，用户处于直接主导的位置。

（4）运行人员的先期跟进，接受实物培训，并参与调试。集成测试，提供了较好的运行人员参与的条件，对实物进行操作，了解系统性能特点。运行人员的意见也可以较早地在系统中得以体现，避免在现场验收阶段才发现问题并进行整改。

（5）减少现场调试时间。经过了集成测试的系统，现场所需开展的调试工作将大大简化，直接转化为时间和人员投入的下降。减少近 1/3 的调试时间，从而减小基建项目的进度压力。

（6）改善调试期间设备运行环境，提高设备寿命。二次设备对环境要求较高。常规的方式下，受进度影响，土建和电气调试交叉作业现象比较多。设备在杂乱多尘的环境下运行并接受调试，严重损害设备寿命。集成测试在整洁的试验室环境中进行，因现场所需工期减少，可在土建完善后再进行现场安装调试，从而避开了受恶劣环境影响的风险。

一般下列项目根据工程需要，可开展联调试验：

（1）智能变电站基建二次系统调试。采用了电子式互感器及智能终端等设备的变电站因现场二次电缆的减少，特别适用于采用集成测试。

（2）变电站整体改造项目的二次系统调试。目前更多的传统变电站将逐步改造为新技术的智能变电站。其过程冗长，涉及每个阶段新上设备与已运行设备的功能协调。集成测试一次性将最终系统的功能完成后，可减少现场所需的测试项目。

（3）大型系统工程项目。柔性直流输电等大型工程，需要开展全系统控制系统的实时仿真测试或功能验证。

第二章

系 统 配 置

智能变电站明确规定变电站通信和系统采用 IEC 61850 标准，实现变电各设备、各系统的信息模型及相互间通信的互操作。互操作不仅包括系统运行中实时信息通信，也包括了工程实施过程中各方对系统进行配置描述的语言规范。IEC 61850 在第 6 部分定义了基于 XML 技术的变电站配置语言 SCL，可以独立规范的方式描述变电站一二次系统。SCL 语言不仅用于描述智能电子装置 IED 的配置和通信系统，也可以表达变电站自动化系统和变电站开关设备本身的相对关系。该语言利用了可扩展标记语言 XML 的可扩展性，采用 UML 面向对象的方法进行定义，实质上是变电站配置特殊要求所定义的一种行业专用描述语言。SCL 语言在语法上遵循 XML 的语法规定，在语义上包含了变电站配置所涉及的各类一二次对象。符合 SCL 标准的描述文件可以被离线复制、传递和使用，某种程度上相当于供计算机系统阅读的图纸和说明书，因而是 IEC 61850 技术体系的重要组成部分，也成为了 IEC 61850 工程应用的重要保障。

本章首先介绍了 SCL 的基本概念，然后对智能变电站配置流程进行详细介绍，对 SCL 语言在智能变电站中的具体应用进行了说明。

第一节 配 置 语 言

IEC 61850 标准定义了一种基于 XML 技术的系统配置描述语言（SCL），用于描述变电站自动化系统和一次开关场之间的关系以及智能电子设备（IED）的配置情况。制定 SCL 语言的目的是为不同厂商的工程工具提供一种统一、标准的描述格式，使各种工程工具之间能够实现互操作，从而简化变电站自动化系统的集成过程并降低集成费用。SCL 是 IEC 61850 技术体系的重要组成部分，是智能变电站工程实施的重要保障。

一、SCL 组成结构

IEC 61850 标准规定，配置文件全部采用面向对象方式的 SCL 语言编写，因此所有的配置文件具有相似的文档结构。

SCL 文档应包含五个基本组成部分：

这五个基本组成部分与 SCL 文档之间关系如图 2-1 所示。

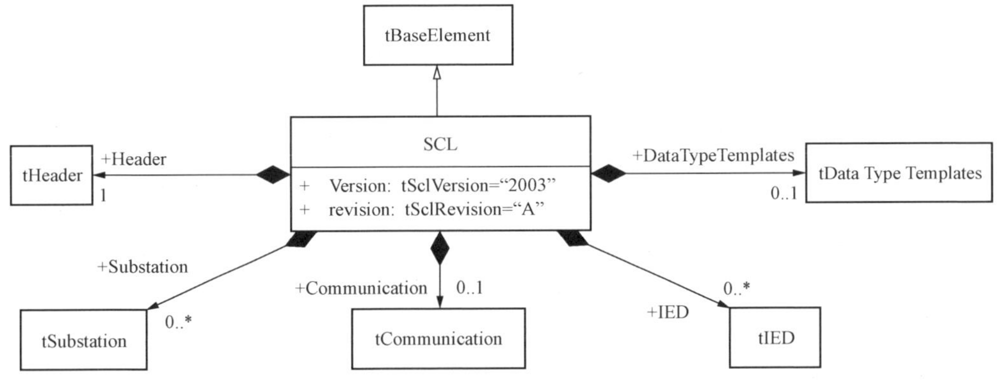

图 2-1 SCL 语言统一建模语言图

（1）头（Header）：描述 SCL 文档的版本和修订号以及名称映射信息。

（2）变电站（Substation）：从功能的角度描述开关场的设备（包括过程层装置）、基于电气接线图的连接（拓扑）以及描述所有装置功能，主要着眼于整个变电站的结构，因此在描述 IED 装置的文件中不出现该部分。

（3）通信（Communication）：描述与通信相关的对象类型，如子网、通信访问点，描述有关智能电子设备间的连接，作为逻辑节点客户和服务器间的通信路由基础。

（4）智能电子设备（IED）：描述与变电站自动化系统产品相关的装置对象，如智能电子设备、逻辑节点实现等。

（5）数据模板（Data Type Templates）：详细定义了所有在文件中出现的逻辑节点模板，包括它所包含的数据对象、数据属性及枚举类型模板。

（一）头（Header）

头部分主要用于整个 SCL 文档的整体性描述，包括标志 SCL 配置文件的名称结构、版本、制造商及文档命名等，也用于指定有关名字到信号的映射选项。图 2-2 给出了 Header 的结构概况。

信息头元素的属性在表 2-1 中规定。

在实例化工程中，变电站建成之后往往会面临多次修改，而每次修改的内容

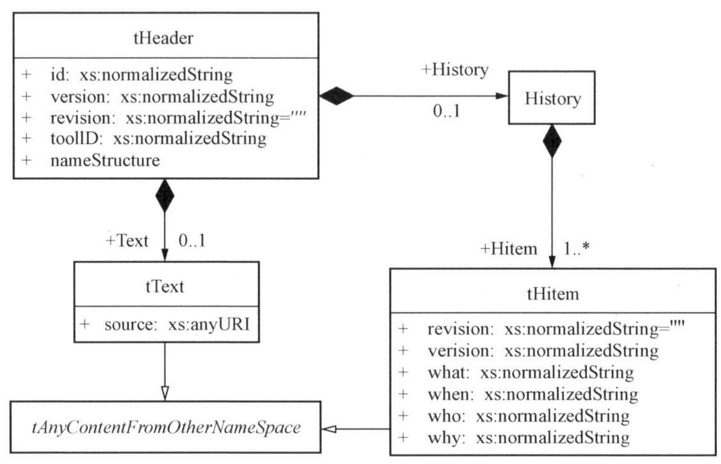

图 2-2 头部分统一建模语言图

表 2-1 **信息头元素属性**

属性名	说　明
标识 id	标识该 SCL 文件的串，Header 必备（可能为“空”）
版本 version	该 SCL 文件的版本（可能为“空”）
修订 revision	该 SCL 文件的修订，缺省空串表示这是原始版本
工具标识 toolID	用于创建 SCL 文件工具的制造商专用标识
名称结构 nameStructure	说明通信系统信号名称由变电站功能结构（FuncName）还是由智能电子设备产品结构（IEDName）构建的元素

必须体现在某些 SCL 文档上，因此 SCL 提供了修订历史（History）项，用于记录修改信息，包括版本（version）、修订版本（revision）、生成时间（when），修改人（who）、修改什么（what）和修改原因（why）。

（二）变电站（Substation）

变电站元素（Substation）用于描述变电站的功能结构，标识一次设备及它们的电气连接关系。对于工业过程或当描述整个电网时，可以有多个变电站节点，每个变电站节点对应一个具有变电站自动化系统的变电站。借助于附加到一次系统元素的逻辑节点，变电站元素补充定义了变电站自动化系统的功能(例如在 SSD 文件中)，或在逻辑节点已分配给智能电子设备情况（SCD 文件）时，定义智能电子设备功能与电力系统的关系。

如图 2-3 所示，name（命名）属性是必备的，且不应是空字符串，若该变电站节点用作 ICD 文件中的样本，则名称应为默认模板 TEMPLATE。名称对于 SCL 中所有变电站应保持唯一，因此，名称值 name 是变电站的一个全局标识。如果无描述 desc 属性，该属性可取空串作为缺省值。

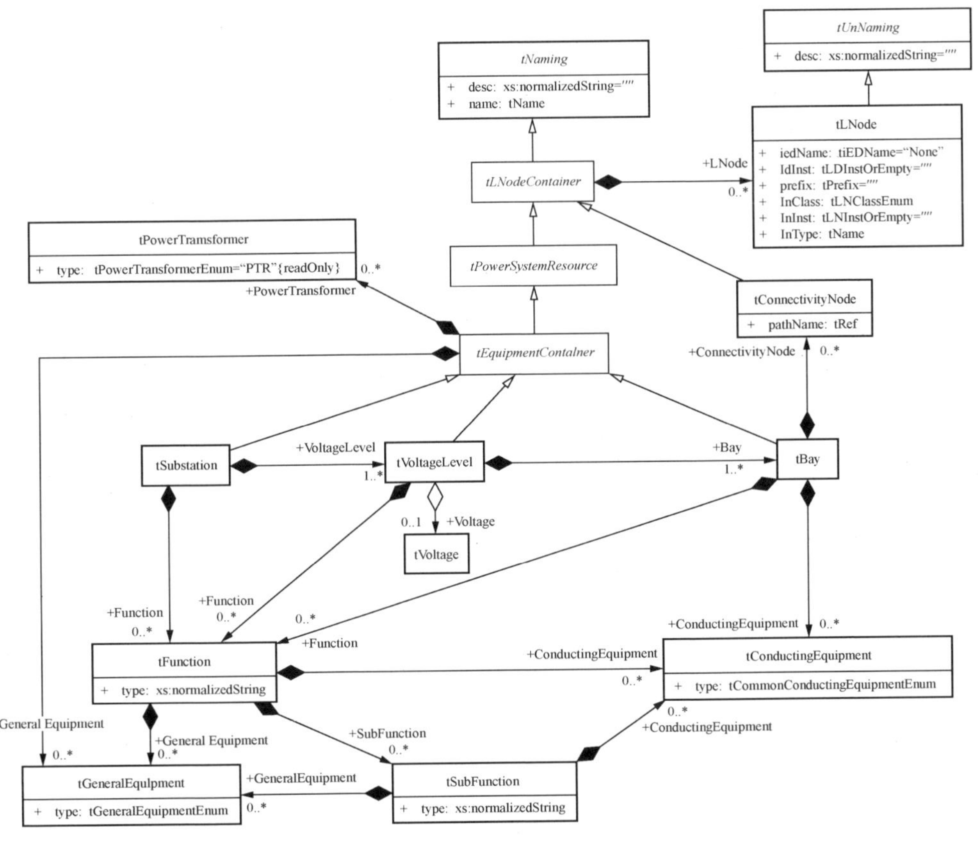

图 2-3　变电站部分统一建模语言图

逻辑节点可以位于结构的任何一层（如变电站、电压等级、间隔、设备、子设备有关功能、子功能等）。变压器（PowerTransformer）可以连接在变电站、电压、间隔等结构层；导电设备（ConductingEquipment）可仅连接在间隔层，同一层中逻辑节点实例应有不同标识，但所有设备均统一放置于 Equipment Container 下。

VoltageLevel 元素仅有一可选元素：类型 Voltage，该类型用于指明具体电压等级。因此，该元素（Voltage）有可能含有逻辑节点（LNode）、非电力设备

（GeneralEquipment）和电力变压器（PowerTransformer），借助于间隔 Bay 元素，它可包含有一个或数个间隔。

Bay 元素具有 tBay 类型。作为一个设备容器，其可能含有电力变压器、通用设备和逻辑节点。除此之外，可能含有主导电设备（ConductingEquipment）和连接节点（ConnectivityNode），用于规定电气主接线图中设备间拓扑连接。

ConnectivityNode 元素允许明确规定间隔内连接节点，作为一个 tLNode-Container，逻辑节点（LNode）可附加于它。

电力设备被划分为"电力变压器 PowerTransformer"和"主导电设备 Conducting-Equipment"两类。由于变电站中可能出现多个主变压器，"电力变压器 Power-Transformer"可以出现在多个设备容器中，且包含有作为特殊"主导电设备 Cond-uctingEquipment"的变压器绕组。所有其他"主导电设备 ConductingEquipment"类型仅出现在间隔 Bay 中。

子设备是一次设备的一部分，就像（气）泵是开关的一部分、开关中一相是整个开关的部分一样。子设备允许规定逻辑节点子设备的相关内容。变电站功能逻辑节点 LNode。所有设备和设备容器含有逻辑节点。逻辑节点（缩写为 LN）规定了在分层的适当层次上执行的变电站自动化功能部分。逻辑节点 LNode 元素通过按照 IEC 61850 系列标准第 5 和第 7 部分定义规定逻辑节点，标识变电站自动化功能。

为能够对驻有逻辑节点的智能电子设备与电力系统以外相关功能的连接建模，如消防设备、大门监控，变电站节含有功能元素 Funcation，其元素 Funcation 又含有若干子功能元素。这两个元素均是逻辑节点容器，且可能含有通用设备 GeneralEquipment。若必要的话，功能和子功能均同变电站自身一样，有名称（name）和描述（desc）元素，也可能有测试（Text）和私有（Private）元素，但没有设备间的连接。

（三）通信（Communication）

通信（Communication）部分描述智能电子设备（IED）通过访问点连到公共子网上的配置以及智能电子设备（IED）在逻辑节点间直接通信连接的配置。

图 2-4 为通信部分统一建模语言图给出通信概况。

配置包括 SubNetwork 子网定义、Address 地址定义、GSE 地址定义、SMV 地址定义及物理连接参数 PhysConn 等，在实例化之前，出厂配置内容可全部为空，实例化过程则是通信（Communication）部分叙述智能电子设备访问点连到公共子网上的配置，采用反映智能电子设备分层名称结构的方法实现。

子网定义了使用确定协议的逻辑连接。表 2-2 为子网元素属性。

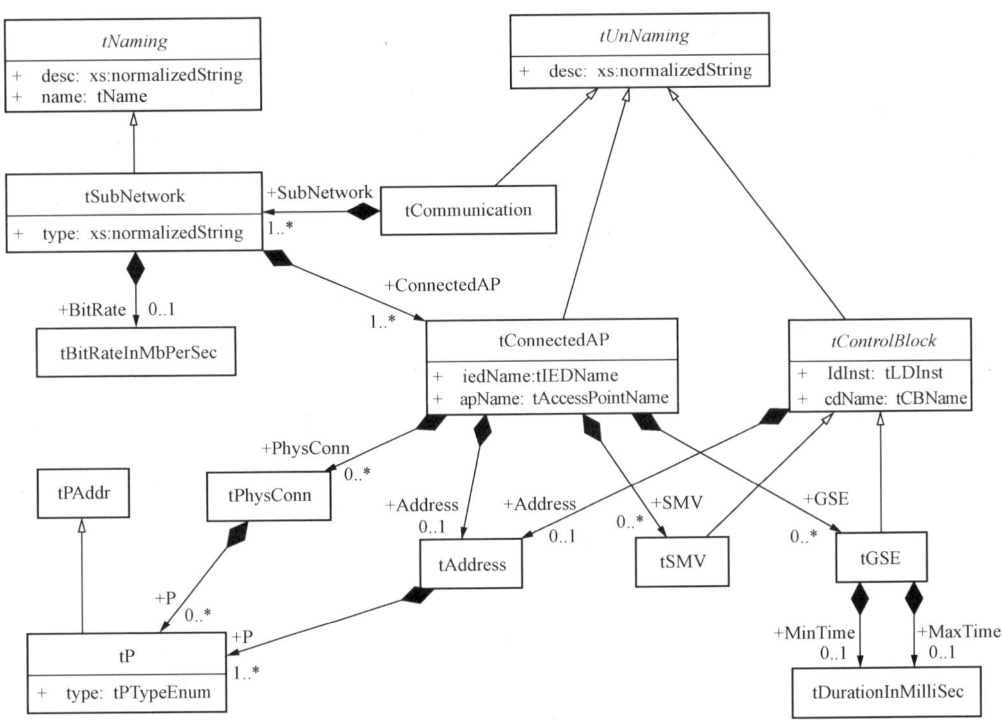

图 2-4 通信部分统一建模语言图

表 2-2 子 网 元 素 属 性

属性名	说 明
名称 name	在逻辑节点中标识该数据集的名称
说明 Desc	该数据集的描述文本
类型 type	协议类型在堆栈映射

子网含有可选元素 BitRate（定义比特率），单位 Mbit/s 和智能电子设备访问点列表。通过采用访问点的方式，智能电子设备可连接到带有访问点的子网。

Address 元素含有该访问点在总线上地址参数，至少有一个参数。这些参数在所含 P 元素内定义。P 元素类型属性标识该值含义。P 参数的意义依赖于子网协议类型，并必须在适当的特定服务映射 SCSM 中规定。

所有控制块地址信息基于抽象控制块 tControlBlock 类型。该信息为描述控制块相关地址参数提供地址元素，提供对智能电子设备内的控制块的引用。

GSE 元素属性具有表 2-3 所示的含义。

表 2-3　　GSE 元 素 属 性

属性名	说　　明
说明 desc	说明文字
逻辑装置实例 ldInst	控制块定位其上的本智能电子设备中逻辑装置的实例标识。逻辑节点并不必须，因这些控制块仅在 LLN0 中
控制块名 cbName	在逻辑装置 ldInst 的 LLN0 内的控制块的名称

SMV 元素定义采样值控制块的地址，如同 GSE 元素为 GSE 控制块定义地址一样，它也基于控制块 tControlBlock 模式类型，故具有与 GSE 控制块相同的属性。

元素 PhysConn 定义了本访问点的物理连接类型。参数值决定于该物理连接类型，并且参数的类型（意义）必须在堆栈映射中定义。

（四）智能电子设备（IED）

智能电子设备（IED）叙述智能电子设备的预配置：访问点、逻辑装置、具体逻辑节点等。进而，根据所提供的通信服务同 LNType、具体数据对象（DO）、缺省配置的值等一起定义智能电子设备的能力，在该文件内，智能电子设备的名称（Name 属性）应唯一。图 2-5 为 IED 基础部分统一建模语言图。

智能电子设备主要描述该设备的基本信息，智能电子设备元素的属性在表 2-4 中定义。

表 2-4　　智能电子设备元素属性

属性名	说　　明
名称 Name	智能电子设备标识。在描述装置类型的 ICD 文件中，名称应为 TEMPLATE。智能电子设备名称不应为空字符串，应在 SCL 文件中保持唯一
说明 Desc	描述文字
类型 Type	（制造商具体）智能电子设备产品类型
制造商 Manufacture	制造商名
配置版本 ConfigVersion	智能电子设备配置的基本配置版本
服务类 Services	IED 在网络中所使用到的服务

服务类可以随机顺序出现。如服务类不出现，则在智能电子设备中不能得到这些服务。同名服务名称出现数次，毫无意义。

访问点由服务器和逻辑节点列表元素加以描述，访问点元素属性在表 2-5 中定义。

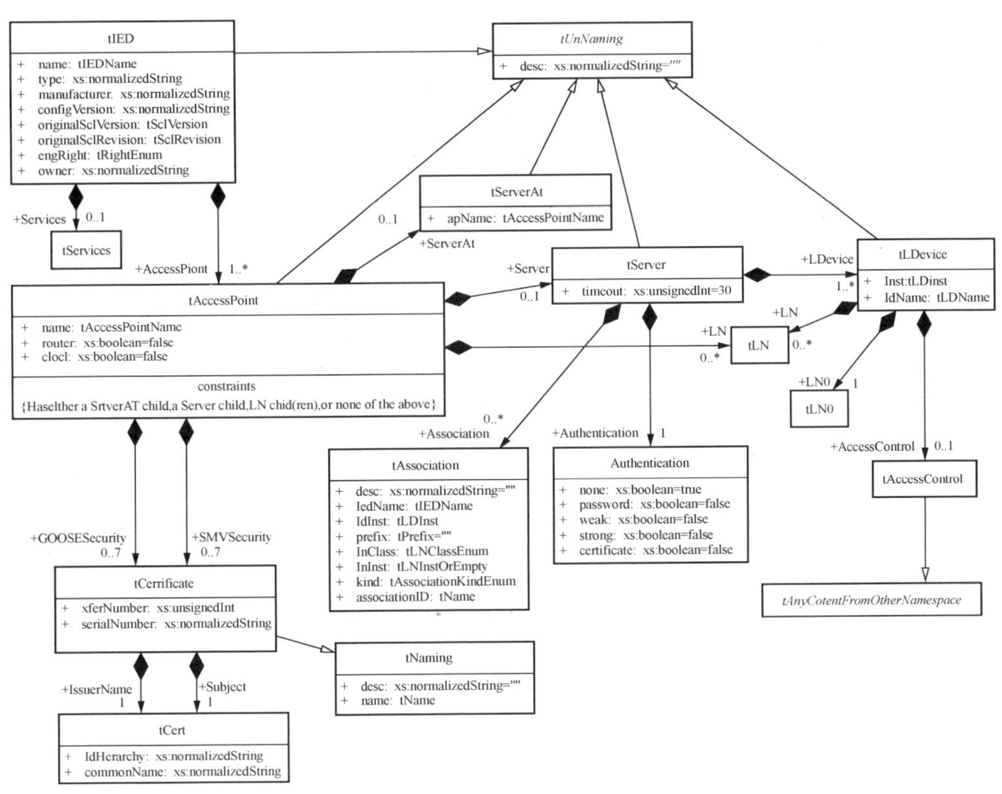

图 2-5 IED 基础部分统一建模语言图

表 2-5　　访问点元素属性

属性名	说　　明
名称 Name	引用标识智能电子设备内该访问点
说明 Desc	描述文字
路由器 Router	该值为“true”或设置为“true”，定义该智能电子设备有路由器功能。缺省，该值为“flase”（无路由器功能）
时钟 Clock	该值为“true”或设置为“true”，定义该智能电子设备为该总线上主时钟。缺省，该值为“flase”（无主时钟）

一个访问点可归属于具有逻辑装置的服务器，逻辑装置含有逻辑节点。这种情况下，作为客户端的逻辑节点可使用所有智能电子设备访问点，不仅是服务器的访问点，也可访问其他智能电子设备上的数据。由于服务器逻辑装置的逻辑节点 LN0（逻辑节点零）和 LPHD（逻辑节点物理装置）用于监视和控制智能电子设备，如果该智能电子设备由远方监视，则访问点总是需要一个服务器，因此变

电站往往需要建立一个或多个子网。

智能电子设备服务器含有认证 Authentication、逻辑设备 LDevice 和关联 Association 元素，LD 又含有逻辑节点零 LN0、逻辑节点 LN 等元素，每个 LN 元素又包含一个或多个数据对象 DO 元素。

服务器 Sever 结构示意如图 2-6。智能电子设备服务器元素属性见表 2-6。

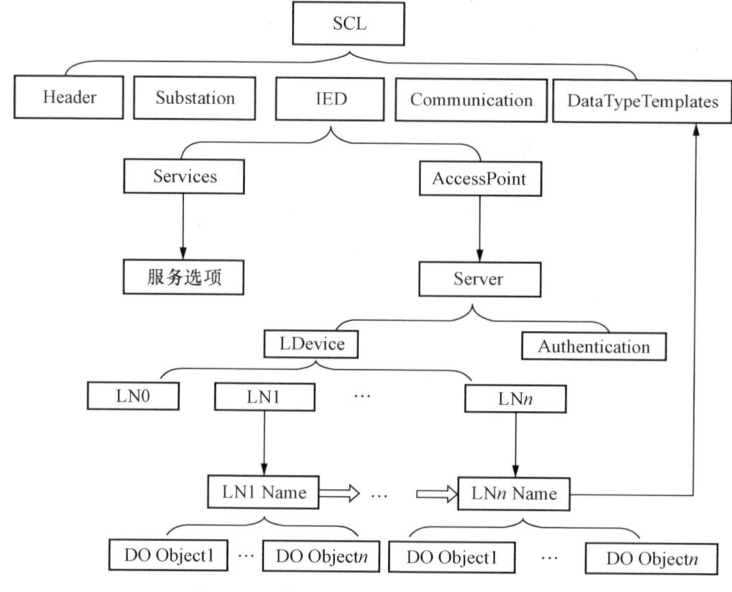

图 2-6　服务器 Sever 结构示意图

表 2-6　智能电子设备服务器元素属性

属性名	说　明
超时 timeout	超时，单位为 s。如果已启动的处理在该时间内未完成，则取消该处理并复归
说明 Desc	描述文字

（1）LDevice 元素定义经访问点可达到的智能电子设备的逻辑装置。它应至少有一个逻辑节点和 LN0，并可能有预配置报告、GSE 和 SMV 定义。LDevice 元素属性在表 2-7 中定义。

表 2-7　LDevice 元素属性

属性名	说　明
Inst	智能电子设备内 LDevice 的标识。依据 IEC 61850-7 部分，逻辑装置的全名在这 inst 之前有一另外部分（如 IEDName）。其值不能是空字符串
说明 Desc	描述文字

（2）LN0 属性有下列元素 GSEControl、SampledValueControl、SettingControl、SCLControl 和 Log。而且它从基础类型 tAnyLN、DOI 和 Inputs 元素中，继承 ReportControl 和 LogControl。LN0 元素属性如表 2-8 定义。

表 2-8　　LN0 元素属性

属性名	说　明
逻辑节点类 lnClass	依据 IEC 61850-7 部分，也在 tAnyLN 中定义的逻辑节点类，此处固定为 LLN0，不允许其他值
逻辑节点类型 lnType	该逻辑节点实例化定义，引用 LNodeType 定义
Inst	标识该逻辑节点的逻辑节点实例编号。对 LLN0，固定为空字符串（不允许其他值）
说明 Desc	描述文字

（3）数据对象 DOI 由 SDI 或 DAI 元素描述，属于数据对象 DO 的集合。

DOI 元素属性如表 2-9 所示。

表 2-9　　DOI 元素属性

属性名	说　明
说明 Desc	数据描述文字
名称 name	标准化的数据名称，例如，来自 IEC 61850-7-4 标准的名称
Ix	数组类型中数据元素的下标
访问控制 accessControl	该数据访问控制定义。空字符串（缺省）表示使用高层访问控制定义。可能的值取决于 SCSM

（4）数据属性 DAI 允许描述智能电子设备的实例值。在工程阶段，由相关人员进行相关配置。

DAI 元素属性如表 2-10 所定义。

表 2-10　　DAI 元素属性

属性名	说　明
说明 Desc	数据描述文字
名称 name	给出值的数据属性名称
短地址 sAddr	该数据属性短地址
valKind	如果给定名称，工程阶段定义
Ix	数组类型中 DAI 元素的下标

（5）SDI 元素代表或来自 DO（对应 LNodeType 中 SDO）一子结构名称部分，或 DA 子结构名称，除了最终属性名称外，SDI 元素或含有深一层结构名称部分的 SDI 元素，或带有值的最终属性元素 DAI。

SDI 元素属性定义如表 2-11 所示。

表 2-11　　SDI 元素属性

属性名	说　明
说明 Desc	数据描述文字
名称 name	SDI 的名称
Ix	数组类型中 SDI 元素的下标

（6）数据集 DataSet 含有系列 FCDA 元素，逻辑节点数据集 Data 元素属性如表 2-12 所示。

表 2-12　　Data 元素属性

属性名	说　明
名称 name	在逻辑节点中标识该数据集的名称
说明 Desc	该数据集的描述文本

LN0 中控制块主要包括报告控制块（RCB）、GSE 控制块、采样控制块等。报告控制块（RCB）含有元素：TrgOps、OptFields、RprTnabled 等。报告控制块使用表 2-13 给出的属性。

表 2-13　　报告控制块元素属性

属性名	说　明
名称 name	报告控制块名称。该名称与常驻报告控制块有关并应在逻辑节点内保持唯一
说明 Desc	该数据集的描述文本
数据集名 datSet	由报告控制块发送的数据名称。在 ICD 文件中，datSet 可仅空
周期 intgPd	整个时段，单位为 ms，见 IEC 61850-7-2。仅与触发选项 period 是否设为“true”相关
标识 rptID	报告控制块标识符
版本 confRev	本报告控制块配置版本号
缓存 Buffered	规定报告是否缓存见 IEC 61850-7-2
缓存时间 bufTime	缓存时间见 IEC 61850-7-2

GSE 控制元素仅允许在逻辑节点 LLN0 中。GSE 控制块可选包含那些必须订阅 GSE 数据的智能电子设备的名称，且 GSE 控制块名称应在 LLN0，即逻辑装置中保持唯一。变电站内不同应用应具有唯一的 appid 值，由项目/系统工程师决定一个应用的 appid 值。表 2-14 给出 GSE 控制块元素属性。

表 2-14　　GSE 控制块元素属性

属性名	说　明
控制块名 name	标识本 GOOSE 控制块的名称
说明 desc	说明文字
数据集名称 datSet	由 GSE 控制块发送的数据集名称。对类型=GSSE，在本数据集中的 FCDAdingyi 应根据 IEC 61850-7-2 解释为 DataLabels。datSet 属性在 ICD 文件中，可仅空
版本号 confRev	本控制块配置修订版本号
类型 type	如果 type 是 GSSE，则仅有状态指示和双位状态指示被允许作为该数据集中被引用的数据项。否则，允许所有数据类型。注意，在堆栈层，每一类型可能以不同方式映射到报文格式中。缺省类型是 GOOSE
应用标识 appID	GOOSE 报文所属应用的系统范围唯一标识

SMV 采样控制块元素仅允许在逻辑节点 LLN0 中，表 2-15 给出所用属性。

表 2-15　　采样值控制块元素属性

属性名	说　明
控制块名 name	标识本 SMV 控制块的名称
说明 desc	说明文字
数据集名称 datSet	应被发送的数据集名称。datSet 属性在 ICD 文件中，可仅空
版本号 confRev	本控制块配置修订版本号
采样值定义标志 SmvID	多播控制块用于采样值定义的 MsvID，如 IEC 61850-7-2 中定义；单播控制块 UsvID，如 IEC 61850-7-2 中定义
多播 multicast	“false”说明单播 SMV 服务，唯一含义是 smvID=UsvID
采样速率 smpRate	IEC 61850-7-2 中定义的采样速率
数据单元 nofASDU	ASDU 数量（应用服务数据单元）见 IEC 61850-9-2

设定控制块（SGC）的定义。注意设定控制块名称，即在 LN0 中它的名称部分，依据 IEC 61850-7-2 定义。设定控制块元素属性如表 2-16 定义。

表 2-16　　设定控制块元素属性

属性名	说　明
说明 desc	描述文字
控制块数 numOfSGs	可用设定组数
激活组数 actSG	载入配置时，被激活的设定组数。缺省值为 1

Input 部分定义了所有外部信号，逻辑节点逻辑需要这些信号以满足其功能。这部分也允许绑定信号到内部地址 IntAddr。绑定到外部信号使用表 2-17 所示属性。

表 2-17　　Input/ExtRef 元素属性

属性名	说　明
智能电子设备名 iedName	输入来自的智能电子设备的名称
逻辑装置实例 ldInst	输入来自的逻辑装置实例名称
前缀 prefix	逻辑节点前缀
逻辑节点类 lnClass	依据 IEC 61850-7-1，逻辑节点类
逻辑节点实例 lnInst	智能电子设备中逻辑节点类下的本逻辑节点实例的实例标识
数据对象名 doName	标识 DO 的名称（在逻辑节点内）。结构化 DO 情况中，名称部分由点（.）级联
数据属性名 daName	指定输入属性。如它对 DO（fc=ST 或 MX）所有过程输入属性，有某些缺省绑定（lntAdr）。如果该属性属于数据类型结构，则这结构名称部分应由“.”分隔
内部地址 intAddr	输入绑定的内部地址。仅有级联智能电子设备的智能电子设备工具应使用该值

（五）数据类型模板（Data Type Templates）

逻辑节点类型是逻辑节点数据的一个具体样本。每次引用的 LNodeType 是智能电子设备内所需具体化的类型。逻辑节点类型样本由 DATA（DO）元素创建，该元素具有 DO 类型，从 IEC 61850-7-3 中定义的数据类（CDC）派生出来。DO 由属性（DA）或已经定义的 DO 类型（SDO）元素组成。

所有类型由其类型 id 和 iedType 属性唯一标识。从智能电子设备 ICD 文件产生系统 SCD 文件中，逻辑节点类型标识在所有智能电子设备定义交叉中，可能不得不改变，以保持唯一性。为保留类型名称可能的语义信息，建议使用 iedType 属性定义特定逻辑节点类型与智能电子设备类型关系。如果还不够，可通过与老类型名称级联智能电子设备名称（其应在文件内唯一）创建一个新的逻辑节点类型名称。如果逻辑类型一般对数个智能电子设备有效，那么 IEDType 属性应定义为空字符串。例如接地距离 I 段的逻辑节点可设置为 PDIS1，多个装置共同拥有该保护时，也可通过增加前缀来区别。

如果在别处没有规定，DO 元素在 LNodeType 定义中的顺序和 SDO/DA 元素在 DOType 定义中的顺序也应规定数据值在报文中的顺序，例如，通过在数据集向下到属性的明确 FCDA 定义。LNodeType 定义中的顺序由智能电子设备配置工具负责，数据集中的顺序由系统配置工具负责。

数据类型模板部分统一建模语言图 2-7 给出 DataTypeTemplate 的概况。

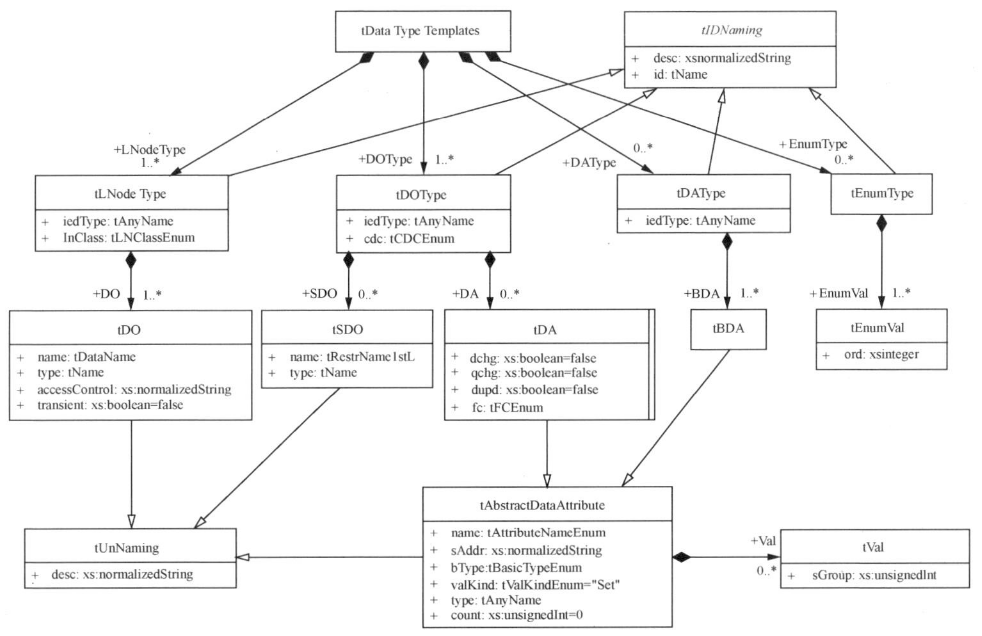

图 2-7 数据类型模板部分统一建模语言图

在 SCL 中，DataTypeTemplates 节含有所有类型。由上述模式部分看出，表 2-18 所示的类型定义可出现其中。

表 2-18　　DataTypeTemplate 定义元素

样本部分元素名	说　明
逻辑节点类型 LNodeType	实例化逻辑节点类型，从智能电子设备、变电站节中引用，在 IEC 61850-7-4 中定义
数据对象类型 DO Type	实例化 DATA 类型，从 LNodeType 或另外 DOType 的 SDO 元素中引用。基于 IEC 61850-7-3 CDC 定义实例化版本

续表

样本部分元素名	说　明
数据属性类型 DA Type	实例化结构化属性类型，从 DOType 的 DA 元素内，或另外一个嵌套类型定义的 DAType 内引用。基于 IEC 61850-7-3 的属性结构定义
枚举类型 EnumType	枚举类型，从 DOTypedeDA 元素中引用或在 btype 是 Eum 情况下，从 DAType 中引用。其定义遵从 IEC 61850-7-3 和 IEC 61850-7-4 的枚举定义

二、配置文件

变电站自动化系统是分层结构的系统，当采用面向对象设计的 SCL 语言方式时，SCL 语言必须能正确描述变电站内所有装置及其联系，各个功能如下：

（1）能正确描述一次设备、电气主接线及其他非带电设备；

（2）能正确描述已经预配置但没有实例化的智能电子设备；

（3）能正确描述已经实例化描述配置的智能电子设备；

（4）能正确描述 IED 装置之间采用发布者订阅者模式的通信；

（5）能正确描述 IED 装置之间采用客户端服务器模式的通信。

为使 SCL 能正确描述上述功能，标准中定义的 SCL 范围明确限于下列目标：

（1）变电站自动化系统规格规范［涉及上述第（1）点］；

（2）智能电子设备能力描述［涉及上述第（2）、（3）点］；

（3）系统通信描述［涉及上述第（4）、（5）点］。

为达到这一目标，规定了描述智能电子设备及其通信连接、开关场的配置模型，以及在工程工具间交换的文件中表达上述模型的标准化方法。

图 2-8 说明 SCL 语言数据交换在上述管理过程中的用法。虚线以上灰色阴影框表示这里使用 SCL 文件。智能电子设备能力 IED Capabilities 方框功能对应上述情况（2）和（3）的结果，形成 ICD 文件；系统规范框 System specification 对应上述情况（1），形成 SSD 文件；右侧关联 Associations 等框对应上述情况（4）和（5）结果，形成 SCD 文件。

以上配置均通过智能电子设备配置器完成，配置器一般是制造商专用工具，且应能导入/导出按照本标准定义的文件。该工具提供智能电子设备专用定值，产生智能电子设备 IED 特定的配置文件即 CID 文件，下载智能电子配置文件到智能电子设备。

（一）ICD 文件

ICD：IED Capability Description（IED 能力描述文件）。

由装置生产厂商提供给系统集成厂商，该文件描述了 IED（智能装置）提供的基本数据模型及服务，但不包含 IED 工程实例名称和通信参数。ICD 文件应包

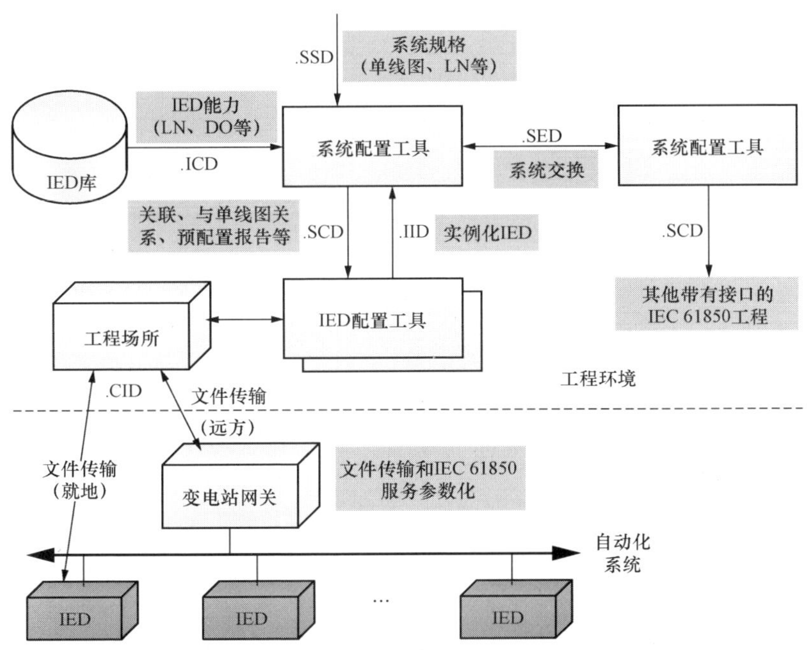

图 2-8　配置过程信息流参考模型

含装置基本的模型自描述信息，如装置所有的 LD 和 LN，LD 和 LN 应包含中文“desc（描述）”属性，通用模型 GAPC（通用自动过程控制）和 GGIO（通用过程 I/O）实例中的 DO 应包含中文“desc（描述）”属性，数据类型模板 LNType 中 DO 应包含中文“desc（描述）”属性。ICD 文件还应包含版本修改信息，明确描述修改时间、修改版本号等内容。

配置内容：

（1）LD、LN、DO、DA 定义及 LN 类型模板的定义；

（2）数据集 DateSet 定义；

（3）控制块的配置定义。

（二）SSD 文件

SSD：System Specification Description（系统规格文件）。

该文件描述了变电站一次系统结构以及相关联的逻辑节点，最终包含在 SCD 文件中。

配置内容：

（1）系统一次主接线图定义（变压器、电压等级、间隔、设备、拓扑连接等等）；

（2）模型对象对应的功能 LN 类型的定义。

（三）SCD 文件

SCD：Substation Configuration Description（全站系统配置文件）。

为全站统一的数据源，该文件描述了所有 IED 的实例配置和通信参数、IED 之间的通信配置、变电站一次系统结构以及信号联系等信息，由系统集成厂商完成。SCD 文件应包含版本修改信息，明确描述修改时间、修改版本号等内容。

配置内容：

（1）一次系统模型，包括一次系统结构、一次设备信息等；

（2）通信网络配置，包括 GOOSE、MMS 网络的 IP 地址、MAC 地址、VLAN 等配置信息；

（3）所有装置的实例配置，装置所在的间隔名称、装置名称等配置信息；

（4）所有相关的数据类型模板 DataTypeTemplates 配置，包括 LNodeType、DOType、DAType、EnumType 等。

（四）CID 文件

CID：Configured IED Description（IED 实例配置文件）。

每个装置有一个 IED 实例配置文件，由装置厂商根据 SCD 文件导出本 IED 相关配置生成。CID 文件在 IEC 61850 标准中为可选文件，厂家 IED 实例配置信息可采用私有格式，可不采用该文件。

配置内容：

（1）本装置的通信网络配置，包括 GOOSE、MMS 网络的 IP 地址、MAC 地址、VLAN 等配置信息；

（2）装置的实例配置，装置所在的间隔名称、装置名称等配置信息；

（3）相关的数据类型模板 DataTypeTemplates 配置，包括 LNodeType、DOType、DAType、EnumType 等。

第二节　配　置　流　程

一、虚端子

传统变电站的微机保护装置各开关量、跳合闸出口等都一一对应于具体的端子，保护设计时，通过从端子到端子的电缆连接实现保护装置之间配合以及保护装置至一次设备的出口。

智能变电站往往通过网络以 GOOSE 或 SV 的报文方式实现各智能装置之间信息的交互、跳合闸出口等，原有传统的端子排消失了，取而代之的是基于网络传输的数字信号，原有点对点的电缆连接也被网络化的光缆连接所取代，但一根电缆中的信息是比较单一的，且只能实现装置之间点对点的联系，而一根光缆可以包含多重信息，通过网络可以传输一点面向多点（不同装置）的信息。如果仍旧按照传统的设计理念、设计方法去对待采用 GOOSE 和 SV 方式通信的智能变电站，设计阶段能够表现的仅仅是从各智能装置到交换机的光缆连接，所有信息全部隐含在光缆中而无法表达。但是网络上传输的 GOOSE 和 SV 报文信息仍需要一一配置，而设计时却缺少体现配置的手段，原先应在设计阶段完成的智能装置之间的配合工作，全部需要在施工、调试过程中去完成，而缺少了设计环节，必然缺少原始资料，无法追诉和验证，造成维护或扩建困难。

针对智能变电站中的应用带来的新变化，我国采用 GOOSE/SV"虚端子"反映智能装置 GOOSE/SV 配置，解决智能变电站智能装置 GOOSE/SV 信息无接点、无端子、无接线带来的 GOOSE/SV 配置难以体现等问题。虚端子及其连接配置是我国特有的应用规范，有鲜明的中国特色。图 2-9 是一个典型 220kV 线路保护与母线保护及智能终端的虚端子连接示意图。

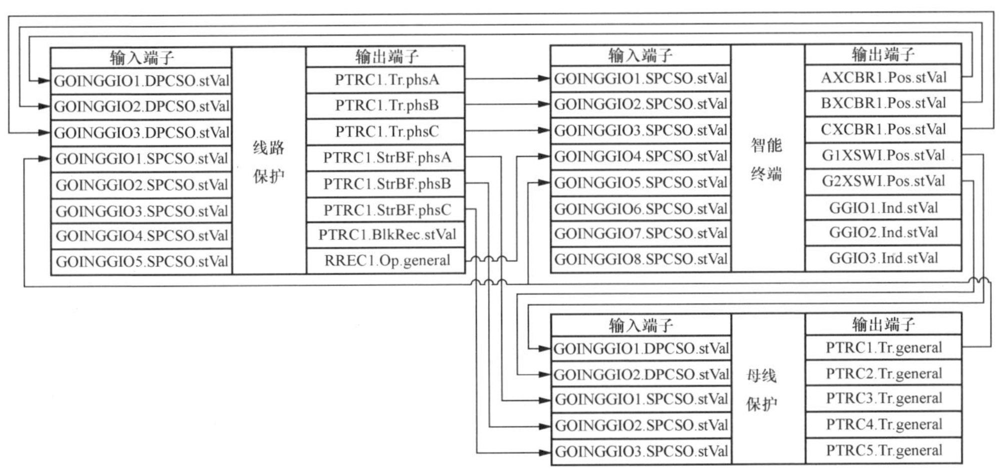

图 2-9 虚端子连接示意图

虚端子并不违背 IEC 61850 标准，只是在其基础上作了特殊的规定，也不影响我国装置与其他国际厂家装置互操作。严格意义上讲，只是定义了装置输入虚端子模型和虚端子连接方式。因为，标准对于发送面向通用对象的变电站事件（GOOSE）和采样值（SV）报文服务的配置定义是十分明确的，可以传输关联数据集的数据成员（一般认为是输出虚端子）。

虚端子与实际端子还是有一些区别的，但这些区别并不影响对虚端子的理解和应用。由于采用组播通信方式，虚端子可以一发多收，但实际开关量端子通常只能一发一收。为了便于信号确认和诊断，规定虚端子只能一收一发，即一个接收端子只能连接一个信号，而实际端子可能一收多发，即多个接点并联接入。因此，虚端子及其连接配置对于智能变电站工程，尤其是继电保护和计算机监控系统的重要性不言而喻。

二、配置的流程

IEC 61850 是采用面向对象设计的，使得必须在客户端与服务器端同时需要配置同样的数据库，因此在配置时需要将相关的信息分别写入至客户端与服务器端，相关信息由各个配置文件提供给装置。

由各个装置厂商提供的 ICD 文件，该文件描述了 IED 提供的基本数据模型及服务，但不包含 IED 实例名称和通信参数。

将各个装置厂商的 ICD 文件进行实例化配置并结合系统规格文件 SSD，通过配置 IED 实例名称和通信参数，建立起全站系统配置文件 SCD，SCD 文件为全站统一的数据源，该文件描述了所有 IED 的实例配置和通信参数、IED 之间的通信配置、变电站一次系统结构以及信号联系等信息。该文件主要提供给监控后台客户端使用。

作为服务器端的 IED 装置也需要相关的配置信息，因此，将配置完成后的 SCD 文件中与该装置所有相关信息导出而形成 CID 文件，并将该文件下装至 IED 装置中，使之可与监控后台或其他装置正常通信。

智能变电站组态配置配置流程见图 2-10。系统配置工具导入各厂家提供的 ICD 文件（各类型装置不同）和全站 SSD 文件，完成全站 IED 实例、IED 交换信息及通信参数、虚端子联系、一二次模型关联等，导出 SCD 文件。SCD 文件一方面可用于变电站后台监控系统等客户端配置，另一方面可供各 IED 配置工具导出 CID 文件或私有配置文件下装到装置中。

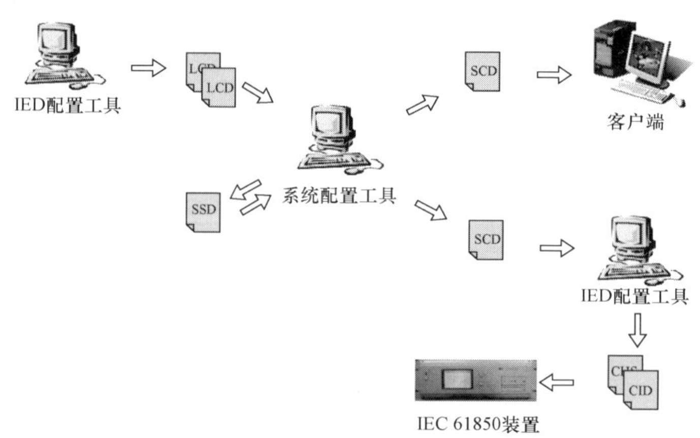

图 2-10　智能变电站组态配置流程图

图中可以看出，智能变电站组态配置需要用到两个重要的工具软件，即系统配置工具和 IED 配置工具。它们都是智能变电站系统配置时必不可少的工具，当然有的厂家将两者合二为一。然而在 IEC 61850 标准第 1 版中针对系统配置工具和 IED 配置工具没有一致性测试内容，现实工程中配置工具一致性问题尤为突出。

系统配置工具是系统级配置工具，独立于 IED。它负责生成和维护 SCD 文件，支持生成或导入 SSD 和 ICD 文件，其中应保留 ICD 文件的私有项。系统配置人员根据工程实际配置的需要，对一次系统和逻辑节点关联关系、全站 IED 实例以及 IED 交换信息和通信参数等进行配置，完成系统实例化配置，并导出全站 SCD 文件，提供给客户端及装置配置工具使用。此外，为了配合配置文件版本跟踪和管理工作，系统配置工具必须具备配置文件版本、修订版本、修改时间自动生成功能，修改作者、内容、原因可提示用户输入。系统配置工具还需要按标准自动管理和生成模型配置版本、定值参数版本、CF 属性变量版本和通信配置版本用于装置在线自动核对或记录相关配置版本。

IED 配置工具是与装置相关的配置工具，负责生成和维护装置 ICD 文件，支持读取 SCD 文件以导出 CID 文件和相关需要的装置实例配置信息、通信参数、虚端子交换信息等，完成装置配置并下装配置数据到装置。

组态配置是智能变电站不可缺少的环节。根据图 2-10，组态配置需要厂家提供 ICD 文件，设计部门提供 SSD 文件（一般工程中没有提供，可以根据设计图纸自行编制）。

然而现阶段，智能变电站智能装置尚不成熟，装置标准化程度不高，各厂家装置 ICD 文件会不断修改，常常会出现较多文件错误。如果将这些带有错误的 ICD 文件进行组态，必然会生成错误的 SCD 文件，无法生成正确的配置下装到装置。因此非常有必要对事先 ICD 文件进行检查。如果组态软件设计得很好，这一过程可以设计到导入 ICD 文件过程中。

组态配置的基本内容应包含通信子网配置、IED 导入及参数配置和虚端子连接配置，如有必要（如源端维护），可包含变电站部分配置。最后与 ICD 文件一样，生成 SCD 文件时也有必要对其进行全面检查，防止文件错误下装不成功。

交换机配置虽然与 IEC 61850 组态配置无关，但是交换机配置与过程层通信密切相关，主要是虚拟局域网 VLAN 划分。智能变电站在调试期间应依据设计院给出的 VLAN 规划图对交换机进行配置。

（一）ICD 文件检查

ICD 文件检查应包含：

1. 文件 SCL 语法合法性检查

语法检查主要是检查 ICD 文件的基本语法是否合格，主要依据标准的 XML Schema 规则文件对文件进行检查。主要包括：

（1）文件中的元素是否合法；

（2）文件中的属性是否合法；

（3）文件中的元素的子元素是否合法；

（4）文件中的子元素的次序是否合法；

（5）文件中的子元素的数量是否合法；

（6）文件中的元素是否为空，或者是否可以包含文本；

（7）文件中的元素和属性的数据类型是否合法；

（8）文件中的元素和属性的默认值以及固定值是否合法。

2. 文件模型实例及数据集正确性检查

文件模型实例主要检查 ICD 文件中的逻辑节点实例及其数据实例与模板不一致的语意错误；数据集正确性检查主要检查 ICD 文件中的数据集成员不存在的语意错误。

3. 文件模型描述完整性检查

文件模型描述完整性检查主要是检查 ICD 文件中逻辑设备实例、逻辑节点实例、数据对象实例是否缺乏描述。缺乏描述不是语法错误，但组态人员不能准确判断语意，可能影响组态配置的正确性。

ICD 文件检查通常采用专用检测软件进行检查，例如“ICDCheckTool”软件。ICDCheckTool 软件界面见图 2-11。

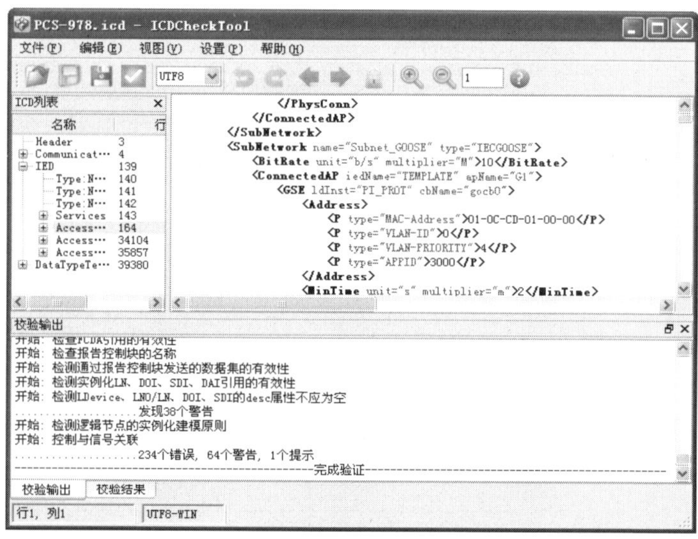

图 2-11 ICDCheckTool 软件界面

（二）系统组态

系统组态（组态、系统配置）的主要配置内容有通信子网配置、IED 导入配置、变电站配置和 SCD 文件检查。

1. 通信子网配置

IEC 61850 标准关于子网定义的描述如下：一个子网配置包含所有可以不通过中间路由器以特定通信协议进行通信的访问点。子网用于定义使用特定协议的逻辑连接，而非物理连接。不同协议子网可以在同一个物理网络上运行。实际工程配置时，子网如何划分意义并不大，因为这种划分不会对工程配置产生影响。Q/GDW 396—2009《IEC 61850 工程继电保护应用模型》中描述如下：全站子网宜划分成站控层和过程层两个子网，命名分别为“Subnetwork_Stationbus”和“Subnetwork_Processbus”。实际工程中，可能存在双网通信模式，可命名为“Subnetwork_StationbusA”、“Subnetwork_StationbusB”和“Subnetwork_ ProcessbusA”、“Subnetwork_ProcessbusB”。有的工程也将过程层网络按 SV 和 GOOSE 分开划分，有的将过程层网络与实际物理网络等同划分，实际上都不会影响通信配置。

以 SCL Configurator 软件为例，通信子网配置过程如下。

打开 SCL Configurator 软件后单击菜单中的新建子菜单新建一个 SCD 文件后界面如图 2-12 所示。第一需要建立通信子网，点击 SCL 浏览器中的“Communication”，再点击右侧项目框上端的新建按钮新建子网。

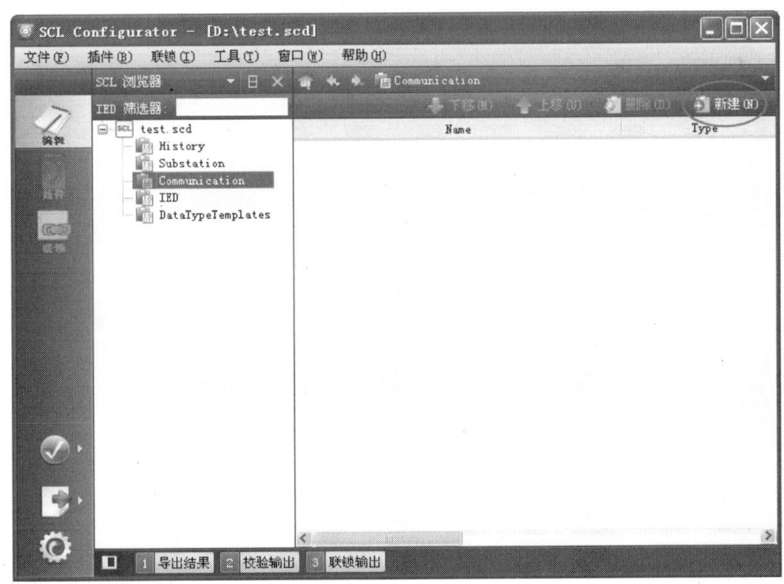

图 2-12　新建 SCD 文件界面

新建子网时需要填写子网名称 Name、子网类型 Type 和描述 Description 属性，配置通信子网界面如图 2-13 所示。Name 为必填属性，Type 和 Description 可以不填。

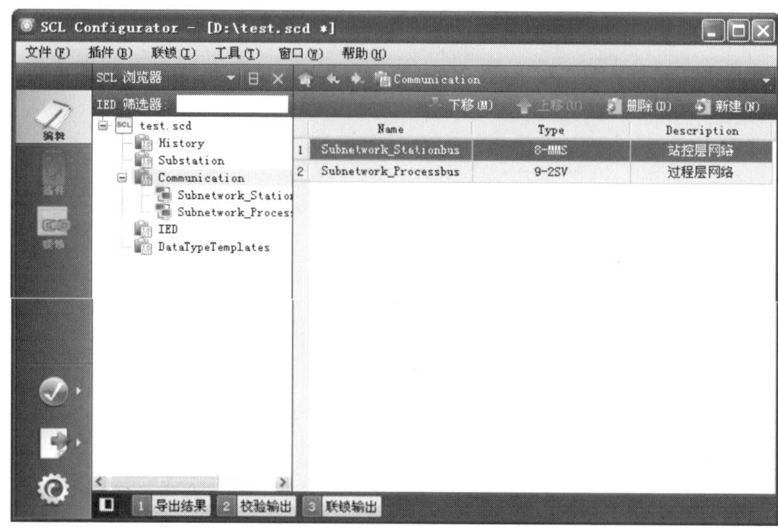

图 2-13　配置通信子网界面

2. IED 配置

IED 配置是组态配置的核心部分，所有与装置模型、通信参数、数据集、虚端子等相关的重要参数都是在这里进行配置的。IED 配置是从 ICD 文件导入开始的，导入时系统配置工具不能修改 ICD 文件的模型，确保装置模型的唯一性和正确性。以 SCL Configurator 软件为例，点击 SCL 浏览器中的“IED”，再点击右侧项目框上端的新建按钮导入 ICD 文件，新建 IED 界面如图 2-14 所示。

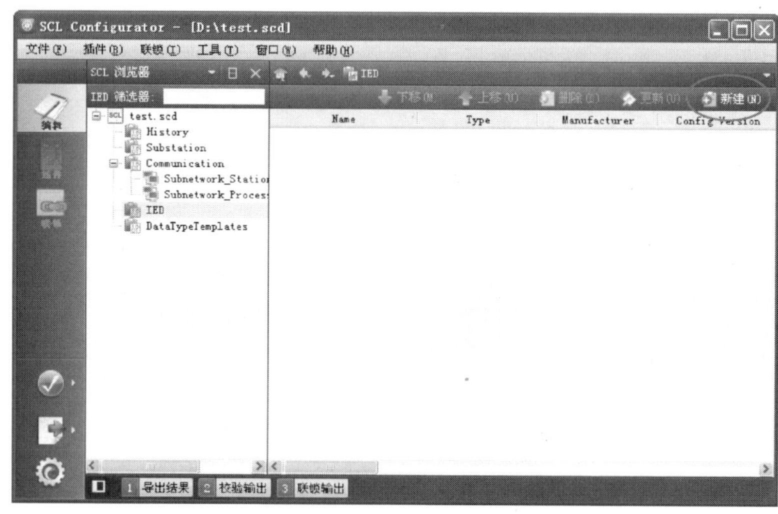

图 2-14　新建 IED 界面

配置 IED 主要包括以下几个方面的内容：

（1）IED 命名及描述配置。IED 命名一般以大写字母开始，宜表明 IED 设备类型、电压等级、编号及第几套。为了变电站扩建、改造、检修的便利性，IED 命名不宜包含调度命名特征字符。一般 IED 命名规则如图 2-15 所示。

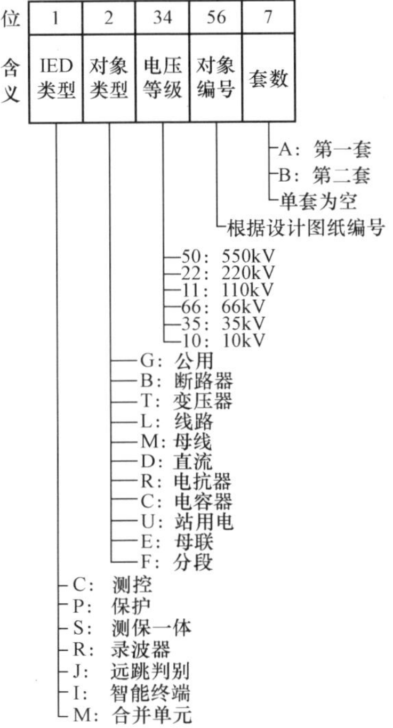

图 2-15　IED 命名规则

导入 ICD 文件及输入 IED 名称如图 2-16 所示。SCL Configurator 软件还提供复制 IED 的功能，可用于变电站内复制重复出现的装置，如同型号同用途的测控、保护、智能终端、合并单元等装置。

下一步选择 IED 各访问点接入的子网。如图 2-17 所示为导入的 IED 访问点 G1 选择“Subnetwork _ Processbus”通信子网。

最后增加或修改 IED 中文描述，可按变电站运行人员习惯编写，如图 2-18 所示。IED 中文描述是每台装置呈现给用户的最直接信息，必须按运行习惯和调度命名描述，如“220kV 云山 I 线第一套智能终端”。IED 中文描述可以方便地修改，自动化后台配置时应尽可能利用修改描述的唯一性按装置进行分类。

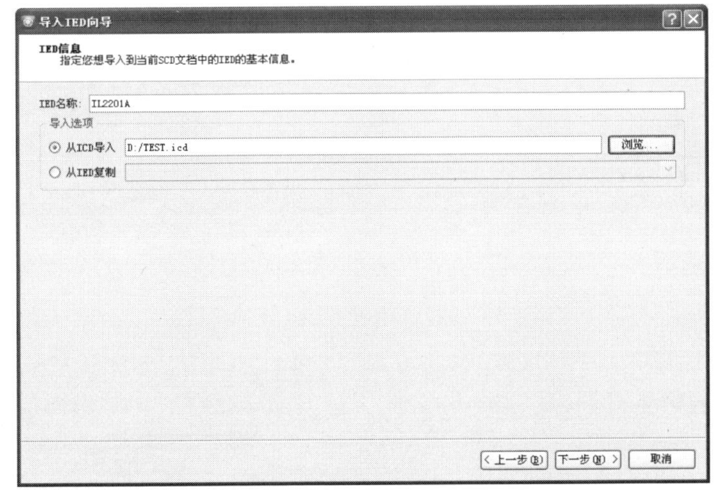

图 2-16　导入 ICD 文件及输入 IED 名称

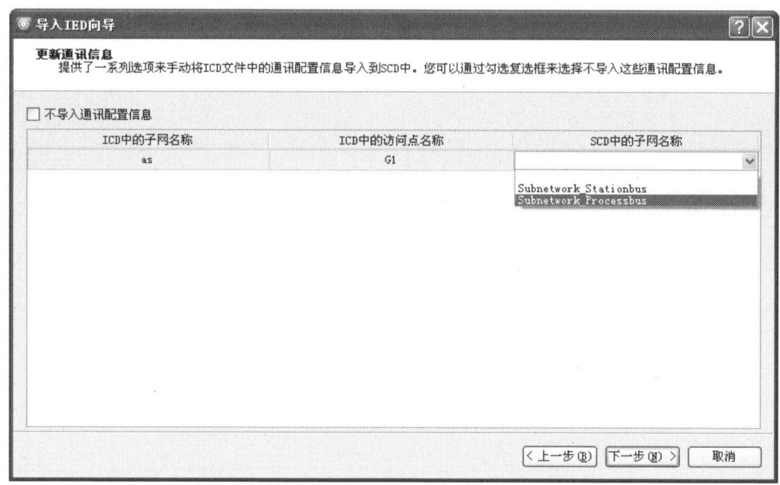

图 2-17　选择通信子网界面

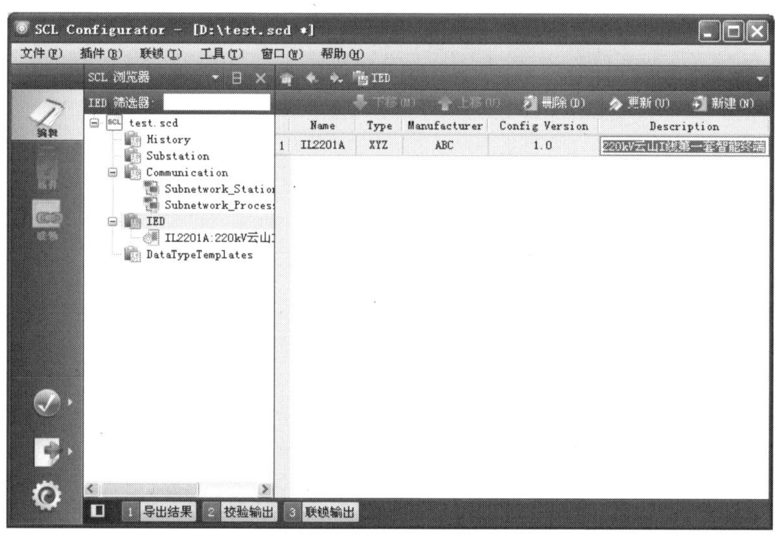

图 2-18　输入 IED 描述界面

（2）IP 地址配置。一些大型枢纽变电站智能电子设备可能超过 256 台，在 IP 地址配置时宜考虑 B 类（多达 65536 个）内网 IP 地址，标准的个人私有地址范围为“172.16.0.0～172.31.255.255”，全站 IED IP 地址应全站唯一。SCL Configurator 软件配置 IP 地址界面如图 2-19 所示。点击 SCL 浏览器中 Communication 元素下的相关子网，如图中的“Subnetwork_Stationbus”子网，然后点击右边相关 IED 行中的 IP 设置 IP 地址，点击 IP-SUBNET 设置子网掩码。

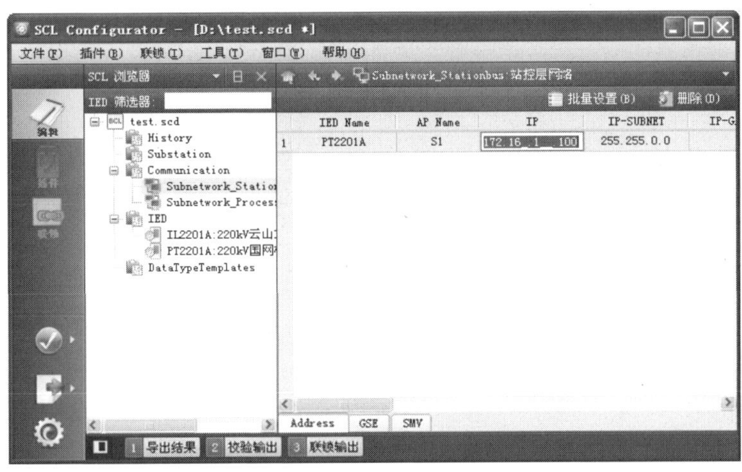

图 2-19 配置 IP 地址界面

（3）数据集配置（如必要）。数据集是装置对外通信的数据集合，IEC 61850 标准所有对外通信服务都是以数据集的方式打包发送的。数据集实现方式分为两种：动态生成和静态配置。根据 Q/GDW 396—2009《IEC 61850 工程继电保护应用模型》，工程中应采用静态配置的模式。一般情况下，数据集都是在 ICD 文件中由厂家按标准事先设置好的，系统配置阶段不需要额外配置。但一些特殊情况下（如扩建、改造等），为了保持新增设备与原有一致或接入原有系统更容易，可能需要配置数据集。

SCL Configurator 软件配置数据集的界面如图 2-20 所示。点击左侧 SCL 浏览

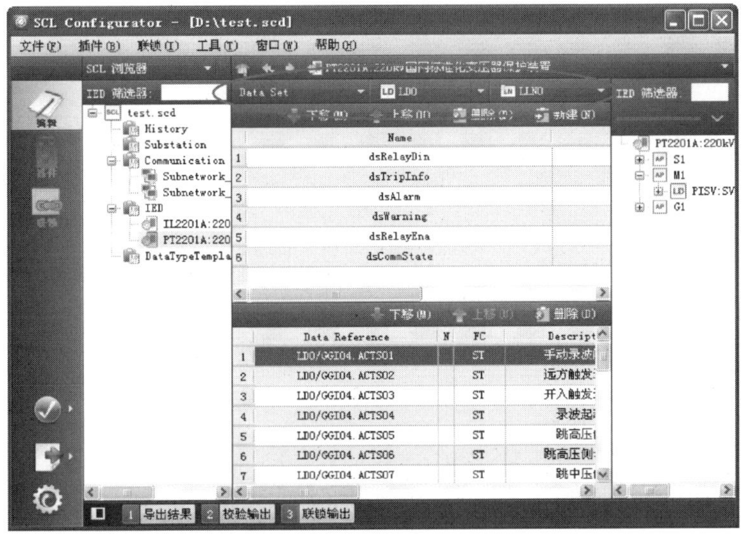

图 2-20 数据集配置界面

器栏中需要配置数据集的 IED 装置，选择该 IED 装置右侧上方的逻辑设备 LD、逻辑节点 LN 和该 LN 中的配置项—数据集 DataSet。选择需要配置或修改配置的数据集，在下方的表格中显示了数据集成员的路径 DataReference、功能约束 FC、描述 Description 等。可以选择某个数据集成员进行删除、上下移动的操作，也可以在最右侧的 IED 树形浏览器中选择需要的数据模型添加到数据集中。

（4）数据自描述配置。数据自描述是 IEC 61850 标准的特点之一，但实际工程中还是有些信息需要更改信息描述，这些都是与工程相关的信号，主要有：

1）测控装置转发其他装置的信号，如智能终端，测控装置工程之前并不知道转发信号的名称。

2）智能终端外接的开入遥信信号。智能终端可能连接就地断路器、隔离开关或变压器的一些本体信号，而这些信号必须在工程中根据二次接线设计命名。

3）继电保护虚回路压板。继电保护压板与工程中的连接配置有关，也与装置的调度命名有关，需要在工程中配置。

4）GOOSE、SV 通信中断信号。GOOSE、SV 通信是在实际工程中配置的，通信中断信号也必须在工程中确定。数据描述配置如图 2-21 所示。

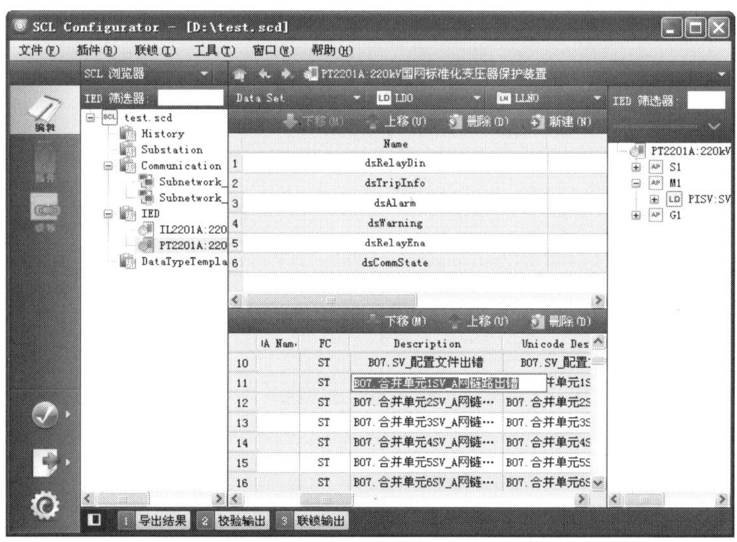

图 2-21　数据描述配置

（5）报告控制块配置（如必要）。报告控制块一般不需要在系统配置中配置。与数据集类似，一般由厂家在出厂前配置好。在某些工程中可能需要对不支持在线修改参数的报告控制块的参数进行配置，但一般不涉及新增或删除报告控制块操作。

（6）日志控制块配置（如必要）。日志控制块与报告控制块配置相同，一般也不需要配置。

（7）GOOSE 控制块及其相关参数配置。GOOSE 控制块与报告、日志控制块不同。GOOSE 控制块用于装置之间的水平通信，一些必要的参数应该唯一，必须在工程中配置。GOOSE 控制块配置的主要参数有组播 MAC 地址、GOOSEID、APPID、优先级、VLANID。其中，MAC 地址、GOOSEID 与 APPID 应全站唯一。

GOOSE 控制块参数配置见图 2-22。根据 Q/GDW 396—2009《IEC 61850 工程继电保护应用模型》，继电保护装置 GOOSE 配置应在相关的访问点中的 PIGO 逻辑设备中，因此在配置 GOOSE 控制块参数时要选择逻辑设备 PIGO。根据 IEC 61850 标准，GOOSE 控制块必须在 LLN0 中，因此逻辑节点必须选择 LLN0。服务模型选择 GSE Control。一般 GOOSE 控制也不需要增加或删除，只需要修订参数，如配置版本 Config Revision、APPID（注意与通信参数中的 APPID 不同，GOOSE 控制块中的 APPID 参数是 GOOSEID，是字符串类型）等。有的系统配置工具比较智能，在导入 ICD 文件时会自动修改生成唯一的 GOOSEID，在修改数据集时会自动修订 Config Revision 参数。

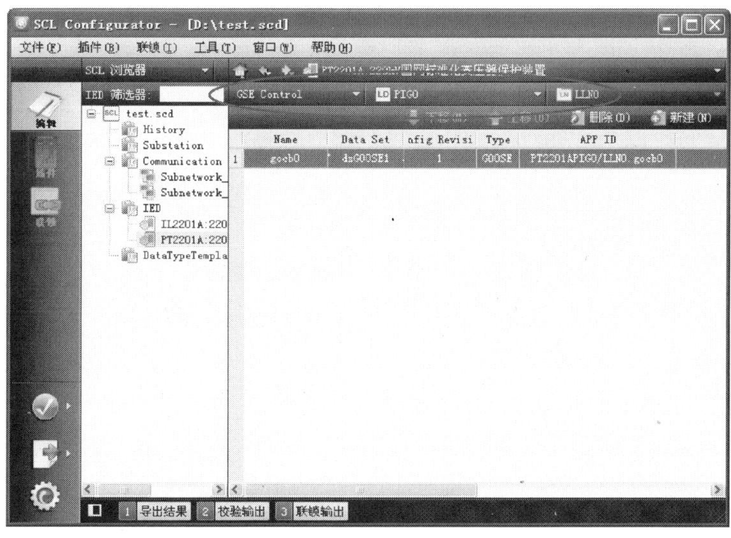

图 2-22　GOOSE 控制块参数配置

GOOSE 配置时还要配置通信参数，如图 2-23 所示。选择需要配置的 GOOSE 控制块访问点拖入相关子网中，然后配置 MAC-Address、APPID、VLAN-ID、VLAN-PRIORITY、MaxTime、MinTime 等参数。MAC-Address、APPID 应唯一配置；VLAN-ID 一般默认配置为 000，即不配置 VLAN，由交换机进行统一配置，这主要是因为我国二次设备 GOOSE 网口一般为专用网口，无须区分 MMS 报文与 GOOSE 报文 VLAN；VLAN-PRIORITY 可根据工程需要配置，一般用于保护跳闸的可用高优先级 6～7，其他用一般优先级 3～5。MaxTime、MinTime 在继电保护应用时应分别设置为 5000 和 2，即心跳时间为 5s，最小重发时间为 2ms。

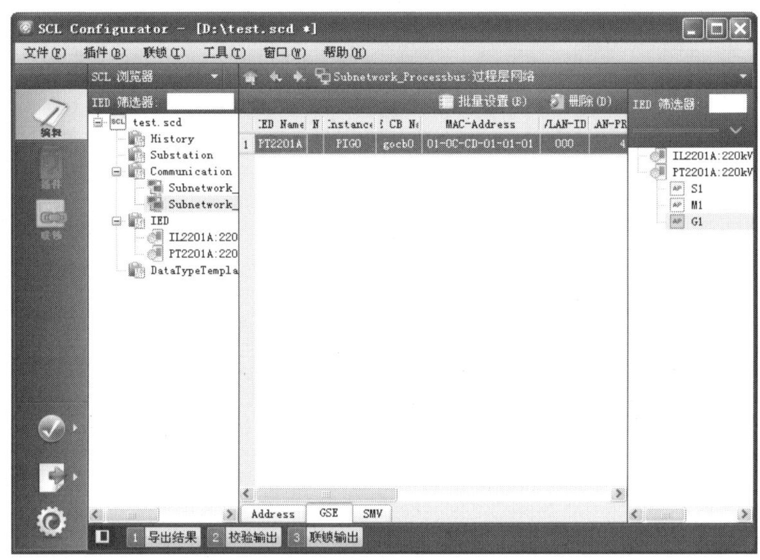

图 2-23 GOOSE 控制块通信参数配置

（8）SV 传输控制块及其通信参数配置。SV 控制块用于采样值传输通信，一些必要的参数应该唯一，必须在工程中配置。SV 控制块配置的主要参数有组播 MAC 地址、SMVID、APPID、优先级、VLANID。其中，MAC 地址、SMVID 与 APPID 应全站唯一。SV 传输控制块与 GOOSE 控制块配置基本相同。

（9）虚端子连接配置。虚端子及其连接配置是我国特有的应用规范，有鲜明的中国特色。实际智能变电站工程中，一根通信光缆中可能有多个信号同时高速传输。每个信号发生什么特定作用在 IEC 61850 标准中并没有规定，由接收方自己在工程中确定。这一点与我国实际工程应用格格不入，用户更习惯接受传统意义上的端子图设计。虚端子是为了便于智能变电站设计、配置和检修，模拟传统概念端子的产物，是虚拟出来的端子。

实际工程中，一般由用户或集成商按设计虚端子连接图（表）配置装置间 GOOSE 与 SV 联系。虚端子连接图是现阶段设计院按照传统端子排图的画图方式所画的图纸，直接反映装置与装置之间的二次信号连接关系，有的也用表格的方式给出，虚端子连接表如图 2-24 所示。

逻辑回路编号	输出端			输入端		
	IED设备名称	虚端子定义	虚端子数据属性	IED设备名称	虚端子定义	虚端子数据属性
SVA-20	线路合并单元1 PSMU602	合并器额定延时	MU/LLN0.DelayTRtg	线路保护1 PSL603U	合并器额定延时1	SVLD01/SVINDLYGGIO1.DelayTRtg1.instMag.i
SVA-21		保护电流A相1	MU/PATCTR1.Amp1.instMag.i		(保护电流_A)Ia	SVLD01/SVINPATCTR1.Amp1.instMag.i
SVA-22		保护电流A相2	MU/PATCTR1.Amp2.instMag.i		(保护电流_A)IaQ	SVLD01/SVINPATCTR1.Amp2.instMag.i
SVA-23		保护电流B相1	MU/PBTCTR1.Amp1.instMag.i		(保护电流_B)Ib	SVLD01/SVINPBTCTR1.Amp1.instMag.i
SVA-24		保护电流B相2	MU/PBTCTR1.Amp2.instMag.i		(保护电流_B)IbQ	SVLD01/SVINPBTCTR1.Amp2.instMag.i
SVA-25		保护电流C相1	MU/PCTCTR1.Amp1.instMag.i		(保护电流_C)Ic	SVLD01/SVINPCTCTR1.Amp1.instMag.i
SVA-26		保护电流C相2	MU/PCTCTR1.Amp2.instMag.i		(保护电流_C)IcQ	SVLD01/SVINPCTCTR1.Amp2.instMag.i
SVA-27		电压A相1	MU/UATVTR1.Vol1.instMag.i		(电压A)Ua	SVLD01/SVINUATVTR1.Vol1.instMag.i
SVA-28		电压A相2	MU/UATVTR1.Vol2.instMag.i		(电压A)UaQ	SVLD01/SVINUATVTR1.Vol2.instMag.i
SVA-29		电压B相1	MU/UBTVTR1.Vol1.instMag.i		(电压B)Ub	SVLD01/SVINUBTVTR1.Vol1.instMag.i
SVA-30		电压B相2	MU/UBTVTR1.Vol2.instMag.i		(电压B)UbQ	SVLD01/SVINUBTVTR1.Vol2.instMag.i
SVA-31		电压C相1	MU/UCTVTR1.Vol1.instMag.i		(电压C)Uc	SVLD01/SVINUCTVTR1.Vol1.instMag.i
SVA-32		电压C相2	MU/UCTVTR1.Vol2.instMag.i		(电压C)UcQ	SVLD01/SVINUCTVTR1.Vol2.instMag.i
SVA-33		同期电压1	MU/UxTVTR1.Vol1.instMag.i		(同期电压A相)Uxa	SVLD01/SVINUxaTVTR1.Vol.instMag.i

GOA-01	线路智能终端1 PRS-7789	断路器A相位置	TEMPLATERPIT/QAXCBR1.Pos.stVal	线路保护1 PSL603U	断路器TWJA	PI01/GOINGGIO1.DPCS01.stVal
GOA-02		断路器B相位置	TEMPLATERPIT/QBXCBR1.Pos.stVal		断路器TWJB	PI01/GOINGGIO1.DPCS02.stVal
GOA-03		断路器C相位置	TEMPLATERPIT/QCXCBR1.Pos.stVal		断路器TWJC	PI01/GOINGGIO1.DPCS03.stVal
GOA-04		开入13(TJR开入)	TEMPLATERPIT/GGIO1.Out13.stVal		闭锁重合闸1	PI01/GOINGGIO2.SPCS011.stVal
GOA-05		开入16(压力低闭锁重合)	TEMPLATERPIT/GGIO1.Out16.stVal		低气压闭锁重合闸	PI01/GOINGGIO2.SPCS016.stVal
GOA-06		开入13(TJR开入)	TEMPLATERPIT/GGIO1.Out13.stVal		远方跳闸1	PI01/GOINGGIO2.SPCS017.stVal
GOA-07	线路保护1 PSL603U	跳闸	PI01/LinPTRC1.Tr.phsA	线路智能终端1 PRS-7789		
GOA-08		跳闸	PI01/LinPTRC1.Tr.phsB			
GOA-09		跳闸	PI01/LinPTRC1.Tr.phsC			
GOA-10		重合闸出口	PI01/RecRREC1.Op.general			

图 2-24 虚端子连接表

虚端子是 SCD 文件配置中最重要的环节之一。虚端子连接配置按 IEC 61850 标准中的 inputs 元素设计。inputs 元素用于逻辑节点绑定外部输入信号，但标准中规定与之相关的内部地址 intAddr 是各厂家内部信息，相关 IED 配置工具才有权应用该属性。这也就是说，标准中的输入绑定配置仅描述了如何配置外来信号，但该信号与装置哪个输入地址绑定不在系统配置工作范围内，这显然不符合我国传统工程设计习惯。因此，定义了用于填写“intAddr”属性的虚端子模型，虚端子模型只是将 intAddr 属性明确化、规范化而已。因此，虚端子配置的一个主要特点是以装置输入为单元进行配置。换句话说，每个装置的输出信号已经按 GOOSE 和 SV 控制块的数据集配置好了，究竟是哪个装置接收就要看该装置的虚端子连接配置了。

配置虚端子连接时就是配置接收装置的 inputs 元素。以 SCL Configurator 软件为例，配置 1 号主变压器 220kV 开关第一套智能终端虚端子连接：接收 1 号主变压器第一套保护跳闸。配置 inputs 时先要配置外部信号，如图 2-25 所示。首先在 SCL 浏览器 IED 元素中选择 1 号主变压器 220kV 开关第一套智能终端 IED，选择相应的逻辑设备 RPIT 和逻辑节点 LLN0，选择 inputs 元素，然后从右边的 IED 筛选器中选择需要输入的外部信号 IED 中的相关信号“1 号主变压器第一套保护跳高压侧开关”，拖入左侧空白处即可。

外部信号配置好了后在配置内部信号，也就是设置此外部信号与哪个内部信号绑定关联。从右边的 IED 筛选器中选择需要关联的内部信号“三跳并闭锁重合闸”，拖入左侧刚配置好的外部信号栏中即可，如图 2-26 所示。这样就完成了从 1 号主变压器保护跳高压侧开关 GOOSE 信号到 1 号主变压器 220kV 开关智能终端跳闸的信号关联。

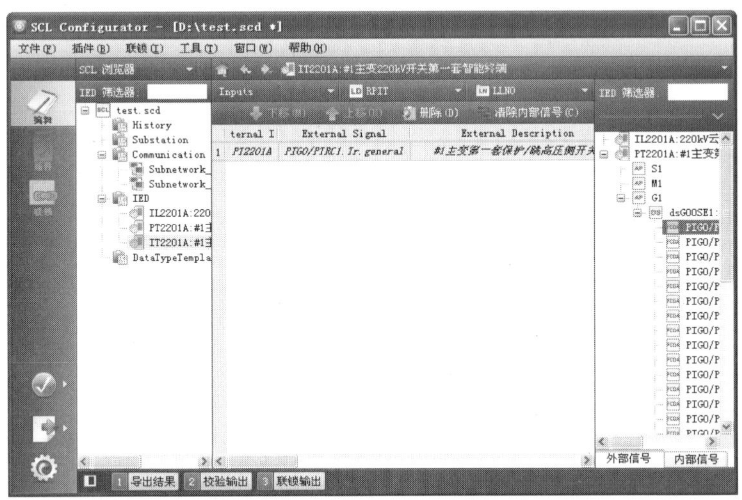

图 2-25　配置虚端子连接外部信号

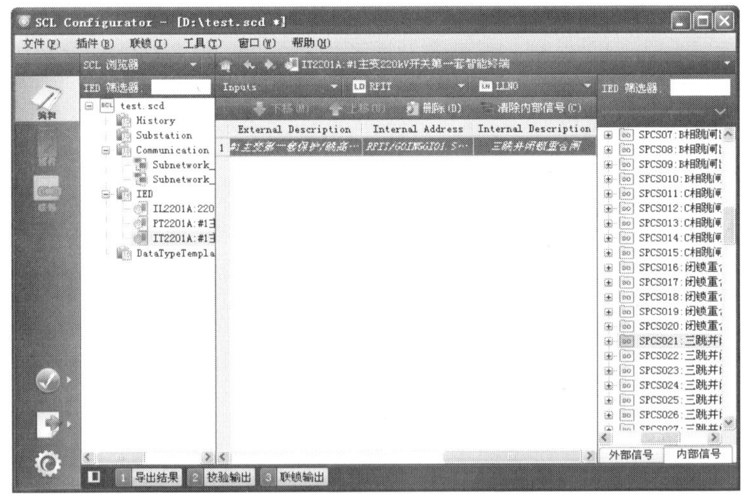

图 2-26　配置虚端子连接内部信号

3. 变电站配置

在 IEC 61850 标准 SCL 语言中，变电站部分主要描述变电站功能结构、一次设备电气连接、一次系统元件与二次逻辑节点之间的关联，但这个部分可以没有。在大部分已投运的智能变电站和数字化变电站中，这部分都没有。一些实施源端维护、一二次设备模型自动关联的变电站已经开始了这方面的工作。变电站相关参数配置主要包括：

（1）电压等级；

（2）间隔；

（3）一次设备及其子设备；

（4）变电站功能逻辑节点关联。

如变电站系统描述示例如图 2-27 所示，变压器 T1 有两个绕组 W1 和 W2 分别连接到 110kV 和 35kV 两个电压等级，变压器差动保护 PROT1 配置了差动功能模型 PDIF1 与变压器关联，高低压侧跳闸逻辑模型 PTRC1 和 PTRC2 与两侧断路器关联。变压器高压侧智能终端 RPIT1 配置了断路器功能模型 XCBR1 与高压侧断路器关联，中压侧智能终端 RPIT2 配置了断路器功能模型 XCBR1 与中压侧断路器关联。变压器两侧电流合并单元 MU1、MU2 各配置了 TCTR1 与两侧电流互感器关联，两侧电压合并单元 MU3、MU4 各配置了 TVTR1 与两侧电压互感器关联。

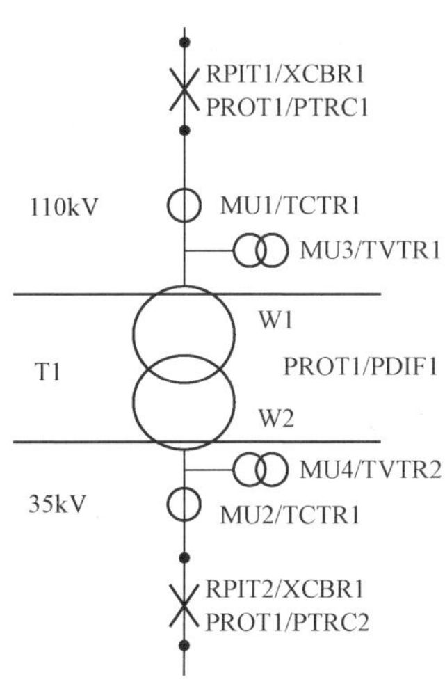

图 2-27 变电站系统描述示例

4. SCD 文件检查

变电站 SCD 文件完成后一般可能存在错误，这主要是因为以下几方面原因导致的：

（1）ICD 文件本身存在语法、语意、模型等错误；

（2）不同 IED 的 ICD 文件存在模版冲突，系统配置工具未能正确处理；

（3）系统配置工具存在缺陷导致 SCD 文件出错；

（4）增加、删除、修改、升级某些装置 ICD 文件所导致的错误；

（5）配置人员不熟悉系统配置工具的使用方法。

因此，当 SCD 文件配置完成后，进行必要的检查非常重要，也十分有必要。检查包括以下几方面：

（1）文件 SCL 语法合法性检查。主要检查 SCD 文件是否符合 IEC 61850 标准 Schema 定义，是否存在语法错误，如果有错，其他厂家 IED 配置工具可能无法解析。

（2）文件模型实例及数据集正确性检查。主要检查文件模型实例与模板是否一致，数据集成员是否是模型中定义的元素，这些错误常常导致 IED 下装后无法正常启动。

（3）IP 地址、组播 MAC 地址、GOOSEID、SMVID、APPID 唯一性检查。主要检查这些与通信密切相关的参数是否唯一，如果不唯一可能存在通信上的冲突，导致通信不正常。

（4）VLAN、优先级等通信参数正确性检查。检查 VLAN、优先级设置是否符合设计。

（5）虚端子连接正确性和完整性检查。主要检查虚端子连接模型类型是否匹配，端子模型是否存在，这些错误主要导致装置下装后 GOOSE 和 SV 通信关联不正确。

（6）虚端子连接的二次回路描述正确性检查。主要检查虚端子连接是否符合设计院的设计图纸或表格。

SCL Configurator 软件提供了语法和语义校验功能，如图 2-28 所示。语法校验功能包括 SCL 语法合法性检查及 Schema 校验；语义校验功能主要包含文件模型实例及数据集正确性检查、IP 地址、组播 MAC 地址、GOOSEID、SMVID、APPID 唯一性检查和虚端子连接正确性和完整性检查。由于无法机器判断，VLAN、优先级和虚端子连接正确性只能依赖人工核对判断了。

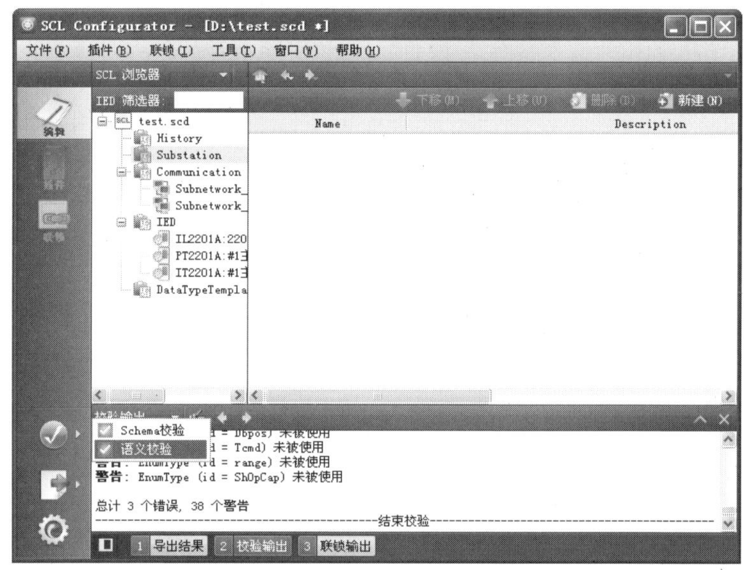

图 2-28　语法和语义校验功能

（三）交换机配置

交换机配置传统变电站一般不用特别考虑，但是智能变电站应用了 GOOSE 技术传输跳合闸信号，SV 报文传输采样值信息，所以需要考虑交换机配置。交换机，尤其是过程层交换机不再是无足轻重的通信设备了，而应该视为变电站中继电保护系统的一部分。GOOSE 和 SV 通信机制采用基于发布者/订阅者通信原理的组播应用关联 MCAA 模型，有效解决了一个数据源同时向多个接收者发送实时数据的问题。GOOSE 和 SV 报文为组播报文，组播报文在交换机中如果不作任何处理就是广播转发。大量 GOOSE 和 SV 报文同时发生时可能引起接收装置网卡的缓冲区溢出而丢失报文，也可能引起网络负荷瞬时过重而丢失报文。GOOSE

采用顺序重发机制，即使没有事件发生，网络上也有大量“心跳”组播报文存在。如果不进行合理的组播报文过滤，网络上所有IED发出的组播报文都会被接收，这将会对IED的应用程序造成严重影响。当电力系统发生故障时，很可能多个IED会同时发出大量间隔时间很短的GOOSE报文，可能引起IED网卡接收缓冲区溢出丢失报文并严重占用CPU资源。某工程继电保护系统采用GOOSE机制，工厂试验表明，采用某种工业交换机，多台保护装置同时动作时，一些继电保护的整组动作时间明显变长，而有的装置发出网口溢出的告警，表明已经丢失了部分报文。因此采取有效的方法对GOOSE组播报文进行隔离、过滤是十分必要的。在应用GOOSE和SV传输技术时，交换机必须进行必要的配置，以保证变电站各系统安全、可靠、快速运行。

交换机可采用两种方法用来实现过滤机制：交换机VLAN隔离和交换机组播过滤。

VLAN常用的划分方式有三种：基于端口，基于MAC地址和基于协议。

（1）基于端口即按交换机端口进行逻辑划分，这种方法最简单安全，相关产品最多，但难以解决设备移动和变更的问题。

（2）基于MAC地址即按MAC地址组合划分VLAN，这样解决了设备移动变更问题，但是初始配置相当复杂。

（3）基于协议即基于某种协议用网络地址划分，但这需要交换机支持三层交换。

变电站内IED装置不存在移动和频繁变更问题，GOOSE和SV报文也没有三层报文封装结构。因此，采用基于端口划分VLAN是最适合最可靠的方式。为了能过滤不同VLAN的GOOSE和SV报文，交换机必须支持VLAN交叠（Overlapping）技术，因为根据实际需求，一个端口可能要求划分在不同VLAN中，VLAN端口交叠如图2-29所示。

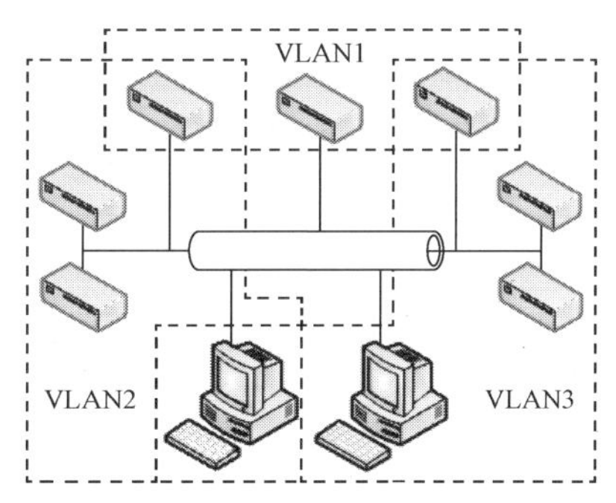

图2-29　VLAN端口交叠

由于虚拟局域网完全隔离不同虚拟网络中的所有报文，划分VLAN可以隔离GOOSE和SV报文的泛滥，减轻网络负载，从根本上解决无用GOOSE和SV报文对IED应用程序的影响。但是对于一个系统规模较大的变电站而言，GOOSE和SV应用配置可能比较多，如果要完全隔离无用报文必须设置大量的VLAN。这导致交换机的配置十分复杂，且容易出错，实际上，大部分交换机也无法支持数量过多的VLAN配置。

交换机组播过滤可通过两种方式实现：静态组播配置与动态组播分配。

静态组播配置即通过配置交换机静态组播地址表实现组播报文过滤，这种方式原理简单，但是交换机配置较复杂，IED设备连接的交换机端口必须固定不变。当变电站自动化系统扩建或交换机故障更换时必然要修改或设置交换机组播配置，存在一定安全风险。

动态组播分配即通过标准的组播管理协议实现交换机动态分组。由于GOOSE和SV只在链路层通信，交换机和IED必须支持二层组播管理协议能实现动态组播分配，目前可用的二层组播管理协议为GMRP。

GMRP 组播注册协议是电气电子工程师协会 IEEE 802.1D 标准中定义的GARP（Generic Attribute Registration Protocol）通用属性注册协议的一部分，用于维护交换机中的动态组播注册信息。

GMRP的基本原理是当一台主机想要加入一个某个组播组时，它将发出GMRP加入消息。交换机将接到GMRP加入消息的端口加入到该组播组中，并在VLAN中广播该GMRP加入消息，VLAN中的组播源就可以知晓组播成员的存在。当组播源向组播组发送组播报文时，交换机就只把组播报文转发给与该组播组成员相连的端口，从而实现了在VLAN内的二层组播。GMRP基本原理如图2-30所示。

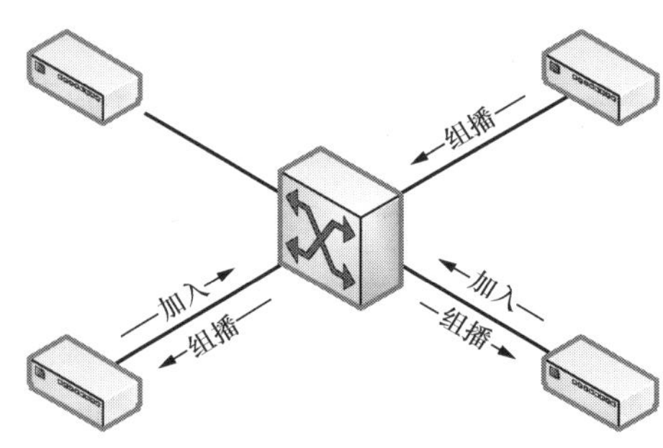

图2-30　GMRP基本原理

采用GMRP协议可以实现交换机动态分组，避免了静态配置的复杂设置，也能实现组播报文的分组管理。然而，遗憾的是IEC 61850标准并没有规定交换机组播过滤方式。国内外主流厂家的IED设备均不支持以上动态组播管理协议。因此，如果没有设置静态组播过滤，交换机就对VLAN范围内的GOOSE和SV报文全部广播转发。

由此可见，交换机最主要的配置参数包括VLAN配置、GMRP参数配置或静态组播配置，这主要影响GOOSE和SV报文的传输范围和性能。

此外，交换机还可以配置其他参数，如：

（1）交换机命名及IP地址，用于在线访问和配置；

（2）交换机对时参数，用于交换机自身对时；

（3）快速生成树参数，用于环网结构时合理设置逻辑断点；

（4）报文记录镜像端口设置，用于报文记录仪等装置监视各种通信报文；

（5）交换机远方通信管理参数，用于后台监视交换机运行状态。

三、文件管理

随着智能电网工作的推进，智能变电站开始大规模建设。然而，系统配置和配置文件也带来众多技术和管理问题，如配置文件版本如何控制及管理、虚端子连接配置如何管理等。另外，对于早已习惯于管理图纸及电缆连接的一般运行和维护人员来说，阅读和管理 SCL 配置文件依然十分复杂，急需要一种更简单有效的手段对虚端子连接配置等重要信息进行管理和维护。

IEC 61850 标准已描述了关于配置版本的规定，并在第二版中进行了修订和补充。但虚端子连接配置是我国工程应用的特有规范，标准自然不考虑虚端子连接配置版本。

（一）配置版本

IEC 61850 标准第 6 部分在头（Header）部分定义了历史（History）元素用于记录配置文件版本（version）、修订版本（revision）以及生成版本作者（who）、时间（when）、内容（what）、原因（why）；另外还在第 7-3 部分定义了 4 个版本参数用于配置版本跟踪，分别是模型配置版本（configRev，字符串类型）、定值参数版本（paramRev，32 位整形）、CF 属性变量版本（valRev，32 位整形）和通信配置版本（confRev，无符号 32 位整形），配置版本跟踪如表 2-19 所示。前者仅用于配置文件版本或修订版本的历史记录，不能在线获取，后者可通过标准服务在线获取实时跟踪。

表 2-19　　配 置 版 本 跟 踪

	问题描述	修改地方		模型配置版本	定值参数版本	CF 变量版本	通信配置版本
		配置文件	仅 IED				
模型和语义	模型语意改变	IED 配置工具	—	√			
	数据模型改变		—	√			
通信行为	控制块相关数据集改变	系统配置工具或 IED 配置工具（预配置）	通信服务或本地人机界面				√
	控制块参数改变						√
定值和定值组	修改整定值				√		
	定值区改变				√		
配置属性	CF 属性值改变					√	

标准还规定，通过通信服务或本地人机界面修改定值、定值组或 CF 属性值时，定值参数版本或 CF 变量版本应加 1；通过系统配置工具、IED 配置工具修改定值、定值区号或 CF 属性时，定值参数版本或 CF 变量版本应加 10000；修改控制块参数或相关数据集时（无论在线或离线），通信配置版本均应改变。通过规范使用表 2-19 定义四个版本参数可以让客户端、订阅者或用户在线获取配置、定值参数的修改，及时跟踪版本变化情况或发出告警信息。

然而，实际工程中，这些版本信息并不能适应我国的需求，主要原因有：

（1）CF 属性值并没有在工程中实际配置或修改，CF 变量版本也没有应用；

（2）定值和定值区一般为在线和人机界面修改，但定值参数版本没有实际应用；

（3）以上四个版本信息不包括虚端子及其连接配置。

（二）虚端子配置 CRC 校验码

考虑到用户维护的便利性，虚端子配置 CRC 校验码由系统配置工具统一生成并存入 SCD 文件中供下装使用。虚端子配置 CRC 校验码只与虚端子配置相关。其他配置（如信号描述）修改不会改变 CRC 校验码。虚端子配置 CRC 校验码对智能变电站继电保护、测控等装置的运行维护十分重要。能否正确从 SCD 文件中提取相关虚端子内容并按一定的规则计算出特定的 CRC 校验码非常关键，必须保证每次提取内容一致，每次计算规则及方法一致。

虚端子配置 CRC 校验码分为 IED 虚端子配置 CRC 码（简称 IED CRC 码）和全站虚端子配置 CRC 码（简称 SCD CRC 码），分别用于装置配置管理和 SCD 文件配置管理。IED CRC 码每个 IED 一个，只与本装置有关的虚端子连接配置及通信参数配置相关，其他不相关的装置虚端子连接配置发生变化时，本装置虚端子配置 CRC 码不变。SCD CRC 码与全站所有 IED 虚端子配置相关，任意 IED 虚端子配置发生变化时该 CRC 码都会发生变化。虚端子配置 CRC 校验码关系如图 2-31 所示。这样，通过对 SCD 和 IED CRC 码的简单备案管理，可以清楚地知道哪些装置虚端子配置发生了变化，哪些装置没有变化，是否需要重新下装调试等等。IED 配置工具在下装虚端子配置时自动提取 SCD CRC 码和 IED CRC 码，下装到装置并通过人机界面查看，方便运行维护人员管理。IED CRC 码可从 SCD 文件相关部分提取并计算出来；SCD CRC 则比较简单，可按一定规则排序所有的 IED CRC 码计算出来。

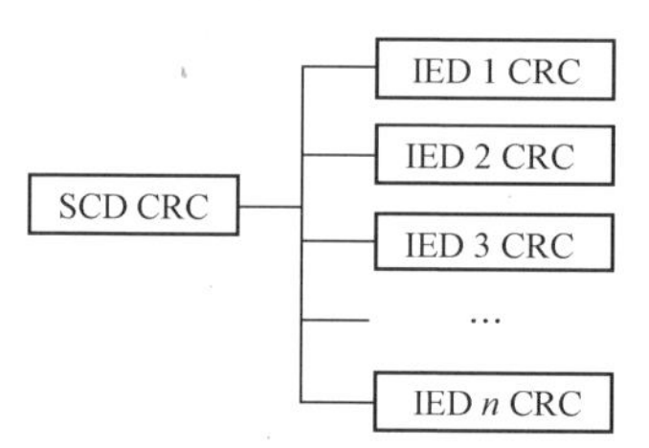

图 2-31　虚端子配置 CRC 校验码关系图

为保证提取内容一致，应规定提取 IED 虚端子配置相关内容覆盖所有厂家虚端子配置，包含厂家私有元素、短地址定义等，但又不能包含与虚端子配置无关的内容。同时，为了保证提取内容一致，还应规定所有提取元素的子元素应与 SCD 文件中的顺序一致、所有提取元素的属性按字母从 a～z 的顺序排列等规则。提取内容包含过程层通信 GOOSE 和 SV 的全部发送接收参数。需要注意的是发送参数中私有 Private 元素可能包含了厂家内部私有定义的信息，必须包含在内，而接收参数中则不需要这部分内容。

根据形成的IED虚端子配置内容，为了保证计算结果一致，剔除元素间及属性间的空格、换行符、回车符、列表符后转换成ASCII码序列计算四字节CRC-32校验码。

（三）配置文件管理方案

依据标准定义的配置文件版本记录及配置版本参数，结合虚端子配置CRC校验码，可对智能变电站配置文件及虚端了连接配置进行管理。

1. 工具配置

配置文件管理工作必须配置相关工具和系统，用户不必精通基于SCL语言的SCD文件，也无须将SCD文件保存在自己的个人电脑上，无须通过Email传输SCD文件。智能变电站文档管理系统和功能完善的系统配置工具对于智能变电站配置文件管理至关重要。文档管理系统用于文件存储和跟踪管理，系统配置工具用于SCD文件修改、查看和管理。

文档管理系统必须在每个变电站设置终端，通过授权的用户可方便地上传和下载各变电站 SCD 文件。文档管理系统还应自动记录各用户上传下载文件等操作，自动备份旧的SCD文件便于文件出错时查询历史版本。文档管理系统可纳入用户生产管理系统。

系统配置工具分为用户端系统配置工具与管理端系统配置工具，其有所不同，用户段系统配置工具侧重于修改、配置等操作；管理段配置工具侧重于可视化、比较、校验等功能。

用户端系统配置工具必须具备配置文件版本、修订版本、修改时间自动生成功能，修改作者、内容、原因，并可提示用户输入，应按标准自动管理和生成模型配置版本、定值参数版本、CF属性变量版本和通信配置版本用于装置在线自动核对或记录相关配置版本，应该具备自动生成虚端子配置CRC校验码的功能。

管理端系统配置工具必须具备虚端子可视化、SCD文件语法语意校验、虚端子CRC码校验、新旧SCD文件比较等功能。

系统配置工具必须经过入网测试，相关功能、性能和可靠性满足IEC 61850标准和国内相关标准的要求。

2. 文件管理

变电站SCD文件由区域管理部门统一管理，负责区域内智能变电站SCD文件的合法性检查、版本和虚端子CRC校验码确认及文件更新批准等工作。上级管理单位对区域管理部分工作进行定期监督。

变电站新建时，设计单位或建设单位完成SCD文件配置工作，建设单位完成全站装置调试工作，确保配置文件符合设计要求。在变电站投运前移交运行部门上传配置文件管理系统进行备份，备份完成后汇报区域管理部门。管理部门对SCD文件进行文件语法、语意、虚端子校验码等检查，确认版本后批准变电站投产。新建变电站流程如图2-32所示。

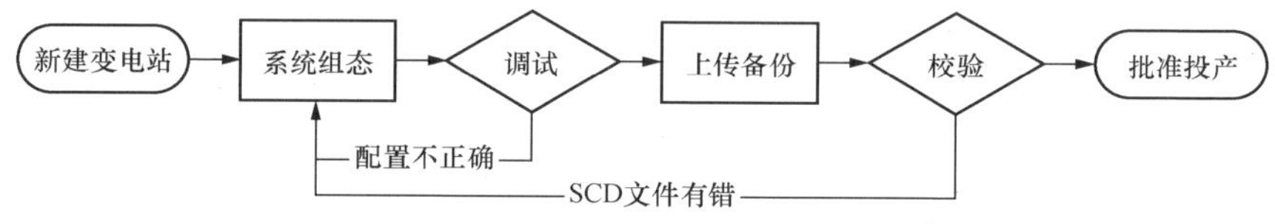

图2-32 新建变电站流程

变电站运行时，运行检修人员从配置文件管理系统上下载最新的SCD文件用于装置检修、消缺、核对版本和虚端子CRC校验码等工作。如因缺陷需要对SCD文件进行修改，完成工作后及时上传配置文件管理系统并汇报区域管理部门。管理部门对SCD文件进行核查后批准相关装置或后台配置文件下装消缺工作。运行变电站消缺流程如图2-33所示。

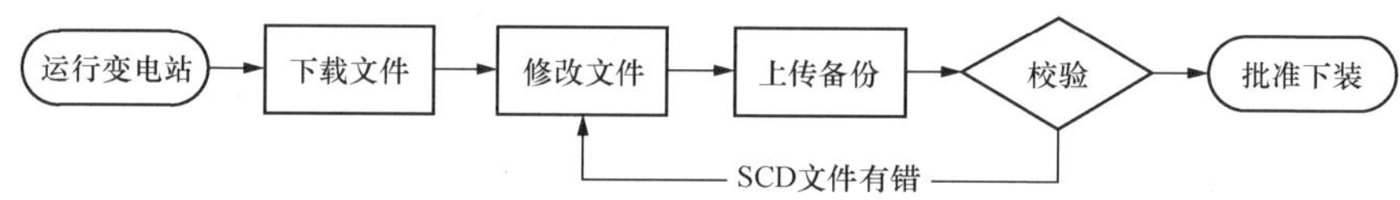

图2-33 运行变电站消缺流程

变电站改扩建时，设计单位或建设单位从配置文件管理系统上下载最新的SCD文件用于增加、修改相关装置及其虚端子配置关系。完成修改工作后下装并调试完成新增装置，上传生成的新SCD文件并汇报区域管理部门。管理部门对SCD文件进行核查确认新文件版本后批准相关运行装置或后台配置文件下装。运行变电站扩建流程如图2-34所示。

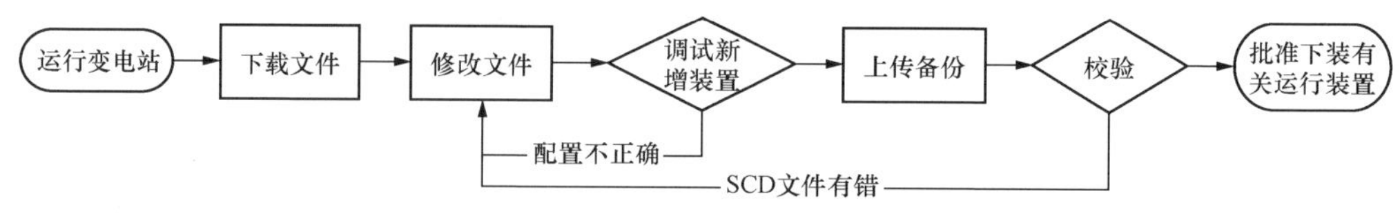

图2-34 运行变电站扩建流程

第三节 模 型 规 范

智能变电站采用IEC 61850标准模型文件用于不同厂家设备间互操作，必然对模型文件做了一些规范，这主要是通过 XML Schema 来实现的。国家电网公司制定了 Q/GDW 396—2009《IEC 61850 工程继电保护应用模型》，对我国智能变电站工程应用中逻辑节点类、扩充的公共数据类、数据类型、数据属性类型、GOOSE、SV、典型装置的模型等内容进行统一规范，提高了各厂家设备模型的规范性，减少各厂家实现的不一致性，保证设备的互操作性，提高变电站二次设备调试的效率，减少工程实施中的协调需求，缩短基建工期；同时提高变电站扩建、技改的可维护性，使 IEC 61850 设备增加、更换更加容易。

一、IEC 61850 模型规范

IEC 61850 采用面向对象技术建立了变电站自动化系统较为完备的语义信息模型，语义信息模型的形式化描述工作由基于 XML1.0（Extensible Markup Language）及 XML Schema 构成的变电站配置语言 SCL 来实现。由于系统具有语义交互功能，为今后系统的完全互操作奠定了基础，从而实现了真正意义上的无缝变电站自动化系统通信。从 IEC 61850 的制定过程可以发现，在 2004 年颁布的正式版中已经放弃了草案时还保留的 XML DTD，完全采用了 XML Schema 来定义 XML 文档。深入理解和掌握 XML Schema 构成 SCL 词汇表的方法是灵活运用和贯彻标准的基本要求。

XML Schema 规范由 W3C 委员会于 2001 年颁布。XML Schema 用来描述 XML 文档的合法结构、内容和限制，定义可共享的词汇表，使用这些词汇表的 XML 文档结构并提供它们之间的联系手段。与 XML DTD 相比，XML Schema 增加了丰富的数据类型说明，内置多种数据类型，并通过 value space、lexical space 和 facet 三部分组成的三元组表达更复杂的数据语义，同时还支持用户自定义类型。引入了名称空间，由此增强了 XML 的语义描述和扩展能力。

SCL 语言基于 XML 语言。为了保证 SCL 语言的语法兼容性和可扩展性，语法定义使用 W3C XML schema 进行描述。XML Schema 是以 XML 语言为基础的，一份 XML schema 文件描述了 XML 文档的结构。XML Schema 语言也被称为 XML Schema Definition （XSD）（XML Schema 定义）。XML Schema 的作用是定义一份 XML 文档的合法组件群。一份 XML Schema 包括：

（1）定义了可以出现在文档里的元素；

（2）定义了可以出现在文档里的属性；

（3）定义了哪些元素是子元素；

（4）定义了子元素的顺序；

（5）定义了子元素的数量；

（6）定义了一个元素应是否能包含文本，或应该是空的；

（7）定义了元素和属性的数据类型；

（8）定义了元素和属性的默认值和固定值。

IEC 61850 标准给出了完整的扩展标记语言模式规定，也包含了在扩展标记语言中易于简洁表述的约束的正式规定。SCL 主要元素的分层结构采用 UML 图显示。UML 图也能显示 SCL 元素间制约关系。在 SCL Schema 中，使用下列命名惯例：

（1）类型名以小写字母开头（如 tSubstation）；

（2）属性组定义以首字母缩略词 ag 开头（如 agAuthorization）；

（3）属性名以小写字母开头（如 name）；

（4）元素名以大写字母开头（如 Substation）。

几乎所有 SCL 元素都是从 tBaseElement 基本类型派生出来的，其允许对元素增加专用部分和描述文本，也允许从其他命名空间（除目标命名空间 http://www.iec.ch/61850/2003/SCL 外）增加额外子元素和属性。但是，这些元素必须出现在全部子元素前，可便于（专用）模型扩展。

基于 tBaseElement 是元素类型的下层：

tUnNaming 加一可选描述属性 desc；

tNaming 加可选描述属性 desc 和一个必备名称属性 name；

tIDNaming 加描述属性 desc 和一个必备标识属性 id。

为更好地分隔和再使用，整个 SCL Schema 分成数个含有类型定义的文件，见表 2-20。

表 2-20　由可扩展标记语言模式定义组成的 SCL 文件

文件名	描　述
SCL_Enums.xsd	所用可扩展标记语言模式枚举
SCL_BaseSimpleTypes.xsd	被其他部分所用的基本简单类型
SCL_BaseTypes.xsd	被其他部分所用的基本复杂类型定义
SCL_Substation.xsd	变电站有关语法定于
SCL_Communication.xsd	通信有关语法定义
SCL_IED.xsd	智能电子设备有关语法定义
SCL_DataTypeTempletes.xsd	数据类型样本有关语法定义
SCL.xsd	主 SCL 模式语法定义，定义每个 SCL 文件的根元素

这几个子文件由多模式包含 Include 确定它们之间的关系，如图 2-35 所示 Include 元素必须出现在 XSD 文件的最高层，所有模块有相同的目标命名空间。

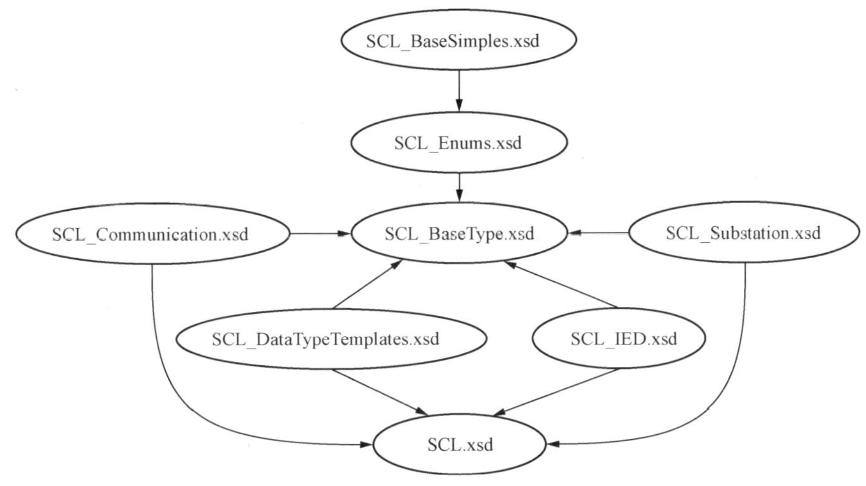

图 2-35 SCL 中 XSD 子文件之间的关系

二、Q/GDW 1396—2012 模型规范

IEC 61850 国际标准的出现对变电站自动化和继电保护领域的影响巨大，它得到了全世界各大厂家和国际组织的广泛支持。IEC 61850 标准采用了 IT 领域许多先进、成熟、可靠的技术：基于 XML 的变电站配置语言 SCL 实现了分层的变电站自动化系统的描述；抽象通信服务接口 ACSI 和特殊通信服务映射 SCSM 实现了通信和具体协议的分离；基于以太网组播技术和优先传输机制的面向通用对象的变电站事件（GOOSE）通信机制保证了继电保护信号的实时性和可靠性。IEC 61850 标准和以前变电站内通信标准的主要不同之处在于对象建模，它以服务器（Server）、逻辑设备（Logic Device）、逻辑节点（Logic Node）、数据对象（Data Object）、数据属性（Data Attribute）为基础建立了装置和整个变电站的数据模型，并使用统一的变电站配置描述语言 SCL 描述这些数据模型，从而使得装置和变电站的数据变得透明化，增加了数据的确定性，满足数据读取和互操作的要求。

虽然 IEC 61850 标准具有诸多的优点，但随着 IEC 61850 标准逐步在我国电力系统应用，在实际的工程实施过程中，IEC 61850 标准工程化应用依然存在的一些困难，主要有：

(1)标准模型扩展随意性较大，不能完全满足国内继电保护的需求。IEC 61850 标准对公共数据类、兼容的逻辑节点类进行了描述，但是这些公共数据类、兼容的逻辑节点类依然有很多可选项供各个设备厂商自行选择，按照标准也可以由各个厂商自行扩充数据。由于国内保护的特点，IEC 61850 标准中已定义的保护逻辑节点和数据对象往往无法满足国内保护的应用要求。在国内早期 IEC 61850 变电站工程实施中，各个二次设备制造厂商往往根据自己对标准的理解，自行扩充数据类型和数据对象，经常出现数据类型冲突，不同厂家的装置与监控系统相互配合非常困难，大大延长了工程实施的时间。不规范的装置模型文件（ICD 文件）非常难于理解，也不利于 IEC 61850 标准的进一步应用研究和开发。因此，依据我国标准化设计规范，对保护定值的数据类型、命名及所属逻辑节点等进行统一规范在 IEC 61850 工程化应用中是非常必要和及时的。

（2）部分国内的实际应用需求未在标准中体现，如保护定值客户端排序、保护压板的配置、保护故障报告的客户端召唤与显示实现等。IEC 61850 标准的保护定值是面向对象建模的，将保护功能按模块化分类建模表达，但我国的运行维护习惯是按装置进行管理，定值清单是面向装置出具的，因此必须制定定值排序规则以适应我国工程应用。IEC 61850 标准中没有保护压板概念，只有模块化功能投退概念，这也不符合我国在二次回路设置断开点的习惯，虽然对于采用 GOOSE 和 SV 技术的变电站来说没有了传统二次回路，但是压板断开点的运行维护方式依然符合原有习惯，须建立“软压板”模型设置逻辑断点。

（3）部分工程实施技术模式未在标准中明确。作为一个国际标准，IEC 61850 标准必须有一定的兼容性和前瞻性，因此一些服务的实现方式可以以两种以上方式实现，但是这样不利于当前的 IEC 61850 工程实施。如数据集可以动态创建也可以静态创建，但是各厂家支持的程度并不一致。

（4）标准未考虑通信冗余机制。在一些可靠性要求较高的场合必须考虑冗余机制，各厂家的装置必须实行统一的通信冗余机制才能保证互操作。

（5）IEC 61850 标准只规定了输入信号的外部引用的表示方法，没有规定外部引用与装置内部信号映射的方法，采用 IEC 61850 标准进行装置间实时的开关量信号、采样值信号传输，不同厂家的数据类型定义、信号含义不同，大大增加了工程实施的复杂度。因此，有必要提出 GOOSE 和 SV 虚端子的概念，使用工具进行装置间信号连接的配置。

显然，在工程实施过程中必须解决以上标准存在的问题才能让多家的装置互联互通并且适应我国的应用需求。根据我国电力系统生产过程的特点和实际需求，必须规范 IEC 61850 标准在工程实施过程中的应用，有利于减少各厂家的实现差异，加快该标准的推广，提高我国变电站自动化水平。2009 年国家电网公司组织编写了 Q/GDW 396—2009《IEC 61850 工程继电保护应用模型》，对逻辑节点类、扩充的公共数据类、数据类型、数据属性类型、GOOSE、SV、典型装置的模型等内容进行统一规范。目的是通过规范各制造厂家 IEC 61850 设备的建模，减少各厂家实现的不一致性，保证设备的互操作性，提高变电站二次设备调试的效率，减少工程实施中的协调需求，缩短基建工期；可以提高变电站扩建、技改的可维护性。

Q/GDW 396—2009 标准严格遵循 IEC 61850 标准，是 IEC 61850 标准的细化和补充，规范了 IEC 61850 标准中不明确的部分，统一了 IEC 61850 标准应用的数据类型定义，避免因各制造厂商数据类型不统一引起的数据类型冲突，避免因各种数据类型支持不同导致的实施困难。统一了几种典型类型的设备所包含的逻辑节点的列表，对于一个包含多个虚拟设备的装置，该装置的各个虚拟设备应参照对应类型的设备逻辑节点列表进行建模。Q/GDW 396—2009 标准以国家电网公司继电保护“四统一”规范为基础扩充了各种保护所包含的逻辑节点和逻辑节点中的数据对象。Q/GDW 396—2009 标准对 GOOSE 和 SV 的模型、配置和传输等方面进行了规范。

随着智能变电站在国家电网公司大规模建设和改造，相关企业标准也陆续发布，其中与继电保护专业密切相关的 Q/GDW 441—2010《智能变电站继电保护技术规范》于 2010 年 4 月发布。由于技术上的要求和规范有所不同，Q/GDW 441—2010 与 Q/GDW 396—2009 有部分技术条款不一致；另外，对于 Q/GDW 441—2010 要求的“直采直跳”，Q/GDW 396—2009 也没有详细描述；Q/GDW 396—2009 也存在一些不妥之处需要修订。基于以上原因，2012 年，对 Q/GDW 396—2009 进行了修编，修订后正式编号改为 Q/GDW 1396—2012。与第一版相比，2012 年版修订主要体现在以下几个方面：修改和增加了配置小节内容，进一步规范系统配置工具的技术要求；增加了过程层虚端子联系 CRC 校验码的配置文件版本生成方法技术规定；明确访问点建模原则，明确接收虚端子建模原则；增加录波装置等模型；增加 IED 多物理端口描述规范，增加 MMS 双网冗余端口及配置描述规范。本节将以 396 标准 2012 年版的主要内容进行阐述。

（一）配置

配置部分明确规范了变电站配置流程（见图 2-10），规定了 ICD 文件的基本要求和配置文件版本，规范了 Substation、Communication、IED 配置以及下装。

ICD 文件基本要求应包含模型自描述信息。LD 和 LN 实例应包含中文“desc”属性，实例化的 DOI 应包含中文“desc”和 dU 赋值。其主要目的是在于增加 ICD 文件中模型的可读性。离线描述“desc”应与在线描述 dU 保持一致，避免产生语意不清。模型自描述的规范明确要求支持离线描述和在线自描述，这也体现了 IEC 61850 标准的优势。

ICD 文件还要求明确包含制造商（manufacturer）、型号（type）、配置版本（configVersion）等信息，增加“铭牌”等信息并支持在线读取。这主要是为了二次设备在线台账自动管理打基础，强化了 ICD 文件重要属性的可读性。

为了规范配置文件版本管理，Q/GDW 1396—2012 还在配置部分增加了文件版本管理方面的要求。要求系统配置工具应在保存文件时提示用户保存详细配置历史记录并自动保存，同时自动生成全站虚端子配置 CRC 版本和 IED 虚端子配置 CRC 版本并自动保存；系统配置工具应能自动生成 SCD 文件版本（version）、SCD 文件修订版本（revision）和生成时间（when），修改人（who）、修改什么（what）和修改原因（why）可由用户填写。明确规定文件版本从 1.0 开始，当文件增加了新的 IED 或某个 IED 模型实例升级时，以步长 0.1 向上累加；文件修订版本从 1.0 开始，当文件做了通信配置、参数、描述修改时，以步长 0.1 向上累加，文件版本增加时，文件修订版本清零；系统配置工具应生成 IED 虚端子配置 CRC 版本并生成（或替换）相应 IED 中的 Private（type="IED virtual terminal conection CRC"）元素，还要生成全站虚端子配置 CRC 版本并生成（或替换）SCL 中的 Private（type="Substation virtual terminal conection CRC"）元素；IED 配置工具在下装过程层虚端子配置时应自动提取全站过程层虚端子配置 CRC 版本和 IED 过程层虚端子配置 CRC 版本，下装到装置并可通过人机界面查看。

（二）数据模型规范

模型规范部分主要是指 IEC 61850 标准数据模型在我国工程应用中的具体规定，有的也是将标准中的描述在此明确阐述。这些都有助于 IEC 61850 标准在工程中应用，避免工程中的各自定义模型带来的互操作问题。

1. 建模原则

物理设备建模要求一个物理设备，应建模为一个 IED 对象。该对象是一个容器，包含 server 对象，server 对象中至少包含一个 LD 对象，每个 LD 对象中至少包含 3 个 LN 对象：LLN0、LPHD 和其他应用逻辑接点。装置模型 ICD 文件中 IED 名应为“TEMPLATE”。实际工程系统应用中的 IED 名由系统配置工具统一配置。

服务器建模原则要求每个服务器至少应有一个访问点（AccessPoint）。访问点体现通信服务，与具体物理网络无关。一个访问点可以支持多个物理网口。无论物理网口是否合一，过程层 GOOSE 服务与 SV 服务应分访问点建模。站控层 MMS 服务与 GOOSE 服务（联闭锁）应统一访问点建模。支持过程层的间隔层设备，对上与站控层设备通信，对下与过程层设备通信，应采用 3 个不同访问点分别与站控层、过程层 GOOSE、过程层 SV 进行通信。所有访问点，应在同一个 ICD 文件中体现。服务器建模原则明确了对于访问点的建模要求，明确了 MMS 和专用 GOOSE、SV 服务分开访问点建模的原则。

逻辑设备建模原则规范了逻辑设备的类型划分：公用“LD0”、测量“MEAS”、保护“PROT”、控制“CTRL”、GOOSE 过程层访问点“PIGO”、SV 过程层访问点“PISV”、智能终端“RPIT”、录波“RCD”、合并单元 GOOSE 访问点“MUGO”、合并单元 SV 访问点“MUSV”。

逻辑节点（LN）建模原则主要规范 LN 类的数据对象按 Q/GDW 1396—2012

标准附录 A 和附录 B 统一扩充。明确规定了 GGIO 和 GAPC 等通用逻辑接点的使用原则，避免部分厂家装置大量采用 GGIO 建模。

逻辑节点类型（LNodeType）定义要求统一扩充的逻辑节点类及其数据对象类，自定义逻辑节点类型的名称建议增加“厂商名称_装置型号_模版版本_”前缀，防止不同厂商，不同型号，不同时期的模型版本冲突。

数据对象类型统一定义，统一定义的数据类型中装置未实际映射的数据属性可不上送，但应在装置模型实现一致性声明文件中说明。

除支持中文描述的定值类型“STG”外，公用数据属性类型不应扩充。保护测控功能用的数据属性类型标准统一定义。

2. LN 实例建模

逻辑节点是 IEC 61850 标准数据模型的核心，是标准对最小功能单元的定义。逻辑节点实例建模对工程互操作影响巨大，主要要求有：

分相断路器和互感器建模应分相建不同的实例，避免部分厂家采用一个 LN 实例的不同数据对象表达分相断路器或互感器。

涉及多个时限，动作定值相同，且有独立的保护动作信号的保护功能应按照面向对象的概念划分成多个相同类型的逻辑节点，动作定值只在第一个时限的实例中映射，防止部分厂家将类似保护按一个 LN 实例建模。

保护模型中对应要跳闸的每个断路器各使用一个 PTRC 实例。如母差保护按间隔建 PTRC 实例，变压器保护按每侧断路器建 PTRC 实例，3/2 接线线路保护则建 2 个 PTRC 实例。明确了跳闸逻辑接点 PTRC 与断路器“一一对应”的原则。跳闸逻辑节点 PTRC 的动作信号 Op 是 PTRC 产生跳闸信号 Tr 的条件，保护功能逻辑节点与断路器逻辑节点 XCBR 之间应有逻辑节点 PTRC。明确了跳闸必须采用 PTRC 逻辑接点出口，同时明确规定 PTRC 中的 Str 为保护启动信号，Op 为保护动作信号，Tr 为经保护出口软压板后的跳闸出口信号。

保护功能软压板宜在 LLN0 中统一加 Ena 后缀扩充。停用重合闸、母线功能软压板与硬压板采用或逻辑，其他均采用与逻辑。明确了软压板和硬压板之间的关系，避免不同厂家装置压板意义不同。

GOOSE 出口软压板应按跳闸、启动失灵、闭锁重合、合闸、远传等重要信号在 PTRC、RREC、PSCH 中统一加 Strp 后缀扩充出口软压板，从逻辑上隔离相应的信号输出。这一点对于具备 GOOSE 跳闸功能的保护装置来说尤为重要，明确了出口压板与出口信号的模型对应关系，而不是仅靠文字描述。

站控层和过程层存在相关性的 LN 模型，应在两个访问点中重复出现，且两者的模型和状态应关联一致，如跳闸逻辑模型 PTRC、重合闸模型 RREC、控制模型 CSWI、联闭锁模型 CILO。这一条对于站控层遥控压板和断路器对象如何关联到过程层尤为重要。

标准已定义的报警使用模型中的信号，其他的统一在 GGIO 中扩充；告警信号用 GGIO 的 Alm 上送，普通遥信信号用 GGIO 的 Ind 上送。明确 GGIO 使用原则。

定值单采用装置 ICD 文件中定义固定名称的定值数据集的方式。装置参数数据集名称为 dsParameter，装置参数不受 SGCB 控制；装置定值数据集名称为 dsSetting。客户端根据这两个数据集获得装置定值单进行显示和整定。参数数据集 dsParameter 和定值数据集 dsSetting 由制造厂商根据定值单顺序自行在 ICD 文件中给出。定值数据集必须是 FC=SG 的定值集合；参数数据集必须是 FC=SP 的定值集合。定值单采用数据集方式是 Q/GDW 1396—2012 标准的特殊定义，这样客户端实现了按装置的固定顺序召唤定值。实际上这种方式既不违背 IEC 61850 标准，而且也可与国外保护兼容（可在工程中事先静态配置定值数据集）。

明确要求 DOI 实例配置如遥测系数、遥控超时时间等应支持系统组态配置，为完全实现系统配置作了铺垫。

明确具有中国特色的保护建模原则：突变量保护是普通保护的实例，如突变量差动保护是 PDIF 的实例、突变量零序过流保护是 PTOC 的实例、突变量距离保护是 PDIS 的实例等。

故障录波应使用逻辑节点 RDRE 进行建模。故障录波逻辑节点 RDRE 中的数据 RcdMade，FltNum 应配置到保护录波数据集中，通过报告服务通知客户端。保护装置录波文件存储于\COMTRADE 文件目录中，波形文件名称为 IED 名_逻辑设备名_故障序号_故障时间，其中逻辑设备名不包含 IED 名，故障序号为十进制整数，故障时间格式为年月日_时分秒_毫秒（北京时间），如 20070531_172305_456。保护装置故障简报功能通过上送录波头文件实现，保护整组动作并完成录波后，通过报告上送故障序号 FltNum 和录波完成信号 RcdMade，录波头文件放置于装置的\COMTRADE 目录下，文件名按录波文件名要求实现，客户端通过文件读取服务获得录波头文件，解析出故障简报信息。录波头文件统一文件格式和内容。

（三）服务模型原则

IEC 61850 标准对于服务模型的标准大部分实现方式还是比较明确的，但是比较灵活，各厂家支持的程度也不一。对于一些技术细节，普通用户一般难以选择，因此 Q/GDW 1396—2012 标准对服务模型也进行了规定。主要有以下内容：

服务器应支持同时与不少于 16 个客户端建立连接，这是考虑到现场工程中可能用到的最多客户端数量。当服务器端与客户端的通信意外中断时，服务器端通信故障的检出时间不大于 1min，以便用户对于通信故障能作出准确的判断。各个客户端使用的报告实例号使用预先分配的方式。这一点其实明确了报告采用多实例可视方式。

Q/GDW 1396—2012 标准要求数据集在 ICD 文件中定义，可在 SCD 文件中进行增减。BRCB 和 URCB 均采用多个实例可视方式，报告实例数应不小于 12。装置 ICD 文件应预先配置与预定义的数据集相对应的报告控制块，报告控制块的名称应统一，各装置制造厂商应预先正确配置报告控制块中的参数。遥测类报告控制块使用无缓冲报告控制块类型，报告控制块名称以 urcb 开头；遥信、告警类报告控制块为有缓冲报告控制块类型，报告控制块名称以 brcb 开头，并且明确报告应支持周期上送 IntgPd 和总召 GI，支持在线设置 OptFlds 和 Trgop。这些规范明确了保护测控装置如何实现遥信和遥测。

装置 ICD 文件中应预先定义统一名称的数据集，并由装置制造厂商预先配置数据集中的数据。若某类数据集内容为空，可不建该数据集。在数据集过大或信号需要分组的情况下，可将该数据集分成多个以从 1 开始的数字作为尾缀的数据集。标准还明确规定 dsGOOSE 数据集成员应采用 FCDA，其他数据集成员都应采用 FCD，数据集成员个数不应超过 256 个。

对于控制服务，要求装置复归使用普通安全型直接控制，其他均使用增强安全型 SBO 控制。

为保证工程应用的安全，明确要求装置站控层访问点 MMS 及 GOOSE（联锁）应支持取代，过程层 GOOSE 和 SV 访问点不应支持取代服务。装置重启后，取代状态不应保持。

为提高定值服务的安全性，增加三个控制软压板，“远方修改定值”软压板、“远方切换定值区”软压板和“远方投退压板”软压板。规定“远方修改定值”软压板只能在装置本地修改。“远方修改定值”软压板投入时，装置参数、装置定值可远方修改；“远方切换定值区”软压板只能在装置本地修改。“远方切换定值区”软压板投入时，装置定值区可远方切换。运行定值区号应放入遥测数据集；“远方投退压板”软压板只能在装置本地修改。“远方投退压板”软压板投入时，装置功能软压板、GOOSE 出口软压板可远方投退。

对于日志服务要求保护装置上电启动时，LogEna 属性应自动设置为 True，TrgOps 属性应默认为 dchg=True（数据变化触发，其他为 False），确保日志服务不受通信影响。

（四）GOOSE、SV 模型

GOOSE 模型和 SV 模型对于工程应用至关重要，直接影响 GOOSE、SV 工程应用关联的正确性，关系到继电保护的动作行为。

为保证工程组态配置的一致性，要求 ICD 文件中应预先定义 GOOSE 控制块和 SV 控制块，系统配置工具应确保 GOID、SMVID、APPID 参数的唯一性。装置应在 ICD 文件中预先配置满足工程需要的 GOOSE 数据集。GOOSE 数据集应采用 FCDA；SV 输出数据集应为 FCD，数据集成员统一为每个采样值的 i 和 q 属性。双 AD 宜配置相同的 TCTR 或 TVTR 实例，且在采样值数据集中双 AD 的 DO 宜按“AABBCC”顺序连续排放。数据集应支持在工程中系统配置时修改、删除或增加成员，这一点对于变电站改扩建是很重要的，可以保持原有运行设备配置不变，仅改变新增或更换设备的配置。GOOSE 输入采用虚端子模型。GOOSE、SV 输入虚端子模型为包含“GOIN”和“SVIN”关键字前缀的 GGIO 逻辑节点实例中定义，DOI 的描述和 dU 要明确描述该端子信号的含义，作为 GOOSE、SV 连线的依据。系统配置时在相关联逻辑设备下的 LLN0 逻辑节点中的 Inputs 部分定义该设备输入的虚端子连线。Extref 中的 IntAddr 描述了内部输入信号的引用地址，关联与之相对应的 GGIO 中 DO 信号的引用名。MU 输出数据极性应与互感器一次极性一致。间隔层装置如需要反极性输入采样值时，应建立负极性 SV 输入虚端子模型。

Q/GDW 1396—2012 标准还严格定义 GOOSE、SV 告警信号及模型，保证 GOOSE 中断告警的正确性和一致性。标准要求在接收报文的允许生存时间（Time Allow to live）的 2 倍时间内没有收到下一帧 GOOSE 报文时判断为中断。ICD 文件中应配置有逻辑接点 GOAlmGGIO 和 SVAlmGGIO，其中配置足够多的 Alm 用于 GOOSE 和 SV 中断告警。GOOSE、SV 告警模型应按 inputs 输入顺序自动排列，明确告警模型的含义。

装置上电时 GOCB 自动使能，待本装置所有状态确定后，按数据集变位方式发送一次，将自身的 GOOSE 信息初始状态迅速告知接收方。 对于双重化 GOOSE 通信方式的两个 GOOSE 网口报文应同时发送，除源 MAC 地址外，报文内容应完全一致；对于直接跳闸方式的所有 GOOSE 网口同一组报文应同时发送，除源 MAC 地址外，报文内容应完全一致。

合并单元发送给保护、测控的采样值频率应为 4kHz，SV 报文中每 1 个 APDU 部分配置 1 个 ASDU，发送频率应固定不变。电压采样值为 32 位整型，1LSB=10mV，电流采样值为 32 位整型，1LSB=1mA。采用直接采样方式的所有 SV 网口或 SV、GOOSE 共用网口同一组报文应同时发送，除源 MAC 地址外，报文内容应完全一致。

（五）物理端口描述

装置访问点多物理端口描述是在我国“直采直跳”应用中的特殊要求。Q/GDW 1396—2012 规定采用 61850 标准中的“PhysConn”元素定义，PhysConn 元素的“type”属性值为“Connection”时定义第一个物理网口，“RedConn”为其他冗余物理连接网口定义。其中，<P type=“Port”>元素为必选，其他三个可选。端口号描述应为“板卡号—端口号”。物理端口应由厂家在 ICD 文件预先描述，表明支持该访问点的物理端口号。

系统配置工具在进行 GOOSE、SV 接收访问点物理端口关联时在“ExtRef”元素“intAddr”属性中增加物理端口描述的方式，示例如下：

```
<ExtRef da Name="stVal"doName="Pos" iedName="IL2201A" ldInst="RPIT"lnClass = "XCBR" lnInst="1" prefix="Q0A" intAddr="1-A:PIGO/GOINGGIO1.DPCSO1.stVal"/>
```

端口号与虚端子之间采用“:”符号（半角）分离。如需要多端口输入同一信号，可增加多端口描述，之间采用“/”符号（半角）分离。

主要设备测试

智能变电站中继电保护及测控装置等二次设备的功能实现方式发生了变化，同时出现了智能终端、合并单元等新型二次设备，与传统变电站相比，二次设备测试的对象、内容、手段和方法都发生了较大变化，因此有必要对智能变电站主要二次设备的测试进行梳理说明。本章首先介绍了智能变电站二次设备测试的基础知识，而后分别介绍了继电保护装置、测控装置、智能终端及合并单元等智能变电站主要二次设备的测试内容及测试方法。

第一节　二次设备测试基础知识

一、特点

智能变电站的显著特征是一次设备智能化、二次设备网络化、信息模型标准化。对于智能变电站的二次设备来说，网络化改变了二次信息传输的方式，用光纤和网络通信替代了电缆连接，传统的模拟量采样及跳闸方式被 SV 及 GOOSE 所取代；另外 IEC 61850 标准体系替代了 IEC 60870-5-103 标准，实现了信息模型标准化，为装置间的信息共享及互操作提供了技术条件。智能变电站中 IEC 61850 标准体系的应用为二次设备带来了许多重要变化，这主要体现在两个方面：

（1）继电保护及测控装置等二次设备的电压电流采集、开入开出等功能的实现方式发生了根本改变。GOOSE 取代了原有的电缆跳闸方式，代替了传统的跳合闸、失灵启动、联跳、隔离开关联闭锁等二次回路。SV 采样取代了传统电缆采样方式，代替了传统的二次交流采样回路，A/D 转换则由电子式互感器或者 MU 完成。与后台通信采用 MMS 方式，代替 IEC 60870-5-103、IEC 60870-5-104 等标准，实现报文传输的统一，同时加入缓存报告、定值区修改、遥控、替代等功能。

（2）与传统变电站相比，新增了智能终端、合并单元等二次设备。智能终端将开关输入量转变为 GOOSE 报文输出，同时将 GOOSE 输入报文转换为合闸、跳闸等开出量硬接点输出，是传统一次设备与智能变电站自动化系统的接口单元。合并单元对一次互感器传输过来的电气量进行合并和同步处理，并将处理后的数字信号按照特定格式转发给间隔层设备使用。智能终端、合并单元等新增的二次设备对继电保护及测控装置能否正常工作起着非常重要的作用。

虽然智能变电站中二次设备采样和跳闸等功能的实现方式发生了变化，并且增加了智能终端及合并单元等新型二次设备，但变电站中继电保护及测控装置等二次设备所需完成的功能并未发生任何改变。对继电保护装置来说，针对电力系统各种故障而设计并应用的各种算法及原理没有改变，继电保护仍要满足“可靠性、选择性、快速性、灵敏性”的基本要求，只是模拟量采样及出口方式等外在接口的实现方式有了变化。变电站自动化系统仍然要完成遥信、遥测、遥控、遥调等传统四遥功能，也只是实现方式发生了变化。从这个意义上来说，智能变电站二次设备的测试是利用 GOOSE、SV 等新手段及新方法去验证变电站中已经应用的继电保护及自动化功能。

智能变电站中 IEC 61850 的应用改变了继电保护、测控装置等二次设备的功能实现方式，相应的对智能变电站中二次设备的测试也出现了一些新的特点，主要表现在：

（1）由于采用 SV、GOOSE 等技术，原来基于模拟量的测试手段及方法将不能满足目前的需要，需要能够进行 GOOSE、SV 测试的新型数字式测试设备。

（2）针对 SV、GOOSE 等提出了一些技术原则，比如 SV、GOOSE 的检修机制、SV 采样同步性等，测试中应检查装置功能是否满足这些技术原则。

（3）IED 装置的硬压板、硬接点基本已取消，软压板及 MMS 报文告警等大量应用，因此后台对保护的遥控及告警信息的上送也应成为检查的重点之一。

（4）智能变电站中新增了合并单元、智能终端等新型二次设备，其对继电保护装置、测控装置能否正常工作起着至关重要的作用，因此合并单元及智能终端的测试也就不可或缺。

（5）智能变电站继电保护及测控装置的测试不仅因为其接口的不同而使测试方法发生变化，更重要的是数字化所带来的差异。如模拟量精度测试不再重要，但同步性能或功能变得更重要，另外，继电保护测控装置调试需要利用数字式继电保护校验仪及 SCD 文件对各装置进行校验，模拟故障验证配置文件及虚端子逻辑关联的完整性、连接的正确性、保护跳闸逻辑的正确性。

智能变电站中 IED 装置的测试可以分为两个阶段，第一阶段为 IEC 61850 配置，第二阶段为 IED 装置具体功能的测试。与传统变电站的二次设备测试相比，多了一个 IEC 61850 配置过程，其主要是根据 SCD 或 CID 文件，配置

GOOSE、SV 的相关参数及数据，并将数据与测试仪的模拟量通道、开关量通道进行关联。在完成 IEC61850 配置后，就可以利用数字式继电保护测试仪进行二次设备具体功能的测试。此项工作类似于传统继电保护测试中测试导线的连接，相当于把模拟量端子、开关量端子和测试仪对应的输出、输入插孔连接起来。

需要指出的是，本章所述的二次设备测试是指在 IED 装置配置完成后，利用数字式继电保护保护测试仪、Wireshark 抓包软件等工具对 IED 装置的虚端子配置、保护功能、定值等进行的相关检验，其不包括组态配置过程，即 IED 装置的 CID 文件及其他相关配置文件已下装完毕，配置已完成，IED 装置已经能够正常工作。

二、GOOSE 报文解析

根据 IEC 61850 标准，GOOSE 报文在数据链路层上采用 ISO/IEC 8802-3 协议（即以太网协议），GOOSE 报文实例如图 3-1 所示。根据 GOOSE 报文中参数及数据的用途，可以将 GOOSE 报文分为网络参数、GOOSE 控制块参数和 GOOSE 数据三部分内容。

```
⊞ Frame 1: 144 bytes on wire (1152 bits), 144 bytes captured (1152 bits)
⊟ Ethernet II (VLAN tagged), Src: HandHeld_30:01:31 (00:10:20:30:01:31), Dst: Ie
  ⊞ Destination: Iec-Tc57_01:00:03 (01:0c:cd:01:00:03)
  ⊞ Source: HandHeld_30:01:31 (00:10:20:30:01:31)
  ⊟ VLAN tag: VLAN=2, Priority=Voice, < 10ms latency and jitter
      Identifier: 802.1Q Virtual LAN (0x8100)
      110. .... .... .... = Priority: Voice, < 10ms latency and jitter (6)
      ...0 .... .... .... = CFI: Canonical (0)
      .... 0000 0000 0010 = VLAN: 2
    Type: IEC 61850/GOOSE (0x88b8)
⊟ GOOSE
    APPID: 0x0003 (3)
    Length: 126
    Reserved 1: 0x0000 (0)
    Reserved 2: 0x0000 (0)
  ⊟ goosePdu
      gocbRef: P220FY1BPROT/LLN0$GO$gocb0
      timeAllowedtoLive: 10000
      datSet: P220FY1BPROT/LLN0$dsGOOSE0
      goID: P220FY1BTrip
      t: Sep 19, 2007 16:45:26.728515625 UTC
      stNum: 41
      sqNum: 93
      test: False
      confRev: 1
      ndsCom: False
      numDatSetEntries: 4
    ⊟ allData: 4 items
      ⊟ Data: boolean (3)
          boolean: False
      ⊟ Data: boolean (3)
          boolean: False
      ⊟ Data: boolean (3)
          boolean: False
      ⊟ Data: boolean (3)
          boolean: False
Frame (frame), 144 bytes    Packets: ···    Profile: Default
```

图 3-1　GOOSE 报文实例

（一）网络参数

MAC 地址：包括源地址及目的地址。为了传输 GOOSE 报文，必须配置符合 ISO/IEC 8802-3 的多播目的（Destination）地址。GOOSE 报文的目的地址一般以 01-0C-CD-01 开头，后两个字节可自由分配。目的地址是集成设计时统一分配的，是全站唯一的，是 GOOSE 报文订阅机制的重要参数之一，它的正确配置是过程层实现通信的最基本条件。

TPID（标志协议标识）：VLAN 标签中的一个字段，IEEE 802.1Q 协议规定该字段的取值为 0x8100。表示以太网编码帧的以太网类型。

Priority（用户优先级）：用户优先级值由配置设定，用于将采样值和对时间要求苛刻的保护相关 GOOSE 报文与低优先级的网络负荷分开。VLAN 标签允许带有优先级的实现，长度为 3bit（0～7），高优先级的帧应具有优先级 4～7，低优先级具有 1～3。值 1 是无标志帧的优先级，0 应避免使用，对于正常网络流量，可能引起不可预测的延迟。

CFI（标准格式指示位）：一个一位长度标识值。CFI 值为 0 说明是规范格式，1 为非规范格式，GOOSE 报文是标准格式，因此值应为 0。

VID（虚拟 LAN 标识）：长度为 12bit（0～4095），0 表示不属于任何 VLAN，VID 为可由系统配置设置。

EtherType（以太网报文类型）：基于 ISO/IEC8802-3MAC 子层的以太网类型被 IEEE 权威机构注册。GOOSE 直接映射到保留的以太网类型和以太网类型协议数据单元，分配值为 0x88B8。

APPID（应用标识）：APPID 用于选择含有 GSE 管理和 GOOSE 报文的 ISO/IEC 8802-3 帧并能够区分应用关联。GOOSE 的 APPID 预留值范围是 0x0000～0x3fff。如 APPID 未配置，其缺省值为 0x0000。缺省值用于表示缺乏配置。强烈建议在一个系统中，使用面向源的、唯一的 GOOSE 应用标识 APPID，这应由配置系统时强制实施。

Length（长度）：长度字节数包含从 APPID 开始以太网 PDU 和应用协议数据单元 APDU 的长度。故长度应是 $8+m$，其中 m 是 APDU 的长度，且 $m<1492$。与此不一致的帧或非法长度域的帧将被丢弃。

Reserved1 和 Reserved2（保留 1 和保留 2）：为未来标准化的应用而保留，在 IEC 61850 标准第二版已部分定义用于测试设备标记和根据 IEC 62351 标准定义的加密域，缺省值为 0。

（二）GOOSE 控制块参数

GoCBReference：可视字符串，GOOSE 控制块引用名。

Time Allowed to Live：32 位无符号整型数，允许生存时间，一般为 2T（T 为 GOOSE 心跳报文的发送周期），若订阅此 GOOSE 报文的装置在 2T 时间内没有收到报文将判断出此 GOOSE 链路中断。

DataSet：可视字符串，GOOSE 数据集引用名。

GoID：可视字符串，GOOSE 标识符，是 GOOSE 控制块的一个重要标识，装置可根据 GoID 来判断识别所订阅的 GOOSE 报文。

T：Utc 时间，状态号 StNum 加 1 时的时间。

StNum：32 位无符号整型数，状态号计数器，数据集成员值发生变化发送 GOOSE 报文时该序号加 1；装置上电时 stNum 应初始化为 1。

SqNum：32 位无符号整型数，顺序号计数器，记录 GOOSE 数据最后一次变位至今发送的报文数。随 GOOSE 心跳报文自动累加 1，当 GOOSE 数据变位时 sqNum 置 0。装置上电时 sqNum 应初始化为 1。

Test：布尔量，GOOSE 检修位，接收方据此判断 GOOSE 报文是否为检修状态，并根据检修机制确定是否使用此 GOOSE 报文的信息。一般的，两侧设备都处于检修态或都处于运行态，GOOSE 报文的信息将被采用；当两侧装置检修状态不一致时，接收的 GOOSE 报文不参与运行处理。

ConfRev：32 位无符号整型数，配置版本号，GOOSE 数据集引用成员发生变化或重新排序时，版本号加 1。

NdsCom：布尔量，需要重新配置标识，如果数据集属性为空或数据大小超出 SCSM 规定的最大值，则 NdsCom 应设置 TRUE。

NumDatSetEntries：32 位无符号整形数，数据集成员个数。

（三）GOOSE 数据

AllData：所有引用数据，GOOSE 数据是 GOOSE 报文发送的主体部分，GOOSE 数据的数目、次序、数据类型都是由 SCD 或 CID 配置文件中的 GOOSE 控制块所引用的数据集来定义的。常见的 GOOSE 数据分为布尔型、位串型、时间型、浮点型四种类型数据。

布尔型有 True 和 False 两种状态，用于表示普通的开关量信号，图 3-1。中 GOOSE 报文中的四个数据即为布尔型。

位串型有 01、10、00、11 四种状态，一般用于表示开关、隔离开关等双位置信号，01 表示“分”位置，10 表示“合”位置，00 表示“中间”位置，11 表示“无效”位置。

时间型数据用于表示数据变位的 UTC 时间，通常在数据集中建立属性名称为 t 的条目。

浮点型用于传递温度、湿度等模拟量采集信号。

三、SV 报文解析

目前采样值 SV 报文主要有两种格式，即 IEEE 60044-8 的 FT3 格式和 IEC 61850-9-2 的网络报文格式，由于目前智能变电站中 9-2 协议应用较多，因此本部分主要对 9-2SV 报文进行分析。根据 IEC 61850-9-2 标准，SV 报文在数据链路层上采用 ISO/IEC 8802.3 协议（即以太网协议），其报文实例如图 3-2 所示。根据 SV 报文中参数及数据的用途，可以将 SV 报文分为网络参数、SV 控制块参数和 SV 数据三部分内容。

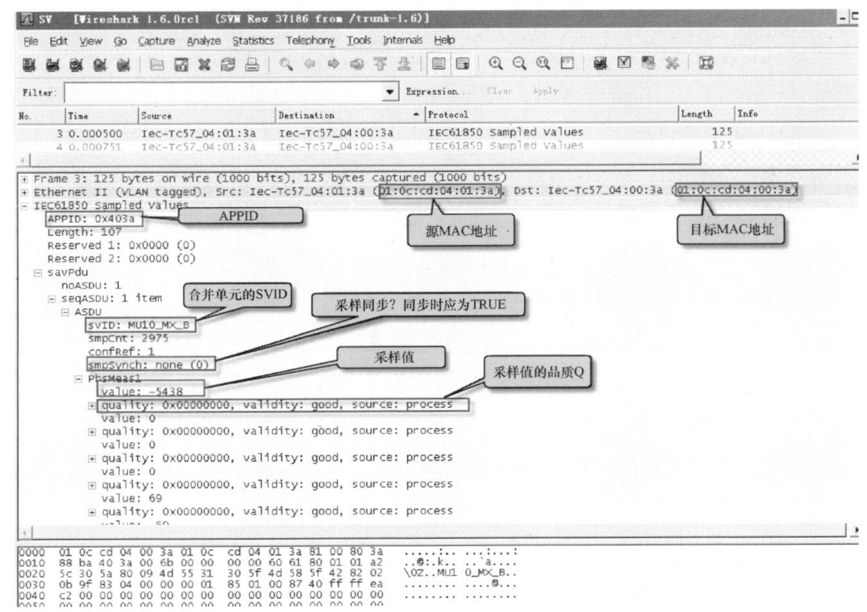

图 3-2 SV 报文实例

（一）网络参数

MAC 地址：包括源地址及目的地址。为了传输 SV 报文，必须配置符合 ISO/IEC 8802-3 的多播目的（Destination）地址。SV 目的地址是系统组态时统一分配的，是全站唯一的，是 SV 报文订阅机制的重要参数之一，它的正确配置是过程层实现通信的最基本条件。

TPID（标志协议标识）：表示分配给 802.1Q 以太网编码帧的以太网类型， 该值为 0x8100。

Priority（用户优先级）：用户优先级值由配置设定，用于将采样值与低优先级的网络负荷分开。VLAN 标签允许带有优先级的实现，长度为 3bit（0～7），高优先级的帧应具有优先级 4～7，低优先级具有 1～3。值 1 是无标志帧的优先级，0 应避免使用，对于正常网络流量，可能引起不可预测的延迟。

CFI（标准格式指示位）：一个一位长度标识值。CFI 值为 0 说明是规范格式，1 为非规范格式，SV 报文是标准格式，因此值应为 0。

VID（虚拟 LAN 标识）：长度为 12bit（0～4095），0 表示不属于任何 VLAN，VID 为可由系统配置设置。

EtherType（以太网报文类型）：基于 ISO/IEC 8802-3MAC 子层的以太网类型被 IEEE 权威机构注册。9-2SV 直接映射到保留的以太网类型和以太网类型协议数据单元，分配值为 0x88BA。

APPID（应用标识）：APPID 用于选择采样值信息并能够区分应用关联。9-2 SV 的 APPID 值预留值范围是 0x4000～0x7fff。如 APPID 未配置，其缺省值为 0x4000。在一个系统中应使用面向源的、唯一的 SV 应用标识 APPID。这应由 SCD 配置时强制实施。

Length（长度）：长度字节数包含从 APPID 开始以太网类型 PDU 和应用协议数据单元 APDU 的长度，故长度应是 8+*m*，其中 *m* 是 APDU 的长度，且 $m<1492$。与此不一致的帧或非法长度域的帧将被丢弃。

Reserved1 和 Reserved2（保留 1 和保留 2）：为未来标准化的应用而保留，缺省值为 0。在 IEC 61850 标准第二版已部分定义，用于测试设备标记和根据 IEC 62351 标准定义的加密域。

（二）SV 控制块参数

NoASDU：整型数，APDU 包含的 ASDU 个数。

ASDU 的内容包括以下部分：

SvID：可视字符串，采样值标识符。

Datase：可视字符串，数据集引用名。

SmpCnt：16 位无符号整型数，采样计数器。取得新采样值时，采样计数器加 1；采样被时钟信号同步时并在同步时刻，采样计数器清零。

ConfRev：32 位无符号整型数，配置版本号，无符号整型数，SV 数据集引用成员发生变化，数据集重新排序、数据集成员配置属性改变或 SV 控制块参数发生变化时，版本号加 1。

RefrTm：UTC 时间，传输缓冲区刷新时间。

SmpSynch：布尔量，指明采样值是否与时钟信号同步。

SmpRate：6 位无符号整型数，额定周期内采样次数。

（三）SV 数据

SV 数据是 SV 控制块所引用的数据，是 SV 报文发送的主体部分，SV 数据的数目、次序是由 SCD 或 CID 等配置文件中的 SV 控制块所引用的数据集定义的。SV 数据为 SV 控制块数据集 Dataset 所引用的带品质位的采样值数据，一般为电流电压量。如图 3-3 所示，每个数据都有 value 和 quality 组成，value 为该采样值数据的瞬时值，quality 为该数据的品质，图中标出了每个字节的实际意义。

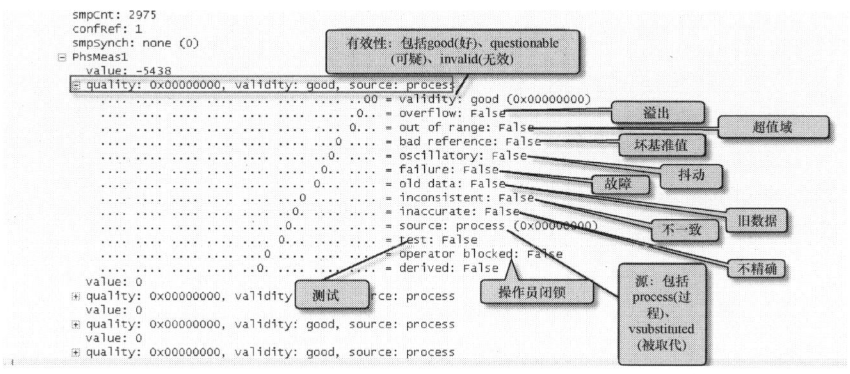

图 3-3　品质位

第二节　继电保护装置测试

一、主要测试内容

以 DL/T 995—2006《继电保护和电网安全自动装置检验规程》中的相关内容为基础，参考 Q/GDW 689—2012《智能变电站调试规范》，根据智能变电站中继电保护装置的特点，继电保护装置测试的主要内容可以归纳为以下几个方面：

（1）常规检验。主要包括装置外观检查、绝缘试验、上电检查和逆变电源检查等常规试验内容，此部分内容与传统继电保护装置测试没有差别。

（2）GOOSE 输入检验。此项内容类似于传统继电保护装置的开入量检查，主要检查 GOOSE 输入功能及相关逻辑的正确性。主要内容包括按 SCD 文件配置依次模拟被检装置的所有 GOOSE 输入，观察被检装置显示正确性；检查 GOOSE 输入量设置有相关联的压板功能；改变装置和测试仪的检修状态，检查装置在正常和检修状态下接收 GOOSE 报文的行为；检查装置各输入量在 GOOSE 中断情况下的行为。

（3）GOOSE 输出检验。此项内容类似于传统继电保护装置的开出量检查，主要检查 GOOSE 输出功能及相关逻辑的正确性。主要内容包括按 SCD 文件配置检查 GOOSE 输出量的行为；检查 GOOSE 输出量设置有相关联的压板功能；改变装置的检修状态检查 GOOSE 输出的检修位。

（4）SV 输入检验。检查继电保护装置的电压电流等电气量的输入功能及相关逻辑是否正确，与传统继电保护装置模拟量检查类似。主要内容包括按 SCD 文件模拟被检装置的所有 SV 输入，观察被检装置显示正确性；对于有多路（MU）SV 输入的装置，模拟被检装置的两路及以上 SV 输入，检查装置的采样同步性能；

检查 SV 输入量设置有相关联的压板功能；改变装置和测试仪的检修状态，检查装置在正常和检修状态下接收 SV 报文的行为；当 SV 输入通信中端时检查继电保护装置的动作行为是否正确。

（5）保护事件时标准确度检验。按说明书规定的试验方法对保护进行试验，检查装置相应的输出事件时标与保护实际动作时间差，该时间差应不大于 5ms。

（6）保护整定值及逻辑功能检查。此部分内容与传统变电站保护测试内容完全相同，主要是验证保护动作值是否满足要求，相关保护逻辑是否正确。

（7）整组传动试验。模拟各种故障，检查保护装置、断路器、后台信号、故障录波器等设备的动作行为是否正确，和传统变电站整组传动试验相同。

（8）MMS 功能检查。主要内容包括保护功能压板、出口压板等遥控操作检查；模拟保护动作及告警，在监控后台检查能否正确收到相关遥信信息；后台对保护定值的召唤及修改功能。

二、测试方法

（一）常规检查

装置外观检查、绝缘试验、上电检查和逆变电源检查等属于常规检查内容，与传统变电站继电保护装置的检查没有差别，可以依据 DL/T 995—2006《继电保护和电网安全自动装置检验规程》中相关规定进行检查。

（二）GOOSE 输入检查

1. GOOSE 配置及关联

利用数字式继电保护测试仪模拟对被测保护发送 GOOSE 报文的装置，如智能终端、需要相互配合的保护装置等，发出被测保护需要订阅的 GOOSE 报文，因此，需要在数字式继电保护测试仪中对需要发出的 GOOSE 报文进行相应的配置及通道关联。GOOSE 配置的方式可以分为自动导入方式及手动配置方式两种。自动导入方式就是继电保护测试仪导入全站 SCD 文件或被模拟的 CID 文件，测试仪自动完成 GOOSE 相关参数及数据的导入。手动配置是利用测试仪提供的编辑功能，对 GOOSE 相关参数及数据进行手动配置，修改 GOOSE 报文的相关参数及数据类型。一般情况下，利用自动导入的方式完成 GOOSE 配置，手动方式较为复杂且效率低，但在某些特定情况下，可以利用手动配置方式作为补充手段。GOOSE 报文输出需配置的参数如下：

目的 MAC 地址：全局唯一，必须正确配置，否则保护装置不接收该 GOOSE 报文；

AppID：全局唯一，必须正确配置，否则保护装置不接收该 GOOSE 报文；

GoCBReference：GOOSE 控制块引用名，一般需配置；

DataSet：GOOSE 数据集引用名，一般需配置；

GoID：GOOSE 标识符，是 GOOSE 控制块的一个重要标识，装置可根据 GoID 来判断识别所订阅的 GOOSE 控制块；

Test：检修标识，表明该 GOOSE 报文是否处于检修状态，必须配置；

AllData：GOOSE 数据，需要配置数据类型及个数。目前数据一般有单点、双点。单点数据为 boolean 量，一般为保护跳闸、失灵启动等信息；双点信息一般为断路器位置、隔离开关位置等信息。

其他的 GOOSE 参数一般不需要配置，保护装置也不检查这些参数，采用继电保护测试仪的默认配置即可。

如果是手动配置，需要对以上参数进行手动修改，而采用自动导入方式时，以上参数均为从 SCD 文件或 CID 文件直接导入。保护装置检查以上参数是否与所订阅的参数一致，如果不一致，将不接收 GOOSE 报文。一般测试仪都提供这些参数的配置界面。在配置完成后，需要将 GOOSE 报文中的数据（Data）与继电保护测试仪的开出量进行关联，即将 GOOSE 中某个数据与测试仪的某个开出量关联起来，当测试仪执行某个开出量的开出操作时，测试仪会将数据变位的 GOOSE 报文发出。如果是布尔量数据，当执行开出操作时，GOOSE 报文中相应数据的值会变为 True，如果是双点信息，当执行开出操作时，GOOSE 报文中相应数据的值会变为 10（合位）。

下面以某数字式继电保护测试仪为例，简单说明一下配置过程。

该数字式继电保护测试仪 IEC 61850 配置界面如图 3-4 所示，其包括“SMV

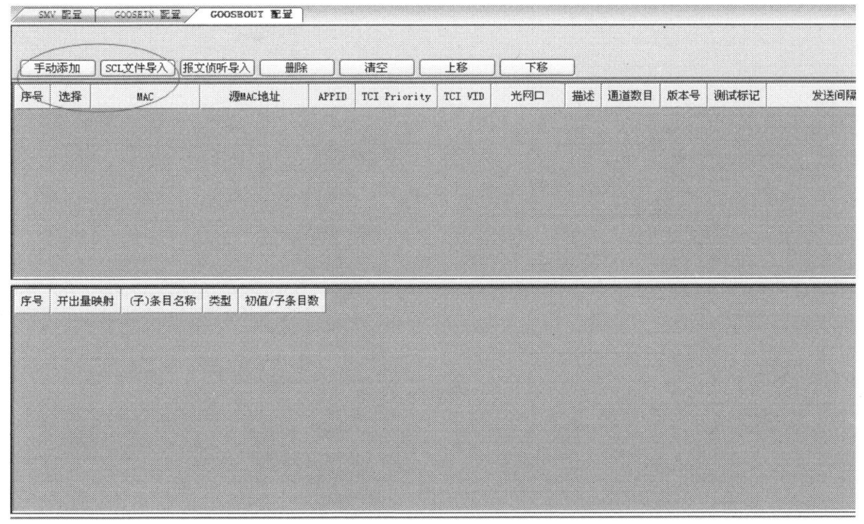

图 3-4 IEC 61850 配置界面

配置”、“GOOSEIN 配置”、“GOOSEOUT 配置”三部分功能。“SMV 配置”是对所需发送的 SV 报文进行配置和关联，“GOOSEIN 配置”是对所订阅的 GOOSE 报文进行配置和关联，“GOOSEOUT 配置”是测试仪模拟智能终端、保护装置等 IED 设备，对所发布的 GOOSE 报文进行配置，并将其关联至开出量通道。对保护装置进行 GOOSE 输入检查时，测试仪需模拟 GOOSE 报文发布者，因此应选择“GOOSEOUT”界面，界面中提供“手动添加”和“SCL 文件导入”两种方式。

若选择“手动添加”，测试仪将添加一个默认 GOOSE 输出报文，如图 3-5 所示，该 GOOSE 输出报文的 MAC、AppID、Test（测试标记）、gocbRef、dataSet、goID 等参数都需要逐一手动修改，数据中的数据数目、数据类型等也需要手动修改。如果采用手动配置 GOOSE 输出报文，工作量非常大且容易出错。

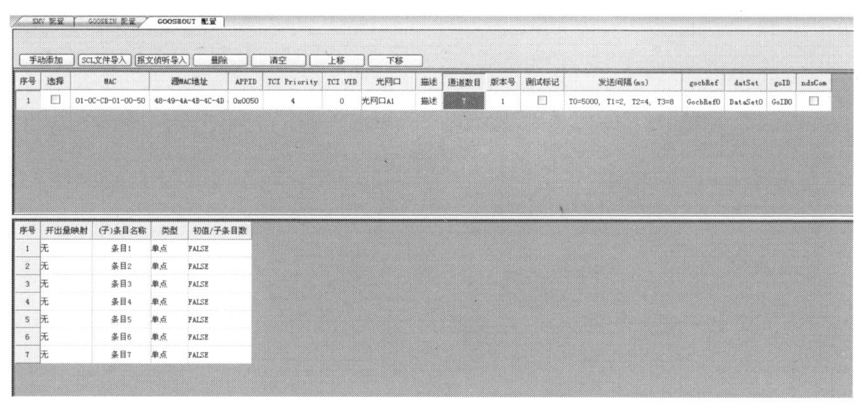

图 3-5　手动添加 GOOSE 报文

选择“SCL 文件导入”的自动配置方式，打开 SCD 或 CID 文件，选择测试仪需模拟的 IED 设备及需发送的 GOOSE 控制块，则可自动完成 GOOSE 报文的参数配置。如图 3-6 所示，打开某变电站 5011 开关智能终端的 CID 文件，选择一个 GOOSE 控制块添加后，GOOSE 输出报文的 MAC、AppID、Test（测试标记）、gocbRef、dataSet、goID、数据等参数均已按照该 CID 文件配置完成，无须再进行手动修改。如果需要发送带检修状态的 GOOSE 报文，将图中“测试标记”勾选即可。

GOOSE 输出报文配置完成后，需要将 GOOSE 数据与测试仪开出量通道关联起来。如图 3-7 所示，将数据 13“隔离开关 3 位置”与开出量 1 关联，将数据 21“闭锁重合闸”与开出量 4 关联。在测试仪执行测试时，将通过改变开出量状态来改变相关联的 GOOSE 报文中数据的值，如果测试仪闭合开出量 1，则数据 13“隔离开关位置”将变为 10（合位）输出，如果闭合开出量 4，则数据 21“闭锁重合闸”将变为“True”输出。其他数据均可以以这种方式与开出量进行关联。

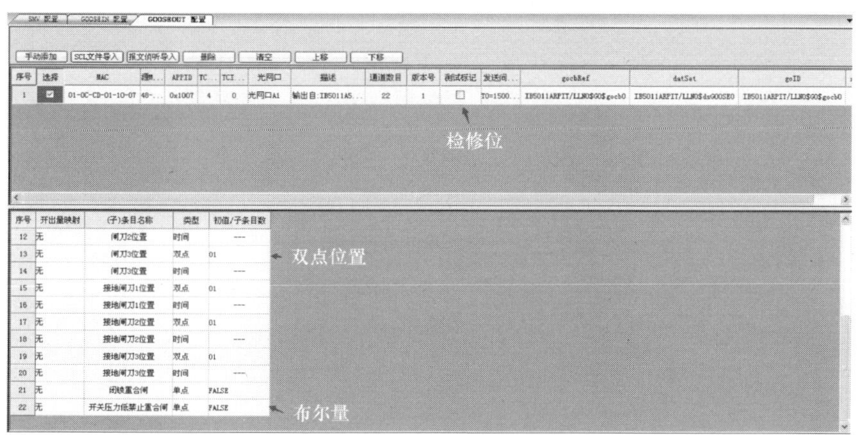

图 3-6 自动导入方式配置 GOOSE 报文

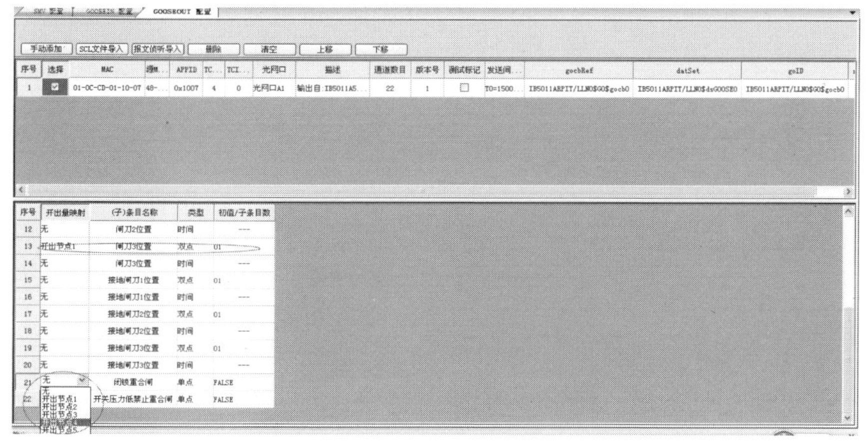

图 3-7 GOOSE 数据通道关联

2. GOOSE 输入功能检查

在继电保护测试仪上完成 GOOSE 输出报文的参数配置及关联后，即可对保护装置的 GOOSE 输入功能进行检查。在继电保护测试仪中开出某个开关量，测试仪发出 GOOSE 变位报文，保护装置中应能收到相应的开入量。如图 3-7 中测试仪闭合开出量 4，线路保护应收到闭锁重合闸信号，其“闭锁重合闸”开入应变为“1”。应按照设计要求或 SCD 配置文件对保护装置的 GOOSE 输入量进行逐一检查。

3. GOOSE 输入压板检查

在母差保护、主变压器保护中一般都设有 GOOSE 输入软压板，用于失灵联跳等回路的功能投退，因此需要对 GOOSE 输入压板功能进行检查。在测试仪中模拟某个开出量的开出，当保护装置中相应的开入压板投入时，保护装置可以收到 GOOSE 开入量，而当相应的开入压板退出时，保护装置则无法收到该 GOOSE 开入量。

4. GOOSE 检修机制检查

保护装置、智能终端等都有检修硬压板，当此压板投入时，保护装置及智能终端等应发出带检修状态的 GOOSE 报文。保护装置收到 GOOSE 报文时将检查 GOOSE 报文的检修位，并根据自身的检修状态做出相应的处理。在 Q/GDW 1396—2012《IEC 61850 工程继电保护应用模型》中，对 GOOSE 检修机制处理的规定为“GOOSE 接收端装置应将接收的 GOOSE 报文中的 test 位与装置自身的检修压板状态进行比较，只有两者一致时才将信号作为有效进行处理或动作。”在智能变电站保护装置的实际应用中，一般对于启动失灵等单位置信号，当检修不一致时，保护将对 GOOSE 报文不做处理，默认为 FALSE；而对于断路器、隔离开关位置等双位置信号，当检修不一致时，保护装置将保持检修不一致前的原状态不变。

数字式继电保护测试仪可以对 GOOSE 报文中的“Test”位进行设置，发出带检修标志或无检修标志的 GOOSE 报文，以验证保护装置的 GOOSE 检修机制是否正确。以 500kV 线路保护测试为例，利用测试仪分别模拟断路器保护失灵启动远跳及智能终端开关位置的 GOOSE 报文，被测保护的动作行为应如表 3-1 所示。

表 3-1　　被测保护的动作行为

模拟装置	信号类型	检查结果			
		发送方正常 接收方正常	发送方检修 接收方正常	发送方正常 接收方检修	发送方检修 接收方检修
智能终端	断路器位置	接收	保持原状态	保持原状态	接收
断路器保护	失灵启动	接收	强制置 0	强制置 0	接收

5. GOOSE 断链检查

当保护装置无法收到 GOOSE 心跳报文时，一般经过 2 倍心跳时间后即认为 GOOSE 报文已断链，将对 GOOSE 报文进行相应处理。对于启动失灵等单位置信号，当 GOOSE 断链时，保护装置将把 GOOSE 输入信号强制置 0，对于断路器、隔离开关位置等双位置信号，当 GOOSE 断链时，保护仍将保持 GOOSE 断链前的状态不变。

仍以 500kV 线路保护为例，利用测试仪发出断路器保护失灵启动信号，线路保护收到该 GOOSE 变位报文后，失灵启动开入变为 1，拔掉该 GOOSE 输入的光纤，经过 2 倍心跳时间后线路保护即认为发生 GOOSE 断链，将失灵启动 GOOSE 输入强制置 0；利用测试仪模拟智能终端发出开关合位 GOOSE 报文，保护收到开关合位后拔掉该 GOOSE 输入的光纤，经过 2 倍心跳时间后线路保护即认为发生 GOOSE 断链，将保持原来的合位输入不变。

（三）GOOSE 输出检查

1. GOOSE 配置及关联

利用数字式继电保护测试仪模拟订阅保护 GOOSE 报文的 IED 装置，如智能终端、需要相互配合的保护装置等，接收被测保护发出的 GOOSE 报文，因此，需要在数字式继电保护测试仪中对 GOOSE 报文进行相应的配置及关联，以能接收被测保护发出的 GOOSE 报文。与 GOOSE 输出配置相同，测试仪 GOOSE 输入配置的方式同样可以分为自动导入方式及手动配置方式两种，一般均采用自动导入方式。测试 GOOSE 输入报文需配置的参数如下：

目的 MAC 地址：全局唯一，必须正确配置，测试仪需检查该参数以确定是否接收该 GOOSE 报文。

AppID：全局唯一，必须正确配置，测试仪需检查该参数以确定是否接收该 GOOSE 报文。

AllData: GOOSE 数据，需要配置数据类型及个数，否则测试仪无法解析 GOOSE 报文的数据。目前数据一般有单点、双点两种类型。单点数据为布尔量，一般为保护跳闸、失灵启动等信息；双点信息一般为断路器位置、隔离开关位置等位置信息。

继电保护测试仪不同于继电保护装置，它对 GOOSE 报文的判别没有那么严格，一般只需检查目的 MAC 地址及 AppID，对其他 GOOSE 参数一般不做检查，因此，其他参数一般不需要配置，采用测试仪中的默认配置即可。

可通过手动配置或导入 SCD 或 CID 文件的自动配置方式实现所订阅 GOOSE 报文参数的配置。在完成 GOOSE 参数配置后，需要将所订阅 GOOSE 报文中的数据（Data）与继电保护测试仪的开入量进行关联，即将某个数据与某个开入量关联起来，当保护装置发出 GOOSE 变位报文时，测试仪的开入量将反映其变化。

下面仍以上述继电保护测试仪为例，通过自动导入的方式说明继电保护测试仪 GOOSE 输入报文的配置及关联过程。

如图 3-8 所示，进入“GOOIN 配置”界面，选择“SCL 文件导入”的自动配置方式，打开 SCD 或被测保护装置的 CID 文件，在被测保护的 LD（逻辑设备）中选择需订阅的 GOOSE 控制块，则可自动完成 GOOSE 报文的参数配置。

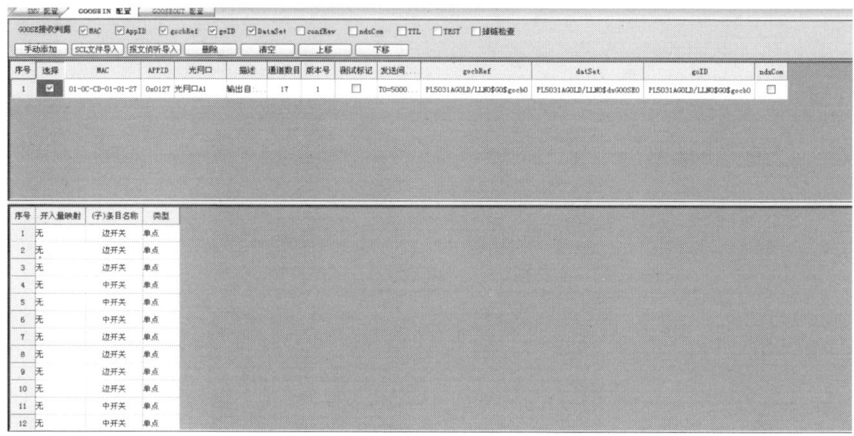

图 3-8　GOOSE 输入报文配置

GOOSE 输入报文配置完成后，需将 GOOSE 输入报文的数据与测试仪开入量通道建立关联。如图 3-9 所示，数据 1“边开关”关联到开入量 1，当 GOOSE 输入报文中的数据 1“边开关”变为“True”时，测试仪的开入接点 A 将显示有开入量开入。

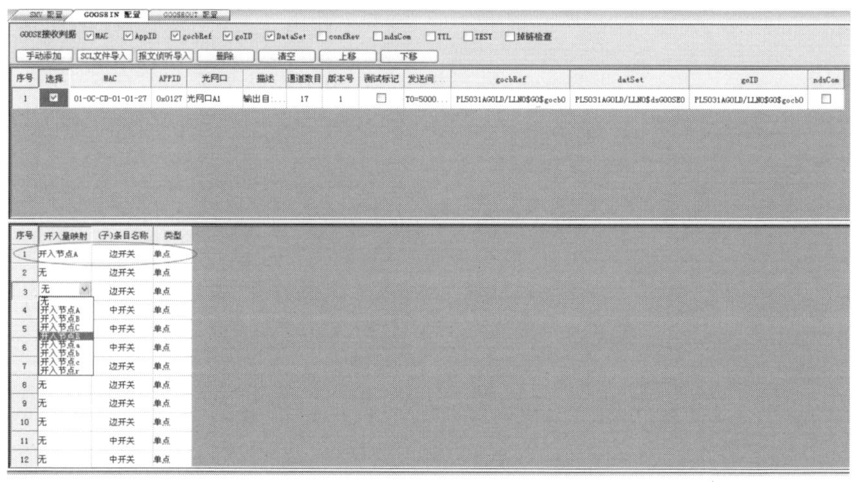

图 3-9　GOOSE 输入报文关联

2. GOOSE 输出功能检查

在继电保护测试仪上完成 GOOSE 输入报文的参数配置及关联后，即可对保护装置的 GOOSE 报文输出功能进行检查。在保护装置中模拟开出相应开出量，保护装置发出相应的 GOOSE 变位报文，测试仪应能收到相应的开入量。如图 3-9 中所示，在保护装置模拟“边开关”动作，测试仪中开入接点 A 将显示有开入量开入。

3. GOOSE 输出压板功能检查

与传统继电保护装置类似，智能变电站保护 GOOSE 开出回路也配置有出口压板，当出口压板退出时，保护相应开出将为 0。在被测保护中开出某一开出量，保护装置发出 GOOSE 变位报文，测试仪应显示相应开入量为 1，然后退出相应的 GOOSE 出口软压板，测试仪相应开入量的显示应变为 0。

4. GOOSE 输出检修状态检查

将保护装置的检修硬压板投入，保护装置处于检修状态，用 Wireshark 等抓包工具获取保护装置发出的 GOOSE 报文，检查 GOOSE 报文中“Test”位应为 True。

（四）SV 输入检验

1. SV 参数配置及关联

利用继电保护测试仪模拟合并单元，发送保护装置订阅的 SV 报文，因此，需要在继电保护测试仪中对 SV 报文进行参数配置及关联。SV 报文配置的方式可以分为自动导入方式及手动配置方式两种。自动导入方式就是继电保护测试仪通过导入全站 SCD 文件或合并单元 CID 文件，测试仪自动完成 SV 相关参数及数据的导入。手动配置是利用测试仪提供的编辑功能，对 SV 相关参数及数据集进行手动配置，可以修改相关参数及数据类型。一般情况下，利用自动导入的方式完成 SV 的配置，自动导入的方式操作简单、不易出错，目前继电保护测试仪都支持 SV 配置的自动导入方式。采样值 SV 主要有两种格式，分别为 IEEE 60044-8 的 FT3 格式和 IEC 61850-9-2 的网络报文格式。前者是点对点的串口方式，后者是网络方式，既可以点对点传输，也可以组网传输。目前在智能变电站过程层中应用较多的为 9-2 格式 SV，因此以下内容均以 9-2 格式 SV 报文进行说明。SV 报文需要配置的参数如下：

目的 MAC 地址：全局唯一，必须正确配置，否则保护装置不接收该 SV 报文。

AppID 域：全局唯一，必须正确配置，否则保护装置不接收该 SV 报文。

SVID：SV 标识符，是 SV 控制块的一个重要标识，装置可根据 SVID 来判断识别所订阅的 SV 报文。

SV 数据：需要配置 SV 数据的通道数目、数据类型及品质。

可通过手动配置或导入 SCD 或 CID 文件的自动配置方式实现 SV 报文参数的配置。在完成 SV 参数配置后，需要将所发送 SV 报文中的数据（Data）与继电保护测试仪的模拟量通道关联起来，即将 SV 报文中某个数据与某个模拟量通道对应起来，当继电保护测试仪执行测试时，SV 报文将发送测试仪模拟量通道的设定值。

下面仍以上述继电保护测试仪为例，通过自动导入的方式说明 SV 报文的配置及关联过程：

进入“SMV 配置”界面，选择“SCL 文件导入”的自动配置方式，打开 SCD 或合并单元 CID 文件，选择需发送的 SV 控制块，则可自动完成 SV 报文的参数配置。如图 3-10 所示，打开某变电站主变压器高压侧开关合并单元的 CID 文件，选择一个 SV 控制块添加后，SV 输出报文的 MAC、AppID、svID、SV 数据等参数均已按照 CID 文件配置完成。可以点击某个数据的品质位数据，出现设置数据品质位的对话框，可以修改 validity（有效性）、test（检修）等品质位属性。

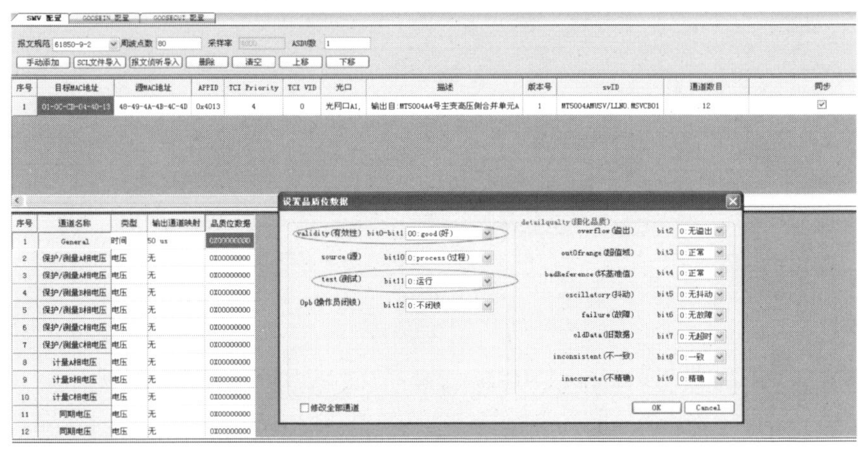

图 3-10　SV 自动配置

配置完成后，需将 SV 数据与测试仪模拟量通道建立关联。如图 3-11 所示，将数据 2“保护/测量 A 相电压”及数据 3“保护/测量 A 相电压”与测试仪 U_a 电压通道建立关联，将数据 4“保护/测量 B 相电压”及数据 5“保护/测量 B 相电压”与测试仪 U_b 电压通道建立关联。当进行测试输出时，数据 2 与数据 3“保护/测量 A 相电压”将输出 U_a 的设定值，数据 4 与数据 5“保护/测量 B 相电压”将输出 U_b 的设定值。合并单元对应每一个模拟量都有双路 A/D 采样，所以每个模拟量都有两路输出，分别对应于保护装置的启动输入和保护输入，例如，对于图中 A 相电压，有数据 2 与数据 3 两路输出，由于两者完全相同，一般将这两路输出关联到测试仪的同一路模拟量输出通道。另外，通道 1“General”为合并单元的采样延时，可根据测试需要来设置其大小。

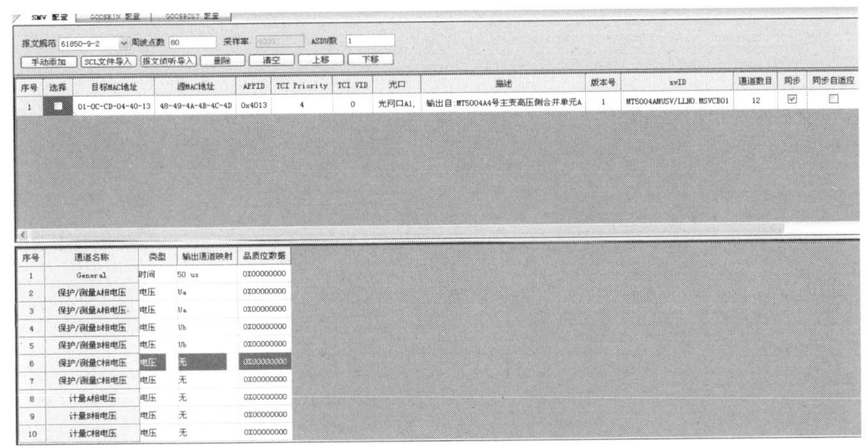

图 3-11 SV 报文通道关联

2. SV 输入功能检查

在 SV 参数配置及通道关联完成后，即可开始对保护装置的 SV 输入功能进行检查。在测试仪模拟量通道中输入一定的数值，执行测试，在保护装置中观察相应的模拟量是否正确无误。需要对每一组输入都进行检查。同时，目前 SV 采样均有启动和保护两路数据，应在保护装置中对启动量和保护量都进行检查。

3. 多路 SV 同步性检查

对于有多路（MU）SV 输入的保护装置，应模拟被检装置的两路及以上 SV 输入，检查保护装置的采样同步性能。利用测试仪输出两路相位相同的 SV 采样值，对两路 SV 设置不同的采样延时，检查保护装置的相角差是否为零。例如，一路 SV 的延时为 250μs，另外一路 SV 的延时为 500μs，则在保护装置中这两路模拟量的相角差应为 0°。

4. SV 输入压板功能

当某间隔（MU）SV 输入压板退出时，保护装置不再接收该间隔（MU）SV 输入报文，该间隔处于退出状态。可利用继电保护测试仪输出某间隔 SV 报文，退出该间隔 SV 输入压板后，保护装置应不接收该间隔 SV 报文，该间隔模拟量输入应为 0。

5. SV 检修机制检查

保护装置收到 SV 报文时将检查 SV 报文中数据品质的检修位，并根据自身的检修状态做出相应的处理。在 Q/GDW 1396—2012《IEC 61850 工程继电保护应用模型》中，对 SV 检修机制规定为“SV 接收端装置应将接收的 SV 报文中的 test 位与装置自身的检修压板状态进行比较，只有两者一致时才将该信号用于保护逻辑，否则应不参加保护逻辑的计算。对于状态不一致的信号，接收端装置仍应计算和显示其幅值。”

数字式继电保护测试仪可以对 SV 报文中各个数据的品质中的“Test”位进行设置，发出数据带检修标志或无检修标志的 SV 报文，以验证保护装置的 SV 检修机制是否正确。SV 的“Test”位是在每一个数据的品质位中。以 220kV 主变压器保护为例，差动保护投入，利用测试仪在高压侧加入大于差动启动值的电流，改变 SV 报文及主变压器保护的检修状态，主变压器保护的动作行为应如表 3-2 所示。

表 3-2　主变压器的动作行为

检　查　结　果			
发送方正常 接收方正常	发送方检修 接收方正常	发送方正常 接收方检修	发送方检修 接收方检修
差动保护动作	差动保护不动作 显示高压侧电流值	差动保护不动作 显示高压侧电流值	差动保护动作

6. SV 通信断链测试

通过数字式继电保护测试仪模拟 MU 与保护装置之间通信中断、通信恢复，测试仪与保护装置之间 SV 通信中断后，保护装置应可靠闭锁，保护装置液晶面应有 SV 通信断链的相应提示；在通信恢复后，保护功能应恢复正常，保护区内故障保护装置可靠动作并发送跳闸报文。

（五）保护事件时标准确度检验

在传统变电站中，保护装置动作、告警等事件通过硬接点送至监控系统测控装置，由测控装置对保护事件打时标并形成 SOE 记录送至监控后台。在智能变电站中，保护装置作为间隔层 IED 设备需将保护告警、动作等事件直接打上时标，送给监控后台、报文记录分析仪、故障信息子站等客户端，直接实现了监控系统的 SOE 功能。因此需要对保护装置的事件时标准确度进行检验，一般要求其误差不大于 5ms。

按说明书规定的试验方法对保护进行试验，保护动作后将产生相应的跳闸 GOOSE 报文及动作事件报告。在监控后台可查找到该动作时间报告，记录该 SOE 报告的时间为 T1，该时间即为保护装置为该事件打上的时标。在故障录波器或者报文记录分析仪（其始终被同步）中查找该保护的跳闸 GOOSE 报文，记录收到该报文的时间 T2。T1 与 T2 的时间差即为保护事件时标准确度误差，其值不应大于 5ms。

（六）保护定值及逻辑功能检查

在 SV、GOOSE 配置完成后，保护定值及逻辑功能检查与传统变电站继电保护测试没有差别，可以参照 DL/T 995—2006《继电保护和电网安全自动装置检验规程》执行。

（七）整组传动

对于采用电子式互感器的智能变电站，整组传动时应利用继电保护测试仪在保护装置处加入 SV 采样值，而对于采用常规互感器加合并单元的智能变电站，应在合并单元处加入电压电流模拟量进行整组传动试验。整组传动试验应将保护装置、智能终端、一次设备、监控系统连接起来并形成系统，进行完整的传动试验，具体整组传动试验内容可以参照 DL/T 995—2006《继电保护和电网安全自动装置检验规程》执行，整组传动的系统示意图如图 3-12 所示。

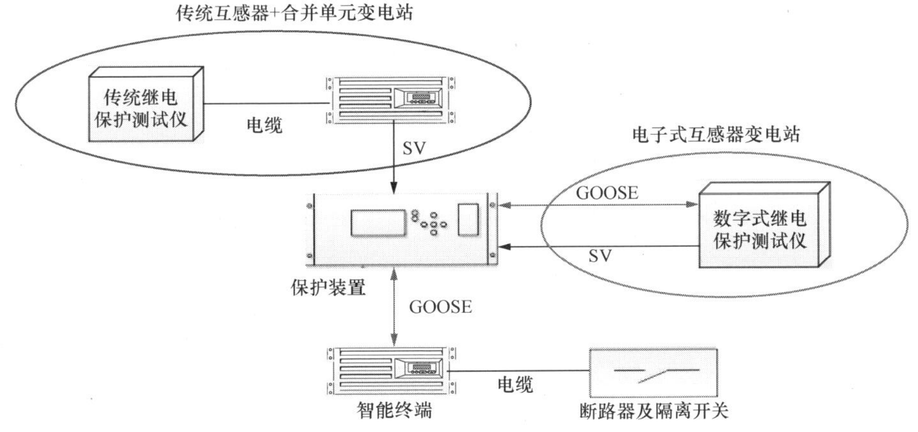

图 3-12 保护整组传动示意图

（八）MMS 功能检查

继电保护装置 MMS 功能主要是利用 MMS 协议实现的功能与服务，主要包括以下三个方面：

（1）保护装置事件报告。保护装置为保护告警事件、动作事件、开入变位事件等打上时标，形成 SOE 事件报告，供监控后台、报文记录分析仪等客户端调阅。由于 SOE 事件中包括保护动作、保护告警等一些对保护装置运行而言非常重要的信息，因此需要对保护事件报告进行检查。

（2）监控后台定值召唤、修改功能。IEC 61850 中对保护装置提供了定值召唤及修改服务，应对此进行检查。

（3）监控后台遥控功能。保护装置设置有跳闸出口、功能投退等软压板，可以在监控后台对这些压板进行遥控。由于这些压板的状态对保护正常运行十分重要，因此需要验证监控后台遥控功能。

以上三个 MMS 功能的检查方法分别如下：

（1）在保护装置上模拟保护动作、告警等事件，在监控后台检查事件的间隔名称、描述信息等是否正确。对于保护动作、告警等重要事件，应全部进行检查；而对于保护自检、开入变位等信息可以采用部分抽查的方式。目前，保护装置一般都提供模拟事件动作的功能。

（2）后台定值召唤、修改功能检验。在监控后台进行定值修改、定值召唤及定值区切换等操作，检查功能是否实现。同一型号的保护装置定值召唤、修改功能的实现方式完全相同，因此同型号装置定值召唤、修改功能不必每台装置都检验。可按装置型号分别检查定值召唤功能（定值名称、定值大小、步长、最大值、最小值、量纲及排序）和定值修改功能。定值区切换功能宜针对每一台装置分别进行。

（3）后台软压板遥控功能检验。由于后台画面和远动遥控通常是手工配置数据库，因此每一个保护软压板都必须逐一检查。在后台逐一操作保护软压板，检查保护装置软压板是否正确动作，软压板位置是否能正确送至监控后台。

第三节　测控装置测试

一、主要测试内容

以 Q/GDW 689—2012《智能变电站调试规范》中的测试内容为参考，结合智能变电站中测控装置的技术特点，测控装置测试内容主要归纳为以下几个方面：

（1）常规检验。主要包括装置外观检查、绝缘试验、上电检查和逆变电源检查等常规试验内容，此部分内容与传统测控装置测试没有差别。

（2）信号检验。此部分内容与传统测控的遥信检查类似。主要内容包括：按 SCD 文件配置依次模拟被检装置的事件 GOOSE 输入，检查装置输出相关遥信报告正确性；改变测试仪的检修状态，检查装置输出相关遥信报告的品质位；改变测控装置的检修状态，检查装置输出遥信报告的品质位。

（3）模拟量检验。此部分内容与传统测控的遥测检查类似。主要内容包括：按 SCD 文件配置模拟被检装置的所有 SV 传输输入，检查装置显示画面和相关遥测报告正确性；检验模拟量功率计算准确度；改变测试仪输出值，检验测控装置的模拟量死区值；改变测试仪的检修状态，检查装置输出遥测报告的品质位；改变测控装置的检修状态，检查装置输出遥测报告的品质位。

（4）控制输出检验。此部分内容类似于传统测控的遥控检查。主要内容包括：按 SCD 文件配置检查测控装置控制输出对象正确性；检测测控装置输出的分、合闸脉宽；检查一次设备本体、测控单元控制权限；改变装置检修状态，检查输出控制 GOOSE 报文的检修位。

（5）同期功能检验。与传统测控的同期检查内容相同，主要内容包括检验断路器无压合闸功能及无压定值；检验断路器同期合闸功能及同期定值；检验断路器强制合闸功能。

（6）防误操作功能检验。模拟其他间隔断路器、隔离开关位置，检验装置防误操作功能，结果应符合设计要求。

（7）GOOSE 事件 SOE 时标准确度检验。当测控装置接收 GOOSE 事件采用本机时间打时标时，使用网络报文记录分析仪测试测控装置 GOOSE 事件 SOE 精度，测试结果应不大于 10ms。

二、测试方法

（一）常规检查

装置外观检查、绝缘试验、上电检查和逆变电源检查检验等属于常规检查内容，与传统变电站测控装置的检查没有差别，可以参照 DL/T 995—2006《继电保护和电网安全自动装置检验规程》相关内容进行检查。

（二）信号检查

测控装置的信号检查应在监控后台已配置完成后进行，可以直接在监控后台查看遥信是否正确上送。如果使用 IEDScout 等客户端软件查看测控装置的遥信报告，将十分繁琐费时，不建议使用此种方式。当然，如果信号检查过程中出现问题，可以使用客户端工具软件进行分析。测控装置信号检查的测试系统构成如图 3-13 所示。

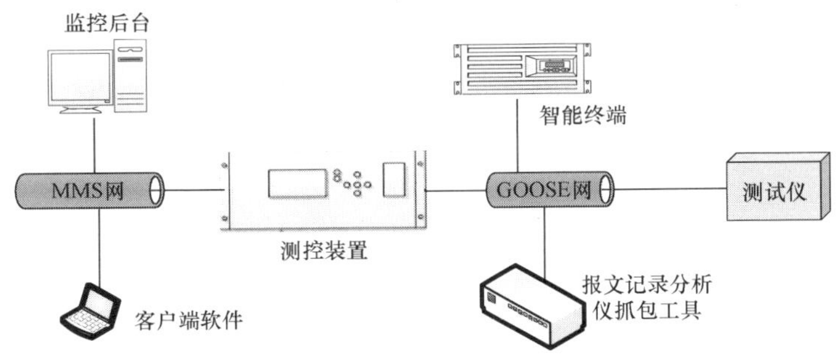

图 3-13　测控装置信号检查的测试系统构成

1. 信号输入检查

信号检查可以与智能终端整体联动，也可以用测试仪模拟 GOOSE 报文输入。当测控装置与相关的智能终端的配置已完成且通信正常后，可以在智能终端的开入量回路模拟硬接点信号输入，然后在监控后台检查该信号的遥信报告的正确性。

如果智能终端的配置未完成或通信未建立，则可利用测试仪模拟相关 GOOSE 报文输入，在监控后台检查该信号的遥信报文是否正确。测试仪的 GOOSE 参数配置和关联方法与第一节保护测试相同。

2. 遥信检修状态检查

当测控装置处于检修状态或输入 GOOSE 报文带检修标识时，测控装置输出的遥信报文的品质位中的“Test”应为 True，监控后台显示该报文时应有处于检修状态的提示。

将测控装置的检修硬压板投入，模拟无检修标志的 GOOSE 信号输入，在监控后台检查该事件应有检修状态提示。测控装置硬压板退出，利用测试仪发出带检修状态的 GOOSE 报文，或者将智能终端检修压板投入并模拟硬接点信号开入，在监控后台检查该事件应有检修状态的提示。

（三）模拟量检验

测控装置的模拟量检查也应在监控后台已配置完成、测控装置与后台通信正常的情况下进行，这样可以在测控装置与监控后台同时检查模拟量。当模拟量检查出现问题时，可以利用 IEDScout 等客户端软件直接访问测控装置，进行问题的分析与查找。测控装置 SV 检查时的测试系统构成如图 3-14 所示。

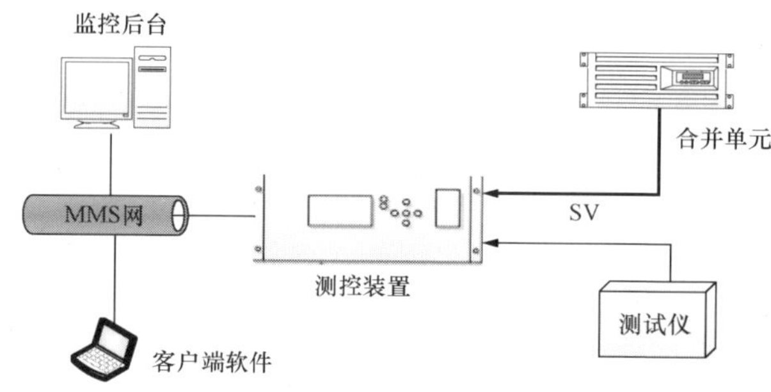

图 3-14　测控装置 SV 检查时的测试系统构成

1. SV 输入检查

SV 输入检查可以与合并单元联动，也可以利用测试仪模拟合并单元的 SV 报文输出，一般情况下利用测试仪进行检查，这种试验方式更加方便快捷。测试仪 SV 的配置与第二节继电保护装置测试中 SV 的配置方法相同，这里不再赘述。利用测试仪模拟相关合并单元的 SV 输出，如线路电流、线路电压等模拟量，在测控装置面板和监控后台中检查电压、电流、频率等相应的遥测量是否显示正确。由于 SV 采样值为数字量，测控装置中不存在 A/D 转换环节，因此可不必检查测控装置的 SV 采样精度。

2. 功率计算值检查

线路、主变压器等间隔的测控装置，需要计算本间隔的有功功率、无功功率等，因此需要对功率计算正确性及精度进行检查。利用测试仪改变电压、电流值的 SV 输出，得到测试需要的功率值，在测控装置及监控后台检查功率显示是否正确，功率计算值的精度是否满足相关要求。

3. 模拟量死区检查

对于电压、电流、功率等遥测量，测控装置一般采用数据变化上送的方式，即当电压、电流、功率等模拟量的幅值变化量大于某一门槛值时，测控装置将更新遥测量报告并将新报告上送至监控后台，该门槛值即为模拟量死区，一般设为装置额定值的 0.2%。检查时可利用测试仪输出电流、电压等模拟量的 SV 报文，改变电压、电流等模拟量输出值，输出值变化量的大小为 0.95 倍模拟量死区值，此时检查监控后台该遥测量数值应无变化；改变电压、电流等模拟量输出值，输出值变化量的大小为 1.05 倍模拟量死区值，此时检查监控后台该遥测量数值应正确更新。

4. 遥测检修状态检查

当测控装置处于检修状态或输入 SV 报文带检修标识时，测控装置输出的遥测报告的品质位中的“Test”应为 True，监控后台显示该遥测量时应有处于检修状态的提示。将测控装置的检修硬压板投入，模拟无检修标志位的 SV 报文输入，测控装置的遥测报告品质位中的“Test”应为 True，在监控后台检查该遥测量应有检修状态提示。测控装置硬压板退出，利用测试仪发出带检修状态标志位的 SV 报文，或者将合并单元检修压板投入并加入模拟量，测控装置的遥测报告品质位中的“Test”应为 True，在监控后台检查该遥测量应有检修状态的提示。

（四）控制输出检查

测控装置的控制输出检查也应该在监控后台已配置完成、测控装置与后台通讯正常的情况下进行，控制输出检查可与智能终端整体联动，也可利用测试仪或报文分析工具检查相应的 GOOSE 报文输出是否正确。以与智能终端联动的方式检查测控装置输出更加直观便捷，检查也更为完整，所以一般采用与智能终端联动的方式。可将测试仪或报文分析工具作为辅助检查手段，用于问题的分析与查找。测控装置控制输出检查的测试系统构成如图 3-15 所示。

1. 控制输出正确性检查

在监控后台选择断路器、隔离开关等控制对象，进行分合操作，测控装置应输出相应命令的 GOOSE 报文，智能终端中相应控制对象的接点输出应正确无误。

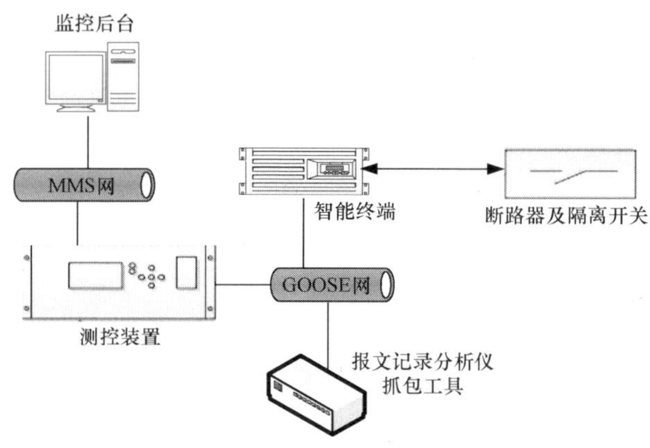

图 3-15　测控装置控制输出检查的测试系统构成

2. 分/合闸脉宽检查

分/合闸脉宽是沿用传统变电站中测控装置开出量脉宽的概念，在此是指测控装置收到分/合闸控制命令后发出的分/合闸 GOOSE 报文变位的时间长度，即第一帧分/合闸 GOOSE 变位报文与下一帧 GOOSE 变位报文之间的时间差，如图 3-16 所示，t1 时刻测控装置发出分/合 GOOSE 变位报文，t2 时刻测控装置收回分/合命令，GOOSE 报文再次变位，t1 与 t2 的时间差即为分/合闸脉宽。可利用报文记录分析仪或抓包工具，获取在分/合闸操作后的测控装置发出的 GOOSE 报文，可得到该测控装置的分/合闸脉宽。该分/合闸脉宽应满足相应一次设备的要求，保证所操作的一次设备能够稳定可靠的分合。

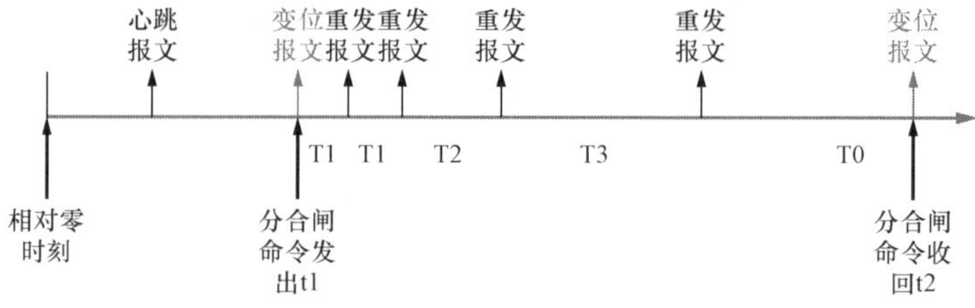

图 3-16　分/合闸脉宽示意图

3. 控制权限检查

当测控装置或一次设备的控制把手处于“就地”位置时，在监控后台进行本间隔设备的遥控操作，命令将不会被执行，一次设备不会动作。

4. 检修状态检查

当测控装置上的检修硬压板投入时，其控制输出 GOOSE 报文将带检修标识。可以利用抓包工具获取 GOOSE 报文，检查 GOOSE 报文中“Test”位是否为 True。另外，测控装置与智能终端也遵循第二节所述的 GOOSE 检修机制，因此此项试验也可与智能终端联动进行。在监控后台进行遥控操作，当测控装置与智能终端的检修压板状态一致时，智能终端将输出正确的遥控命令；而当测控装置与智能终端的检修压板状态不一致时，智能终端将不执行相应的遥控命令。

（五）同期功能检验

同期功能检验在完成相关 SV 及 GOOSE 配置后，其测试方法与传统变电站测控装置同期功能测试没有区别，这里不再进行叙述。

（六）防误操作功能检验

此处的防误操作功能即为间隔层闭锁功能，可以利用测试仪模拟与本间隔有闭锁关系的其他断路器或隔离开关的位置，当闭锁条件满足时，在测控装置上对相应断路器或隔离开关的操作将被闭锁。

（七）GOOSE 事件 SOE 时标准确度检验

GOOSE 事件 SOE 时标有两种产生方式，一是智能终端在外部硬接点开入时打上时标，此时标作为智能终端发送的 GOOSE 报文的一部分送至测控装置，测控装置将该时标作为 SOE 时标；另外一种方式是智能终端收到外部开入时不打时标，将不带时标信息的 GOOSE 报文发送至测控装置，当测控装置接收到 GOOSE 事件时给该事件打上时标，作为该 SOE 事件的时标。智能终端打时标的方式属于智能终端测试的范围，本节不做讨论。当测控装置接收 GOOSE 事件采用本机时间打时标时，应对 GOOSE 事件 SOE 时标准确度进行检查，测试装置 SOE 时标精度检查示意图如图 3-17 所示。模拟智能终端外部硬接点开入，智能终端产生 GOOSE 报文，使用网络报文记录分析仪记录该报文发送的绝对时间 T1，同时在监控后台读取该 SOE 事件的时标 T2，两者之差应不大于 10ms。

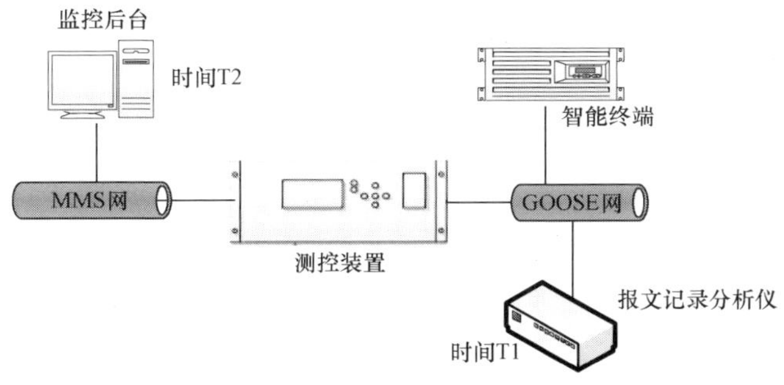

图 3-17　测控装置 SOE 时标精度检查示意图

第四节　智能终端测试

智能变电站的一大特点就是一次设备的智能化，目前，国内智能化变电站主要是通过在传统断路器附近安装智能终端的方式来实现断路器的智能化。常规断路器通过附加智能组件——智能终端，不但可以根据实际的运行情况进行操作上的智能控制，而且还可以根据状态检测和故障诊断进行状态检修。

智能终端工作于智能化变电站的过程层，是联系一、二次设备的桥梁和纽带。它通过光纤与间隔层的保护和测控装置通信，将开入信息上传，并接收保护和测控装置的指令，对断路器、隔离开关、接地刀闸进行分合操作。通过智能终端，完全取消了间隔层与过程层之间的电缆，与模拟信号相比，其抗干扰能力增强，信息共享方便，大大提升了传统断路器的智能化水平。

智能终端测试主要包括外观及接线检查、绝缘试验、上电检查、GOOSE 输入输出功能测试以及动作时间测试，其中接线检查、绝缘试验、上电检查等常规检验参照 DL/T 995—2006 执行，本节主要介绍智能终端装置的 GOOSE 输入输出测试、动作时间测试等功能检查。

一、GOOSE 输出功能测试

根据《智能变电站调试规范》的要求，检验智能终端输出 GOOSE 数据通道与装置开关量输入关联的正确性，检查相关通信参数符合 SCD 文件配置，GOOSE 输出功能测试系统如图 3-18 所示，具体的测试方法为：搭建测试系统，继电保护测试仪模拟断路器的开关量节点输入智能终端，检验智能终端是否能正常接收开关量信息，并输出正确的 GOOSE 变位报文。

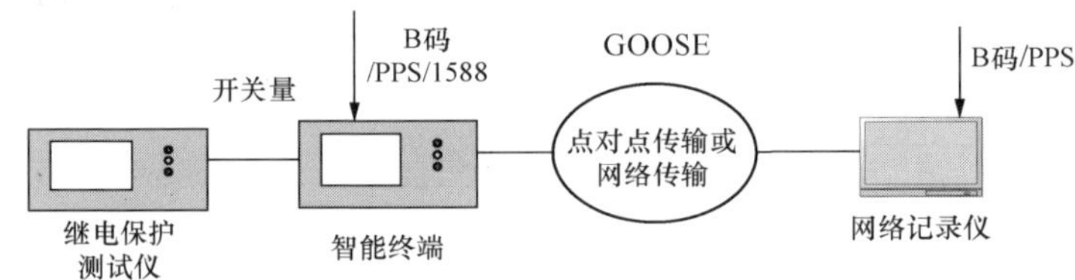

图 3-18　GOOSE 输出功能测试系统

二、GOOSE 输入功能测试

根据《智能变电站调试规范》的要求，检验智能终端输入 GOOSE 数据通道与装置开关量输出关联的正确性，检查相关通信参数符合 SCD 文件配置，GOOSE 输入功能测试系统如图 3-19 所示，具体的测试方法为：搭建测试系统，数字化继电保护测试仪模拟保护或测控装置发送分/合闸 GOOSE 报文，智能终端接收到 GOOSE 报文后转换成开关量后再发送给继电保护测试仪，检查智能终端是否能正常接收 GOOSE 格式的报文信息，并以开关量形式输出所对应的通道。

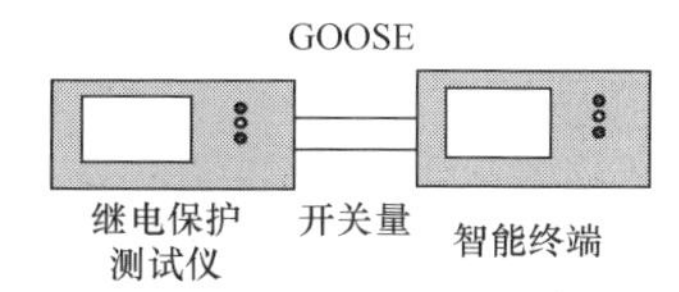

图 3-19　GOOSE 输入功能测试系统

三、动作时间测试

智能终端接收保护、测控装置的 GOOSE 命令，对断路器、隔离开关、接地刀闸进行分合操作，特别是对断路器的分操作，其动作快慢直接关系到电力系统发生故障时的故障切除时间，其快速动作有利于电力系统的安全、稳定运行。在故障情况下，智能终端装置的快速动作能有效降低故障设备的损坏程度，减少经济损失，提高电力系统的稳定性。

根据《智能变电站调试规范》中对动作时间的要求：装置从接收到保护、测控装置的跳闸、合闸 GOOSE 命令到装置跳闸、合闸继电器接点出口的动作时间应不大于 7ms，测试系统如图 3-20 所示。

GOOSE
继电保护
测试仪
开关量
智能终端

图 3-20　动作时间测试系统

测试时，被测智能终端通过光纤与数字化继电保护测试仪相连，以传输 GOOSE 报文向被测装置发送跳闸命令，选择被测装置相应跳闸通道的一对接点通过导线将跳闸信号送回测试仪。数字化测试仪需导入该智能终端对应的保护装置的 CID 文件并进行适当配置后才能使被测装置接收后做出正确的响应。

由数字化测试仪模拟发出 GOOSE 报文，作为动作时延测试的起始点。智能终端接收到 GOOSE 报文后，对报文中的字段进行相应的分析处理，使 GOOSE 报文中与值跃变通道相关联的继电器动作，发出跳闸命令，然后将跳闸命令送回测试仪，作为动作时间测试的终止点。

四、GOOSE 检修机制测试

根据《IEC 61850 工程继电保护应用模型》中对 GOOSE 检修机制处理的规定，GOOSE 接收端装置应将接收的 GOOSE 报文中的 test 位与装置自身的检修压板状态进行比较，只有两者一致时才将信号作为有效进行处理或动作。在智能终端装置的实际应用中，一般对于断路器分合闸操作等信号，当检修不一致时，智能终端将对 GOOSE 报文不做处理，默认为 FALSE，采用图 3-19 的测试系统，具体的测试方法为：

首先，投入装置检修压板，用数字式继电保护测试仪给装置发送带检修位的 GOOSE 分合闸信号，装置应使用该 GOOSE 报文中的数据，进行分合闸；用数字式继电保护测试仪给装置发送不带检修位的 GOOSE 分合闸信号，装置应不使用该 GOOSE 报文中的数据，不进行分合闸。

然后，退出装置检修压板，用数字式继电保护测试仪给装置发送带检修位的GOOSE分合闸信号，装置应不使用该GOOSE报文中的数据，不进行分合闸；用数字式继电保护测试仪给装置发送不带检修位的GOOSE分合闸信号，装置应使用该GOOSE报文中的数据，进行分合闸。

五、SOE时标准确度测试

根据《智能变电站调试规范》的要求，检查智能终端装置输出事件时标与信号实际触发时间差是否小于1ms，时标准确度测试系统如图3-21所示。

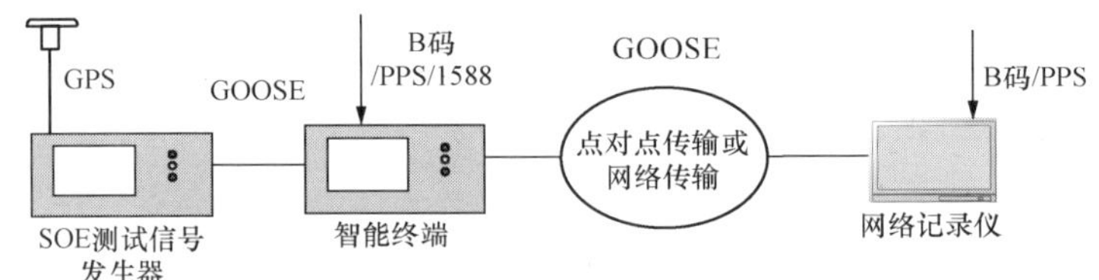

图3-21　时标准确度测试系统

测试时，首先搭建测试系统，SOE测试信号发生器应具备整秒输出信号接点或者能够记录输出接点闭合时间的功能，将网络记录分析仪收到的事件时标与SOE测试信号发生器记录的时间进行对比，得到的时间差应小于1ms。

六、自检及告警功能测试

根据《智能终端技术规范》的要求，检验智能终端是否在电源中断、通信中断、通信异常、GOOSE断链、装置内部异常情况下不误输出，并能够输出各种告警信号和自检信息。

通过模拟电源中断、通信中断、通信异常、GOOSE断链等情况，检验装置应通过硬接点、GOOSE报文或者界面LED指示灯进行相应报警。

第五节　合并单元测试

随着电子式互感器在智能变电站的应用和推广，变电站二次电压、电流回路发生了本质的改变，合并单元作为电子式互感器接口的重要组成部分，最早出现于IEC 60044-8电子式电流互感器标准，是对数据进行时间相关的采集处理并为二次设备提供相关数据的物理单元。合并单元可以是现场互感器的一个组件或独立单元。IEC 60044-8电子电流互感器标准指出二次转换器也可以从传统电压互感器或电流互感器获取信号。因此合并单元可以不依赖电子式互感器而独立使用，传统的互感器也可以通过合并单元构成数字化系统。合并单元的独立使用，使得数字化变电站的发展有更大的灵活性。

合并单元的主要功能是同步，多路数据采集处理和标准数据输出合并单元作为数字化变电站数字接口的核心功能单元，是保证各类数据准确可靠的关键，因此对合并单元的检测十分必要。

一、通信接口能力测试

根据 DL/T 282—2012《合并单元技术条件》第 6.4.1 和 6.5.3 节以及 Q/GDW 441—2010《智能变电站继电保护技术规范》第 6.4 节的要求，检验合并单元是否具有符合标准规定的通信接口数量和接入能力，通信接口能力测试系统如图 3-22 所示。

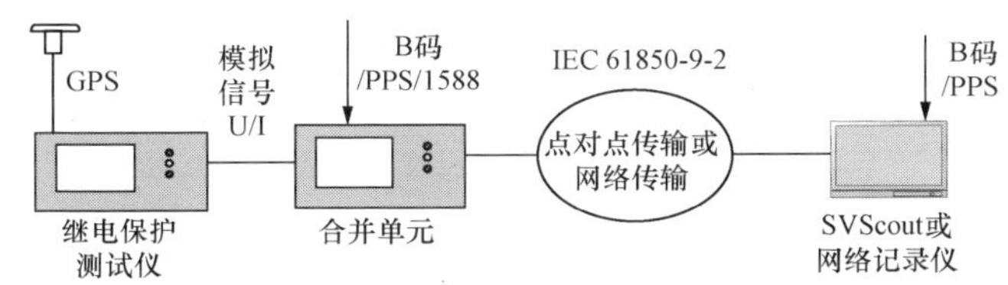

图 3-22　通信接口能力测试系统

测试时，首先观察并记录 MU 的模拟量输入接口数和数字量输出接口数，每个 MU 应能够满足最多 12 个模拟输入通道和至少 8 个输出端口的要求，然后，配置继电保护测试仪输出额定值的模拟量，通过网络记录分析仪检验合并单元是否能正常采集，并采用 IEC 61850-9-2《变电站通信网络和系统　第 9-2 部分：特定通信服务映射（SCSM）映射到 ISO/IEC 8802-3 的采样值》规定的数据格式输出所有已配置的模拟量通道。

二、数据接收功能测试

根据 DL/T 282—2012《合并单元技术条件》第 6.4.1 和 6.4.2 节以及 Q/GDW 426—2010《智能变电站合并单元技术规范》第 4.2.6 节的要求，检验合并单元是否具备交流模拟量采集功能和遥信状态量采集功能，采用图 3-22 的测试系统进行测试。

测试时，首先搭建测试系统，通过继电保护测试仪输出模拟信号给合并单元，检验合并单元是否能正常接收模拟量信息。

其次，将断路器、隔离开关等位置信号输送给合并单元，检验合并单元是否能正常接收状态量信息。

三、数据输出功能测试

根据 DL/T 282—2012《合并单元技术条件》第 6.4.1 和 6.5.3 节的要求，检验合并单元是否输出 IEC 61850-9-2 规定的数据格式的采样值，是否具备对母线合并单元上送的数字量数据合并转换的功能，装置在复位启动过程中是否会误输出数据，采用图 3-22 的测试系统进行测试，具体的测试方法为：

（1）向装置施加已配置的所有模拟量，并级联母线合并单元，由网络报文记录分析仪解析合并单元输出的 9-2 报文检验其输出的采样值是否符合 IEC 61850-9-2 规定的数据格式。

（2）使用数字继电保护测试仪向装置施加模拟量，然后重启装置，使用网络报文记录分析仪监视合并单元最初输出的采样值信号，检查应无抖动、突变、品质异常等异常采样值信号输出，且幅值误差、相位误差满足技术要求。

四、采样值有效性处理功能测试

根据 DL/T 282—2012《合并单元技术条件》第 6.4.1 节的要求，检验合并单元是否对 ECT、EVT 采样值有效性进行判别并对故障数据事件进行记录，采用如图 3-23 所示测试系统进行测试。

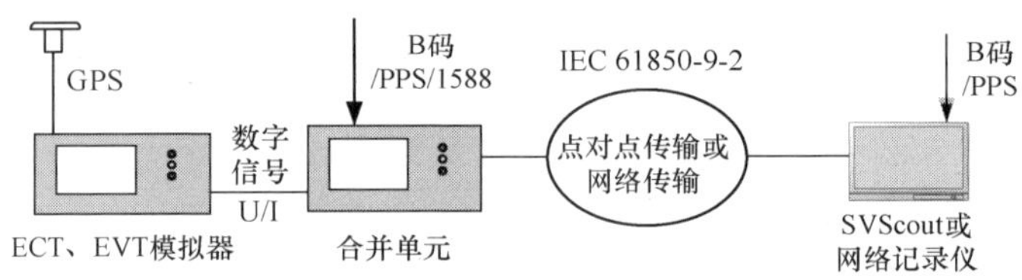

图 3-23　采样值有效性测试

测试时，首先搭建测试环境，模拟采集器上送采样值数据失步和失真的情况，通过解析合并单元输出的 9-2 报文，检验合并单元是否对采样值数据失步和失真的情况进行判别，是否对故障数据时间进行记录。

五、设备自检及告警功能测试

根据 DL/T 282—2012《合并单元技术条件》第 6.4.1 以及 Q/GDW 426—2010《智能变电站合并单元技术规范》第 4.2.8 节的要求，检验合并单元是否在电源中断，GOOSE、级联 SV 通信中断，装置内部异常情况下不误输出，并能够输出各种告警信号和自检信息，采用图 3-22 的测试系统进行测试。

测试时，模拟电源中断、SV 级联中断、GOOSE 中断、装置异常等情况，检验装置应通过硬接点、MMS 报文或者界面 LED 指示灯进行相应报警。通过网络记录分析仪检验 MU 装置输出的采样值报文中相应通道品质为无效。

六、装置检修压板功能测试

根据 IEC 61850-9-2 协议的要求：合并单元检修压板投入时，装置发送的所有数据通道采样值品质位均置检修；按间隔配置的合并单元母线电压取自母线合并单元，在仅母线合并单元检修压板投入时，按间隔配置的合并单元仅置来自母线合并单元的采样值数据检修位，测试系统如图 3-22 所示。

测试时，首先搭建测试环境，投入合并单元检修压板，检验合并单元输出的采样值报文中采样值数据的品质 q 的 Test 位是否置 True。然后在检修状态下，重新启动合并单元，检查输出的 9-2 报文品质是否为 True，防止上电后合并单元输出正常的采样值。

七、母线电压切换功能测试

根据 Q/GDW 426—2010《智能变电站合并单元技术规范》 第 4.2.3 节的要求，母线电压应配置单独的母线电压合并单元，对于接入了两段及以上母线电压的母线电压合并单元，母线电压并列功能宜由合并单元完成，合并单元通过 GOOSE 网络获取断路器、隔离开关位置信息，实现电压并列功能。电压切换接线方式示意图如图 3-24 所示。

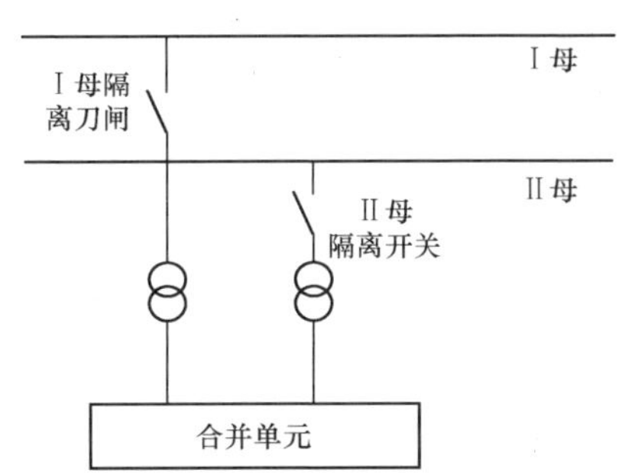

图 3-24　电压切换接线方式示意图

对于接入了两段母线电压的母线电压合并单元装置，应根据采集的隔离开关信息，自动进行电压切换，切换逻辑应满足表 3-3。

表 3-3　　母线电压切换逻辑表

序号	Ⅰ母隔离开关		Ⅱ母隔离开关		母线电压输出	报警说明
	合	分	合	分		
1	0	0	0	0	保持	延时 1min 以上报警“隔离开关位置异常”
2	0	0	0	1	保持	
3	0	0	1	1	保持	
4	0	1	0	0	保持	
5	0	1	1	1	保持	
6	0	0	1	0	Ⅱ母电压	
7	0	1	1	0	Ⅱ母电压	——
8	1	0	1	0	Ⅰ母电压	报警“同时动作”
9	0	1	0	1	电压输出为 0，状态有效	报警“同时返回”
10	1	0	0	1	Ⅰ母电压	——
11	1	1	1	0	Ⅱ母电压	延时 1min 以上报警“隔离开关位置异常”

续表

序号	Ⅰ母隔离开关		Ⅱ母隔离开关		母线电压输出	报警说明
	合	分	合	分		
12	1	0	0	0	Ⅰ母电压	延时 1min 以上报警“隔离开关位置异常”
13	1	0	1	1	Ⅰ母电压	
14	1	1	0	0	保持	
15	1	1	0	1	保持	
16	1	1	1	1	保持	

注 1. 母线电压输出为“保持”，表示间隔合并单元保持之前隔离开关位置正常时切换选择的Ⅰ母或Ⅱ母的母线电压，母线电压数据品质应为有效（除了下述上电后保持无效的情况之外）。

2. 上电后，若收到的初始隔离开关位置与上表中“母线电压输出”为“保持”的隔离开关位置一致，输出的母线电压带“无效”品质。

测试时，首先在母线合并单元上分别施加幅值不同的两段母线电压，母线合并单元与间隔合并单元级联。使用数字化继保测试仪施加Ⅰ母和Ⅱ母隔离开关位置，按照合并单元电压切换逻辑表中依次变换信号，在网络记录分析仪上观察间隔合并单元输出的 IEC 61850-9-2 报文中母线电压通道的实际值，判断是否满足表 3-3 中的切换逻辑，并观察在隔离开关为同分或者同合的情况下，合并单元的报警情况（界面、GOOSE 等方式）。然后通过在网络记录分析仪实时监视输出 IEC 61850-9-2 报文的波形，检查电压切换过程中，IEC 61850-9-2 数字量输出是否有异常变化。

八、IEC 61850 一致性测试

根据 IEC 61850-9-2 协议的要求，对合并单元配置文件的语法语义正确性及采样值报文格式的正确性进行测试，检查合并单元的品质字、同步位等是否满足规范，采样值有效性测试系统示意图如图 3-23 所示，具体的测试方法为：

（1）断开合并单元与电子式互感器之间的光纤，合并单元输出采样值报文的品质字应符合 IEC 61850-7-3《电力自动化通信网络和系统 第 7-3 部分：基本通信结构公用数据类》中对品质的定义，采样值的品质字 validity 应为 invalid。

（2）断开合并单元的外部时钟，当合并单元与外部时钟不同步时（同步误差>4μs），应将同步位置 0，并重新调整同步。

九、时钟误差测试

（一）对时误差测试

根据 DL/T 282—2012《合并单元技术条件》第 6.7.3 的要求，检验合并

单元接受对时后输出的同步信号精确度是否满足合并单元技术条件的要求，对时误差测试系统示意图如图 3-25 所示。

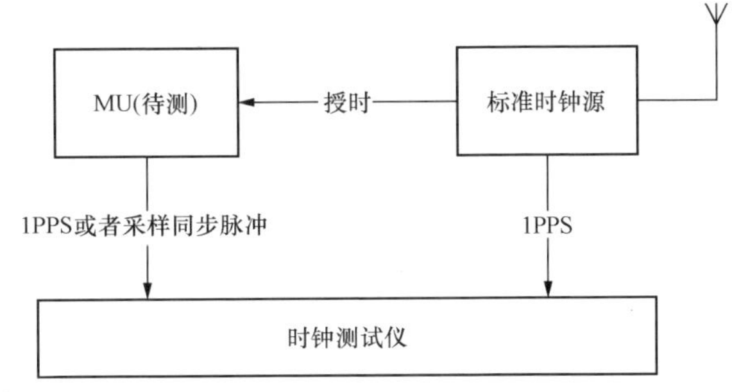

图 3-25 对时误差测试系统示意图

测试时，对时误差通过合并单元输出的 1PPS 信号与参考时钟源 1PPS 信号比较获得。标准时钟源给合并单元授时，待合并单元的采样值报文同步位为“1”，利用时间测试仪以每秒测量 1 次的频率测量合并单元和标准时钟源各自输出的 1PPS 信号有效沿之间的时间差的绝对值 Δt，测试过程中测得的 Δt 的最大值即为最终测试结果。进行装置型式试验时，对时误差测试时间应至少持续 24h，装置例行试验时应至少持续 10min，对时误差的最大值应不大于 1μs。

（二）守时误差测试

根据 DL/T 282—2012《合并单元技术条件》第 6.7.1 的要求，检验合并单元的接受对时后的守时性能是否满足合并单元技术条件的要求，守时误差测试系统示意图如图 3-26 所示。

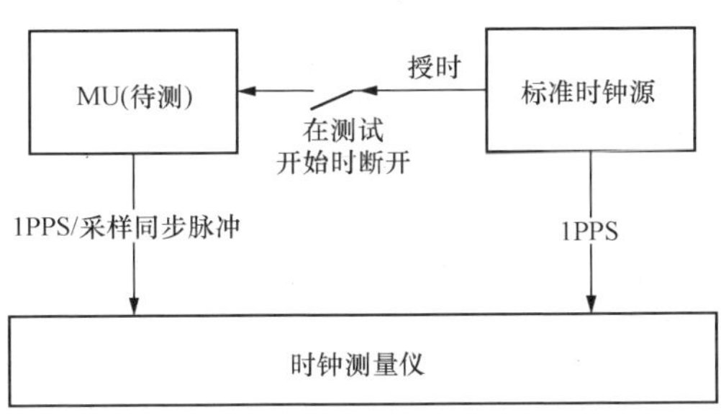

图 3-26 守时误差测试系统示意图

测试开始时，合并单元先接受标准时钟源的授时，待合并单元输出的采样值报文同步位为“1”，撤销标准时钟源的授时。测试过程中合并单元输出的 1PPS 信号与标准时钟源的 1PPS 的有效沿时间差的绝对值的最大值即为测试时间内的守时误差，被试合并单元 10min 的守时误差应不大于 4μs。

十、采样准确度测试

合并单元的精度测试内容应包括稳态幅值误差和稳态相位误差。合并单元的精度测试应按照不同的输入类型和同步方式分别进行。对于网络输出的合并单元，测试时应该进行可靠地同步。对于点对点输出的合并单元，应测试同步与不同步两种情况。对于支持多种同步方式的合并单元，应该针对每一种同步方式都进行测试。

（一）数字报文输入的合并单元

合并单元与电子式互感器之间的通信协议应开放、标准，宜采用 IEC 60044-8 的 FT3 格式，但是目前国内厂家普遍采用自有通信协议。

对于数字报文输入的合并单元宜采用图 3-27 所示方案进行测试。ECT/EVT 模拟器应能够完全模拟 ECT/EVT 的全部功能，并支持同步和异步两种通信方式，支持利用采样脉冲的采样同步方式，具备外部同步对时接口，能够根据试验需要设置交流量的幅值、相角、频率等参数。ECT/EVT 模拟器接收标准源的模拟交流量数据，并以实际 ECT/EVT 的通信方式发送数据，交流量的幅值、相角、频率可以根据试验需要设置。对于采用插值算法的合并单元，可没有采样脉冲。

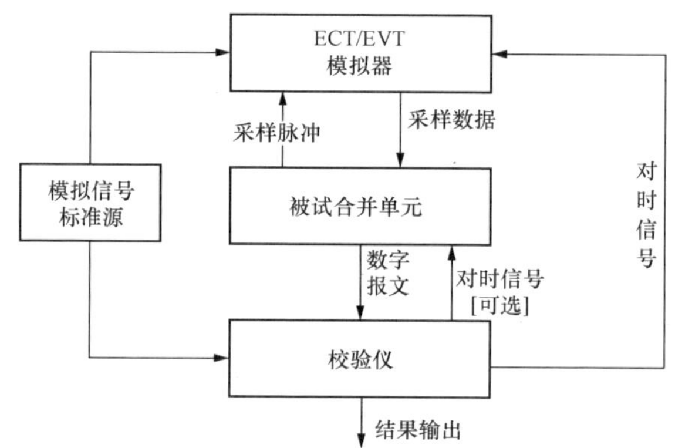

图 3-27　输出数字信号的 ECT/EVT 通信接口测试方案

图 3-27 中的合并单元校验仪应具备以下功能：

（1）应支持合并单元点对点和组网传输两种模式。

（2）应能够计算出合并单元在稳态输入时的比值差、相位差以及延时。

（3）应能够对合并单元输出的采样值报文进行记录，对采样值报文的一致性、有效性、完整性以及发送间隔离散度进行分析和统计。

合并单元校验仪应包括 A/D 转换模块、时钟同步模块、数字报文记录、处理模块以及误差处理计算模块，A/D 转换模块接入模拟量并进行采样。数字报文记录、处理模块将外部数字报文转化为采样值。时钟同步模块为校验仪和待测设备提供时钟同步信号，合并单元校验仪原理如图 3-28 所示。

（二）模拟信号输入的合并单元

对于输入为模拟信号，具有模数转换功能的合并单元，宜按照图 3-29 所示的系统进行测试，即采用模拟信号标准源同时给合并单元和校验仪输入稳定且准确的交流标准信号，合并单元将转换后的数字报文发给校验仪进行稳态幅值误差、稳态相位误差以及采用延时等数据的校验。对于合并单元点对点传输接口进行测试时，不需要提供同步信号。

测试模拟量输入的合并单元校验的技术要求如下：

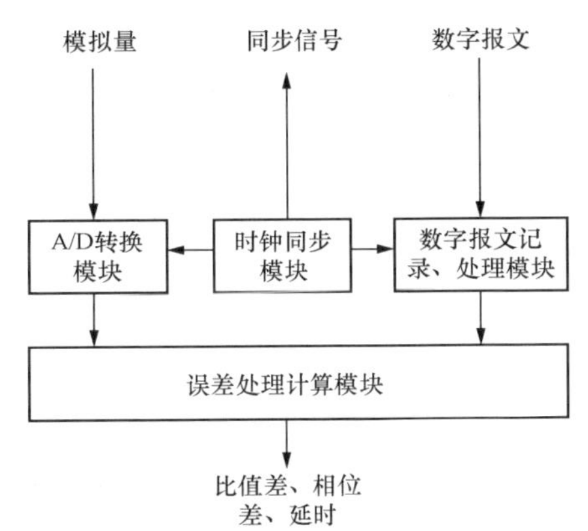

图 3-28 合并单元校验仪原理图

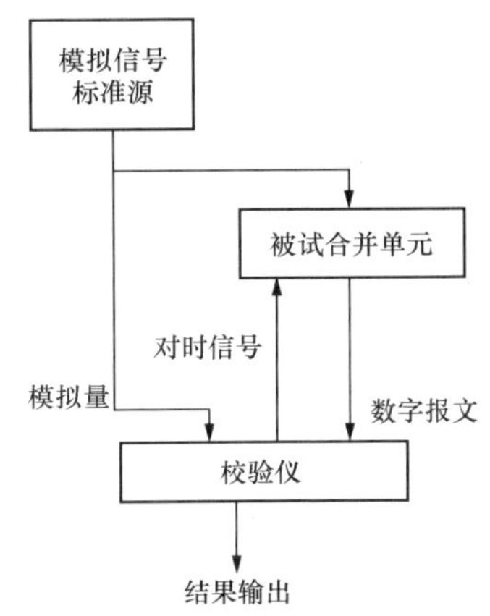

图 3-29 模拟信号输入的合并单元校验原理图

1. 测试点额定输出

ECT、EVT 输出为模拟小信号或二次信号时，其额定输出主要有以下几种形式：

EVT：U_n=1.625、2、3.25、4、6.5V；

ECT：I_n=22.5、150、200、225mV。

采用常规互感器时，额定输出如下：

常规 TV：$U_n=100/\sqrt{3}$ V；

常规 TA：I_n=1A，5A。

2. 检定条件

本检定系统中标准器包括标准模拟信号源和校验仪，标准器的准确度等级应比被试合并单元至少高一个等级。

3. 误差合成

假设校验仪的准确度等级为 A_1，模拟信号标准源的准确等级为 A_2，被试系统的准确度等级为 A_3，则由图 3-29 的测试系统的合成误差为 $A=\sqrt{A_1^2+A_2^2}$。根据检定规程，需满足 $A<\frac{A_3}{4}$ 或 $\frac{A_3}{5}$。例如，当 A_3=0.2 时，取 A_1= A_2=0.02，则 $A=\sqrt{A_1^2+A_2^2}=\sqrt{0.02^2+0.02^2}\approx 0.0283<0.05$，满足要求。

4. 选取测试点

校验基本误差时，按以下原则选取校验点：

当 MU 用于计量、测量和保护电流互感器时：

电流校验点：1%I_n（只对 S 级）、5%I_n、20%I_n、100%I_n、120%I_n；

当 MU 用于测量和保护电流互感器时：

电流校验点：$5\%I_n$、$20\%I_n$、$100\%I_n$、$120\%I_n$；

当 MU 用于额定扩大一次电流互感器时：

电流校验点：$120\%I_n$、$150\%I_n$、$200\%I_n$；

当 MU 用于电压互感器时：

电压校验点：$80\%U_n$、$100\%U_n$、$110\%U_n$、$115\%U_n$。

5. 误差分析

校验仪比被试系统高两个级别时，按下式计算：

$$f_x = f_p(\%)\text{或}(10^{-n}) \tag{3-1}$$

$$\delta_x = \delta_p(')\text{或}(10^{-n}\text{rad}) \tag{3-2}$$

式中 f_x,δ_x——被试系统的比值差和相位差；

f_p——电流、电压上升和下降时所测得两次比值差读数的算术平均值，对 0.2 级及以下的电流、电压互感器为上升时所测得比值差的读数；

δ_p——电流、电压上升和下降时所测得两次相位差读数的算术平均值，对 0.2 级及以下的电流、电压互感器为上升时所测得相位差的读数。

校验仪比被试系统高一个级别时，按下式计算：

$$f_x = f_p + f_N(\%)\text{或}(10^{-n}) \tag{3-3}$$

$$\delta_x = \delta_p + \delta_N(')\text{或}(10^{-n}\text{rad}) \tag{3-4}$$

式中 f_N和δ_N——标准器检定证书中给出的比值差和相位差。

基本误差公式：

$$\gamma = \frac{A_x - A_i}{A_F} \times 100\% \tag{3-5}$$

式中 A_x——测量值；

A_i——标准值；

A_F——基准值，即合并单元输出量程。

合并单元的基本误差不应超过表 3-4 的规定。

表 3-4　　合并单元的基本误差限值

等级指数	0.05	0.1	0.2	0.5	1.0
误差限值	±0.05%	±0.1%	±0.2%	±0.5%	±1.0%

十一、实时性与完整性测试

（一）实时性

根据 DL/T 282—2012《合并单元技术条件》第 6.5.3 的要求，采样值报文在 MU 从输入结束到输出结束的总传输时间应小于 0.5ms，MU 采样值发送间隔离散值应不大于 10μs，采用图 3-22 的测试系统进行测试，具体的测试方法为：

（1）如果采用点对点的方式进行传输，继电保护测试仪在规定整秒时刻输出电压电流信号（数字或模拟信号）给合并单元，合并单元经转换后将 9-2 报文发给 SVscout，在 SVscout 查看整秒时刻采样值角度与继电保护测试仪整秒时刻输出角度的差值，换算成时间应小于 0.5ms。

（2）如果采用网络的时钟同步法进行传输，可在 MU 采用外部时钟信号同步的条件下，通过 SVscout 查看采样序号 0 的报文与 SVscout 当地秒脉冲到达时刻的时间差，即为 MU 延时。

（3）在点对点传输模式和网络传输模式下，用 SVscout 记录接收到的每包采样值报文的时刻，并据此计算出连续两包之间的间隔时间 T。T 与额定采样间隔（例如采样频率 4kHz 时为 250μs）之间的差值（发送间隔离散值）应不大于 10μs。

（4）进行装置型式试验时，实时性试验应持续 24h 以上。进行装置例行试验时，实时性试验时间应持续 10min 以上。在上述试验过程中，合并单元的实时性应能够满足应用需求，并保持稳定。

（二）完整性测试

根据合并单元采样值报文的帧序号连续性判断其发送的采样值报文的丢包情况，记录合并单元的丢包数，试验过程中不应丢包。合并单元稳定工作情况下，采样计数器 SmpCnt 应在有效范围内连续变化。对与 ECT/EVT 配合使用的合并单元，对与 ECT/EVT 相连的光纤进行插拔试验，试验过程中采样值报文应保持完整性和一致性。采用图 3-22 的测试系统进行测试。

测试时，在点对点传输模式和网络传输模式下，用 SVscout 或数字记录仪接收采样值，进行装置型式试验时，完整性测试时间应持续 24h 以上，装置例行试验时应持续 10min 以上，检查合并单元的丢包情况。

十二、网络流量干扰测试

对于具备网络对时功能等需要外部网络信息输入的合并单元，应针对其输入网口进行网络流量干扰试验，测试环境如图 3-30 所示。

测试中应设置工业交换机的 VLAN，使报文发生仪产生的网络报文只进入合并单元，以免影响其他设备的工作。本测试进行时应同时进行一致性、实时性、完整性测试以及对时误差测试，试验时间应不短于 10min，报文发生仪发生的报文流量应包括考察20%、50%、80%的线速，干扰报文帧长应包括64、128、256、512 字节，报文类型为以太网（802.3）多播（Multicast）报文及其他可能在工作环境中出现的报文。对于干扰报文流量>50%线速的情况，若合并单元不能正常工作，在干扰消失后，应能恢复正常。

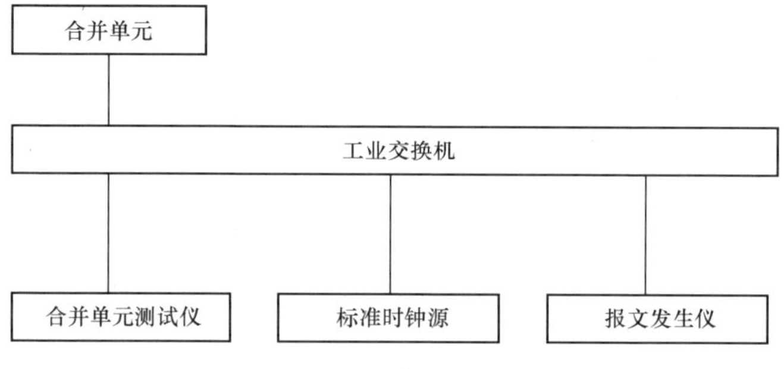

图 3-30　网络流量干扰试验测试环境

网络系统测试

智能变电站中，各个智能电子设备之间通过通信进行信息的交互。常见的通信方式为通过工业以太网交换机进行信息交互或者通过网线（或光纤）进行点对点的信息交互。工业以太网交换机作为智能变电站的二次侧网络信息交互枢纽，其功能、性能及对环境的适应性对于变电站的正常运行起着至关重要的作用，并且随着变电站数字化、智能化程度的提高，其重要性也越来越高。

对智能变电站网络系统进行功能和性能测试，是为检验智能变电站的网络功能、性能是否满足要求，验证整站运行后的网络流量是否正常，通信网络在网络风暴等特殊情况下对保护及相关设备的影响是否在允许范围内。智能变电站网络系统性能测评主要包括三部分，即网络功能和性能测试、网络流量测试及装置网络压力测试。本章主要介绍了智能变电站自动化系统相关的网络技术以及不同网络结构性能的对比，对网络传输延时进行了分析，对智能变电站网络报文进行分类，最后介绍了交换机及网络性能常用测试方法、保护及相关设备网络压力测试方法。

第一节　智能变电站相关网络技术

在以 IEC 61850 为标准的智能变电站自动化系统中，信息的传递主要以数字化报文承载。通常将通信报文按通信方式进行区分，主要包括 MMS 报文、GOOSE 报文、SV 传输报文、对时报文。

MMS 报文主要用于站控层与间隔层之间的客户端/服务器端服务通信，传输报告（SOE）、测量量、文件、定值、控制等信息，报文传输时间要求不高。GOOSE 报文主要用于间隔层与过程层之间或间隔层各装置之间的简单信号快速通信。SV 传输报文主要用于互感器传输原始采样值。对时报文主要用于智能电子设备对时。根据标准中时间性能类 T1～T5 的要求，目前只有 IEC 61588 对时协议能满足，但该协议工程应用尚不成熟，交换机及 IED 网卡硬件需特殊定制。因此，实际工程中通常采用其他非网络方式对时，如脉冲、IRIG-B 码对时等。

GOOSE 与 SV 传输都采用以太网虚拟局域网和流量优先级技术，其报文均含有 VLAN 标签定义的优先级/虚拟局域网标识域，用于将可靠性高、实时性强、优先级要求高的报文优先传输或与其他报文分开，这对于采用多播应用关联的 GOOSE 和 SV 传输服务而言非常重要。

此外在变电站自动化系统中，为了保证系统的可靠性，还需要充分考虑通信的冗余。交换机网络结构基本有总线型、星型和环型三种，目前，在变电站自动化系统实际应用中，往往采用星型、环型、双星型、双环型，以及既包括星型又包括环型的混合型网络。

智能化变电站网络系统的测试内容主要包括交换机吞吐量测试、交换机最大不丢包线速测试、不同层次网络延时测试、环网自愈时间测试等常规测试，此外还包括与变电站自动化系统通信密切相关的性能测试，如以太网虚拟局域网、流量优先级、组播隔离、组播流量限制、组播注册协议、端口镜像功能测试等。下面对智能变电站中常用的交换机技术及网络结构基本概念进行介绍。

一、智能变电站中常用的交换机技术

1. 虚拟局域网技术

虚拟局域网（Virtual Local Area Network，VLAN），是一种通过将局域网内的设备逻辑地而不是物理地划分成一个个网段从而实现虚拟工作组的技术。VLAN 是为解决以太网的广播问题和安全性而提出的，它在以太网帧的基础上增加了 VLAN 头，用 VLAN ID 把用户划分为不同的工作组，限制不同工作组间的用户互访，每个工作组就是一个虚拟局域网。虚拟局域网的好处是可以限制广播范围，一个 VLAN 内部的广播和单播报文都不会转发到其他 VLAN 中。

IEC 61850 标准中，GOOSE 报文、SV 传输报文都是采用组播（可以认为是广播方式的一种，广播报文是交换机将主机发送的广播报文进行复制，发送到所有端口；组播报文是交换机将主机发送的组播报文进行复制，发送到所有同属一个组的端口）方式在网络中传输的。在大型变电站中，很多智能电子设备需要利用 GOOSE 或 SV 报文交换信息，但对一个智能电子设备而言，它往往只需要与特定的几个智能电子设备交换信息。如对于一个 220kV 出线间隔的线路保护装置，它的 GOOSE 通信只需要与本间隔的其他设备（例如智能终端）和个别跨间隔设备（例如母差保护）进行，如果不对组播报文进行隔离，它将能接收到同一个网络上所有其他智能电子设备发送的 GOOSE 报文，这将对保护设备带来不必要的资源开销，特定情况下还会影响保护设备的性能。如果利用虚拟局域网技术将不同间隔的保护设备分开，可以大大降低保护设备接收到的 GOOSE 报文流量。

在变电站通信网络中划分 VLAN 的常用方式有两种，根据交换机端口划分和根据主机 MAC 地址划分。根据交换机的端口来划分 VLAN 成员时，被设定的端口都在同一个广播域中。例如，两台交换机的 1、2、3、4 端口都被定义为虚拟网 A，5、6、7、8 端口被定义为虚拟网 B，不同交换机上的若干个端口可以组成同一个虚拟网，同一个端子也可以配置属于多个虚拟网。以交换机端口来划分网络成员，其配置过程简单明了，因此这种根据端口来划分 VLAN 的方式是目前最常用的一种方式。根据 MAC 地址划分 VLAN 是根据每个主机的 MAC 地址来划分，即对每个 MAC 地址的主机都配置它属于哪个组。这种划分 VLAN 方法的最大优点就是当用户物理位置移动时，即从一个交换机换到其他的交换机时，VLAN 不用重新配置，所以，可以认为这种根据 MAC 地址的划分方法是基于用户的 VLAN。这种方法的缺点是初始化时所有的用户都必须进行配置，如果有几百个甚至上千个用户的话，配置工作量很大。而且这种划分的方法也导致了交换机执行效率的降低，因为在每一个交换机的端口都可能存在很多个 VLAN 组的成员，这样就无法限制广播包。

2. 优先传输功能

根据 IEC 61850 标准规定，GOOSE 报文直接映射到以太网协议栈，但在标准的以太网报文头加入了一个 Tag。Tag 中包含了 12bit 的虚拟局域网标识码（IEEE 802.1q）和 3bit 的报文优先级码（IEEE 802.1p）。报文优先级从高到低依次从第 7 级到第 0 级。通常，第 7 级为网络管理保留，在网络紧急情况下使用，GOOSE 报文可以定为第 6 级到第 0 级。IEEE 802.1p 标准对网络的各种应用及信息流进行优先级分类，确保关键应用和时间要求高的信息流优先进行传输，同时也照顾低优先级的应用信息流。SV、GOOSE 报文可以根据信息重要性定义不同的优先级别，如保护采样值、测控采样值、跳闸信息、闭锁信息、事件报告等。图 4-1 是以太网交换机处理带 VLAN 标签帧的报文处理示意图。

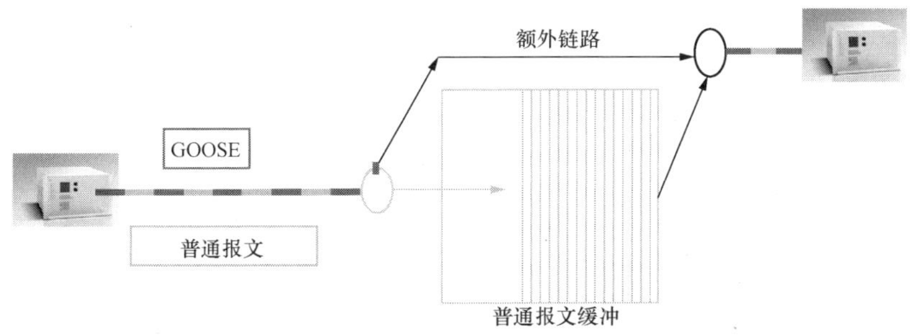

图 4-1 以太网交换机处理带 VLAN 标签帧的报文处理示意图

3. 端口流量抑制功能

当网络发生异常时，如广播风暴，可能造成端口流量异常增大，影响正常通信，甚至造成部分智能电子设备故障。广播风暴指过多的广播包消耗了大量的网络带宽，导致正常的数据包无法正常在网络中传送，通常指一个广播包引起了多个的响应，而每个响应又引起了多个响应，就像滚雪球一样，把网络的所有带宽都消耗殆尽。该现象通常是由于网络环路、故障网卡、病毒等引起的。端口流量抑制功能控制每个端口的广播包维持在特定的比例之下，这样可以保留带宽给必须的应用。

4. 端口镜像功能

端口镜像功能可以将某一个端口或多个端口的数据复制到一个指定的镜像端口，因而也分为一对一端口镜像和多对一端口镜像。利用端口镜像功能，网络分析仪（记录仪）可以对自动化系统网络通信过程进行记录，从而实现在线分析功能、事故追忆功能，辅助运行维护人员准确定位通信故障，这在系统调试和网络监视方面是常用的故障侦测手段。

5. 简单网络对时功能

支持简单网络时间协议 SNTP 的，交换机本身可依靠 SNTP 实现其内部时钟同步，从而为网络设备故障分析提供事件的时间相关性。

6. 网络重构功能

目前网络重构功能主要应用于快速生成树协议 RSTP，该协议是链路管理协议，就是消除网络拓扑中任意两点之间可能存在的重复路径。将两点之间存在的多条路径划分为“通信路径”和“备份链路”，数据的转发在“通信路径”上进行，而“备份链路”只用于链路的侦听，一旦发现“通信路径”失效时，将自动地将通信切换到“备份链路”上。这样，可以支持环路结构的网络重构功能实现。部分交换机厂家还使用了自己的私有快速生成树协议，能够支持更加快速的网络重构，如罗杰康交换机组成的环网自愈速度可以达到小于 $N\times5$ms（N 为环网中的交换机数量）。

二、智能变电站中常用的网络结构

交换机典型的网络结构有总线型、星型和环型三种。如果所有智能电子设备支持大家协商一致的双网冗余通信机制（IEC 61850 标准并未规定双网冗余机制），又可以组成双网冗余结构，即双总线型、双星型和双环型结构，但是双网结构所需交换机数量将增加一倍，提高了变电站自动化系统的成本。

除了以上三种基本结构和基本双网结构外，还可以组成各种混合型结构。值得一提的还有一种特殊的结构—装置环网，该结构最大的优点就是在大量减少交换机的同时还有“N+1”的冗余能力。下面就三种基本结构和装置环网结构一一讨论。

1. 交换机总线型结构

总线型结构采用一条公共总线作为传输介质，每台计算机通过相应的硬件接口接入网络，信号沿总线进行广播式传送，总线型结构如图 4-2 所示。最流行的以太网采用的就是总线型结构，以同轴电缆作为传输介质。

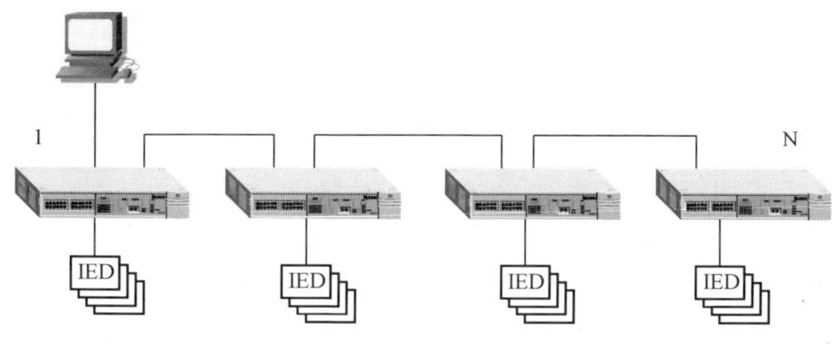

图 4-2 总线型结构

总线型的网络是一种典型的共享传输介质的网络。总线型局域网结构从信息源发送的信息会传送到介质长度所及之处，并被其他所有站点看到。如果有两个以上的节点同时发送数据，就会造成冲突。

优点：非常容易布线，配置简单，交换机要求较低。

缺点：网络没有冗余，任一线缆或交换机的故障可能导致多个装置通信中断，交换机之间通信信息量较大。

2. 交换机星型结构

星型结构由一台中央节点和周围的从节点组成，中央节点可与从节点直接通信，而从节点之间必须经过中央节点转接才能通信，星型结构如图 4-3 所示。

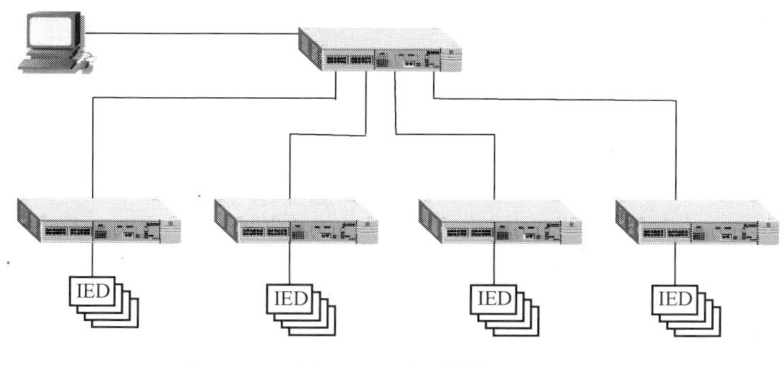

图 4-3 星型结构

优点：任意两台装置间通信路径最短，配置简单，交换机要求较低。

缺点：网络没有冗余，根交换机的故障可能导致全站装置通信中断。布线较多，特别是跨小室布线。但可以根据变电站一次结构的特点，合理布置交换机使交换机或链路故障的影响范围局限于某个间隔内的智能电子设备。

3. 交换机环型结构

交换机环型结构就是多台交换机相互首尾连接。环型结构在正常工作情况下有一个逻辑断点，在其他链路中断的情况下将此逻辑断点自动愈合。环网有一定冗余能力，任意一台交换机故障或任意一根交换机连线中断不会影响其他交换机之间的通信。标准的快速愈合是通过快速生成树协议 RSTP 实现的，愈合时间达到数百毫秒级。大部分工业以太网交换机厂商采用了自己开发的私有协议实现更快速度的自愈，环型结构如图 4-4 所示。

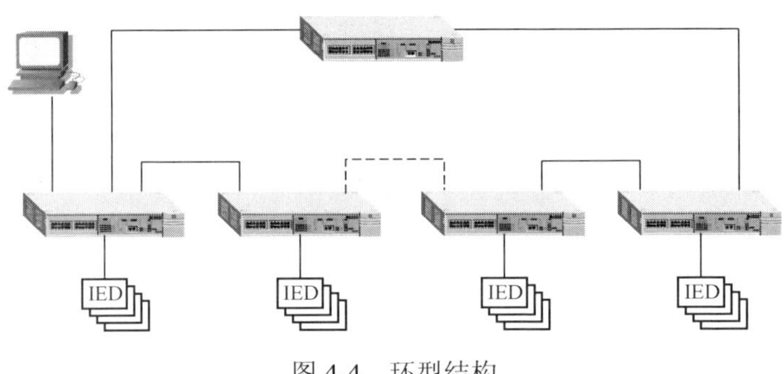

图 4-4　环型结构

优点：布线简单，具有 N+1 网络级冗余能力，任一交换机间线缆或交换机故障不影响其他交换机通信。

缺点：交换机要求较高，要求支持快速生成树协议（RSTP），交换机故障时连接该交换机的装置通信中断，交换机重构时间可能不满足继电保护运行要求。

4. 装置环网结构

装置环网结构由装置内部安装的三口交换机进行首尾连接再与交换机组环，装置环网结构如图 4-5 所示。

优点：大大减少了交换机的数量和投资，具有 N+1 装置级冗余能力，任一装置之间线缆或装置故障不影响其他装置之间的通信。

缺点：支持厂家太少，检修时将失去冗余能力，多台装置检修可能导致网络中断，交换机网络重构时间可能不满足继电保护运行要求。

从表 4-1 中通信网络结构优缺点对比表可以看出，总线型结构与星型结构性能基本一致，但通信时延较星型大，所以基本不具有优势。装置环型虽然有交换机数量少和装置级冗余的优点，但检修维护复杂，支持厂家较少。星型结构和环

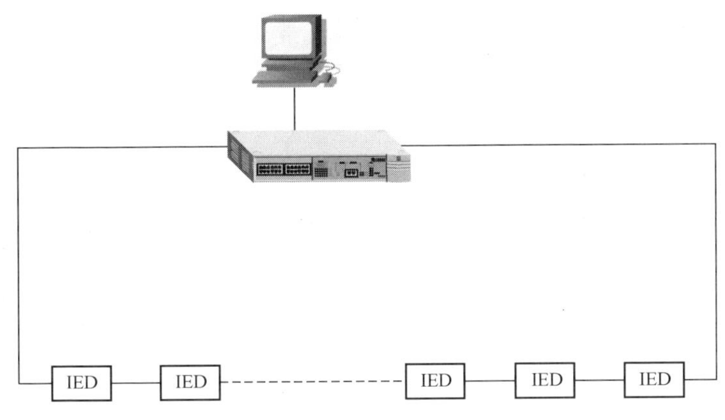

图 4-5 装置环网结构

型结构及相应双网结构都有各自优缺点，应该根据用户的需求和投资等各方面综合考虑选择。

表 4-1 通信网络结构优缺点对比表

网络结构	通信冗余能力	交换机数量	交换机要求	任意通信时延	装置支持程度	检修维护复杂程度
总线型	无	少	低	较长	都支持	简单
单星型	无	少	低	最短	都支持	简单
单环型	网络级冗余	少	高	较长	都支持	复杂
总线型双网	装置级冗余	较多	低	较长	国内厂家可支持	简单
双星型	装置级冗余	较多	低	最短	国内厂家可支持	简单
双环型	装置级冗余	较多	高	较长	国内厂家可支持	复杂
装置环型	装置级冗余	很少	高	较长	很少支持	较复杂

三、IEC 62439 高可用性的自动化网络标准

由于 IEC TC57 工作组没有规定网络冗余的方式而只在 IEC 61850-5 里对数据完整性做了要求，因此 IEC SC65 第 15 工作组发布的 IEC 62439“高可用性的自动化网络”成了 IEC 61850 标准解决冗余问题的直接借鉴。IEC 62439 标准详述了几种冗余方法（包括 RSTP、MRP 和 PRP 等），其中 IEC 62439-3 部分“并行冗余规约”PRP 由于其优异的故障恢复性能，能够适用于各种规模的变电站以及站总线和过程总线拓扑。该标准依赖两个局域网的并行工作，在发生链路或交换机故障情形时提供完全无缝的切换，从而满足所有变电站自动

化系统的实时要求。这一方法现已推荐作为一部分集成到 IEC 61850 标准第二版中。

IEC 62439 仅考虑那些不依存于某一规约的网络冗余方案，所以它适用于所有的工业以太网络。它通过节点冗余和网络冗余两种冗余方式来提高自动化网络的可靠性。

（1）节点冗余。设备的节点通过它本身的两个端口连接到两个不同的网络中，从而实现它的冗余功能（即双网冗余），每个节点能够独立的选择它所要连接的网络。这种方案支持任何网络拓扑结构，冗余网络可以是任何结构形式。这种冗余结构费用是常规网络的一倍，但是比起非冗余结构的网络，提高了网络的可靠性，而在这种结构中仅有节点本身是非冗余的。IEC 62439 定义了一种并列冗余网络协议（PRP）的解决方案。这种方案要求两个网络同时并列运行，从而实现网络的无时延切换。它适用于对实时时间有严格要求的应用。

（2）网络冗余。网络提供冗余的连接和交换设备，IED 设备至交换机则采用非冗余方式连接。这种方案的可靠性比较低，因为网络中仅仅只有一部分实现了冗余功能，但是它在费用开销方面比较节省。这种冗余方案有一定的设备接入时延。这种方案的典型应用就是快速生成树协议 RSTP 由 IEEE802.1 定义。一些支持 RSTP 协议的交换机厂家承诺在某些网络结构应用时所容许的恢复时间低于几秒钟，RSTP 标准所提供的最短恢复时间是 2s。目前，IEC 62439 所定义的高可靠性无缝环网（HSR），即简单环网采用 PRP 原则，对不同方向数据流设置为不同的虚拟网络，它提供了一种无缝的网络切换机制。

（一）PRP 运行原理

（1）网络拓扑结构。每个 PRP 节点（DANP 冗余接入节点）接入到两个独立的、不同网络拓扑结构的系统中。两个网络完全独立，在故障情况下也不会相互干扰。正常情况下，两个网络并列运行，从而实现 0s 恢复时间，并且，连续的冗余结构监控也可以保证网络不会出现潜在的故障。

非 PRP 节点（SAN 单点接入节点）仅仅接入到其中一个网络（或者所有的 SAN 节点都接入到同一个网络）或者通过“冗余匣子”接入到两个网络当中，“冗余匣子”类似于 DANP 节点设备（参见图 4-6 采用 PRP 的冗余网络结构）。

（2）节点结构。在 PRP 网络中的每个节点都包含两个以太网总线控制器（PRP 中的节点结构参见图 4-7），它们具有相同的 MAC 地址和 IP 地址，因此 PRP 是基于第二层网络协议的网络拓扑结构，它不需要进行改动就可以使用正常的网络管理，并且工程配置非常简单。

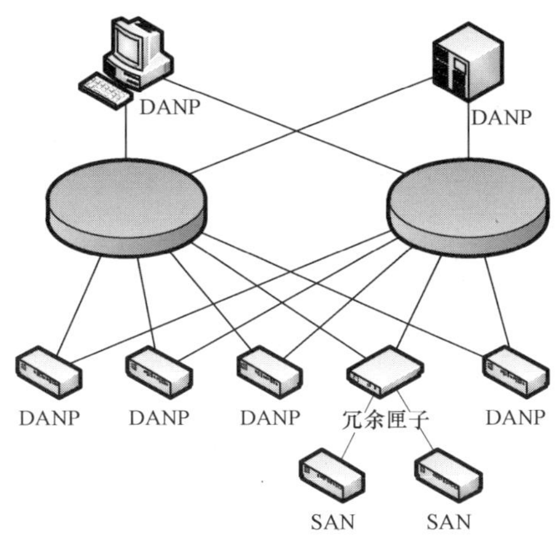

图 4-6 采用 PRP 的冗余网络结构

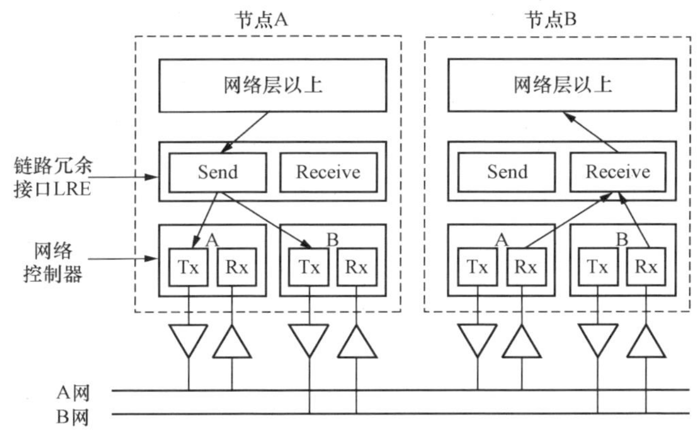

图 4-7 PRP 中的节点结构

（二）无缝环型单网 HSR

PRP 算法支持环型单网结构，并将单网结构划分成两个虚拟的以太网段。这样的做法将明显地降低网络投资，因为网络不需要配置交换机，只需要配置网络的设备链接端口。它要求所有的网络节点必须是“可交换型终端节点”，例如这些节点必须配置两个端口并且内置了交换机模块，最好是硬件模块，这个网络结构就是支持 PRP 协议的装置环网，无缝环型单网网络结构如图 4-8 所示。

对于每一组数据帧，一个节点同时发送两组相同的数据帧。这两组数据帧在网络上按照相反方向传输，网络上的每一个节点在收到数据帧后，将它按照数据流向转发到下一个节点。当发送节点接收到它本身发送的数据帧后，它会将数据

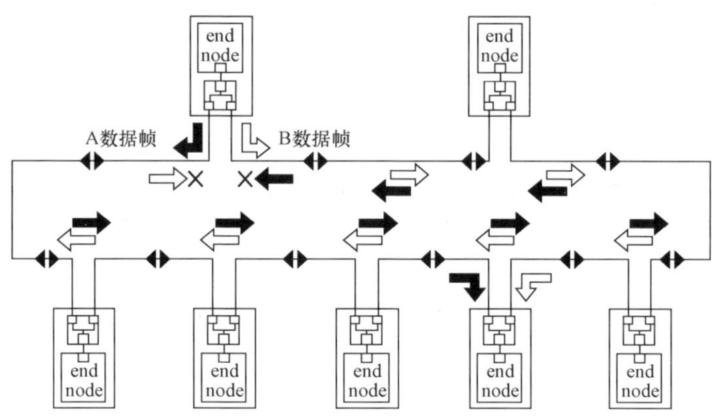

图 4-8　无缝环型单网网络结构

帧删除，避免数据在网络中的死循环；因此，在环型单网结构中，并不需要特殊的环网规约。另外，在环型单网结构中，数据流量是正常传输的一倍，但是数据的平均传输时间却相对减半，所以这种环网结构适用于数量不多的 IED 设备。通过配置“冗余匣子”，环型单网允许单独地接入节点。

第二节　交换机性能测试

工业以太网交换机作为智能变电站的二次侧网络信息交换枢纽，其功能、性能及对环境的适应性对于变电站的正常高效运行起着至关重要的作用，并且随着变电站数字化、智能化程度的提高，其重要性也越来越高。

智能化变电站交换机及网络系统的测试内容主要包括交换机吞吐量测试、交换机最大不丢包线速测试、不同层次网络延时测试、环网自愈时间测试等常规测试，此外还包括与变电站自动化系统通信密切相关的性能测试，如以太网虚拟局域网、流量优先级、组播隔离、组播流量限制、组播注册协议、端口镜像功能测试等。

以下功能测试均以 100M 交换机为例说明，如果端口为千兆，可将互发报文速率增大。需要说明的是目前电力行业标准并没有对以下测试项目的技术指标明确规定，本节所述测试方法及性能指标仅供参考。

一、端口镜像功能测试

（1）测试目的。验证以太网交换机的端口镜像功能及其性能是否满足要求。端口镜像功能可以将一个或多个端口的流量自动复制到另一端口，以供智能变电站中高级应用对端口流量进行实施监控、分析、诊断。

（2）测试方法。如图 4-9 所示，配置交换机端口 a 镜像到端口 c（可以配置多个端口镜像到端口 c），镜像方向为双向。测试仪端口 1 和 2 互发报文，发送速率为 24Mbps，在测试仪端口 3 上查看抓到的报文。

（3）测试要求。测试仪端口 3 上可以同时抓取到端口 1 和端口 2 发送的报文。

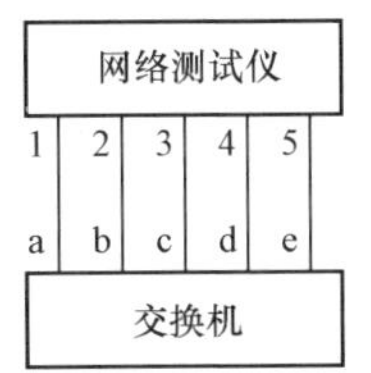

图 4-9 端口镜像功能测试

二、优先级转发功能测试

（1）测试目的。验证以太网交换机对 IEEE 802.1P 定义的优先级支持能力。当存在不同优先级的数据流时，优先传送高优先级数据流，如果流量超出交换机输送能力将先丢弃低优先级数据包。

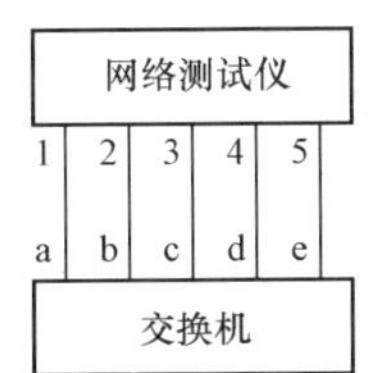

图 4-10 优先级转发功能测试

（2）测试方法。如图 4-10 所示，从交换机端口 a、b 发 2 条优先级分别为 1 和 7 的数据流到交换机端口 c；设置 2 条流的速率分别为 80Mbps，观察在发生拥塞的情况下每条流的延时以及丢包。

（3）测试要求。高优先级的流没有丢包，并且平均延时满足要求（小于 30μs）。低优先级的流丢包。

三、VLAN 报文隔离功能测试

（1）测试目的。验证以太网交换机对 IEEE 802.1Q 定义的 VLAN 支持能力，交换机应支持基于端口或 MAC 地址的 VLAN；应支持同一端口不同 VLAN 间的隔离功能；单端口应支持多个 VLAN 划分。

（2）测试方法如下。

1）如图 4-11 所示，设置端口 a、b、c 在不同 VLAN 内。

2）用测试仪端口 1 和 4 互发报文，看能否通信。

3）用测试仪端口 1 和 5 互发报文，看能否通信。

4）用测试仪端口 1 和 6 互发报文，看能否通信。

5）用测试仪端口 1 发广播报文，看 2、3、5、6、8、9、11、12 端口是否能够收到。

（3）测试要求。不同 VLAN 间的报文被隔离，无法通信。

四、端到端吞吐能力

（1）测试目的。测试以太网交换机在无数据包丢失情况下转发固定长度或混合长度的数据包最大转发速率。

（2）测试方法。如图 4-12 所示，设置端口 a、b 间互发数据，帧长为 64、128、256、512、1024、1280 字节和 1518 字节长度，双向测试，发送速率为线速。统计无数据包丢失情况下转发固定长度或混合长度的数据包最大转发速率。

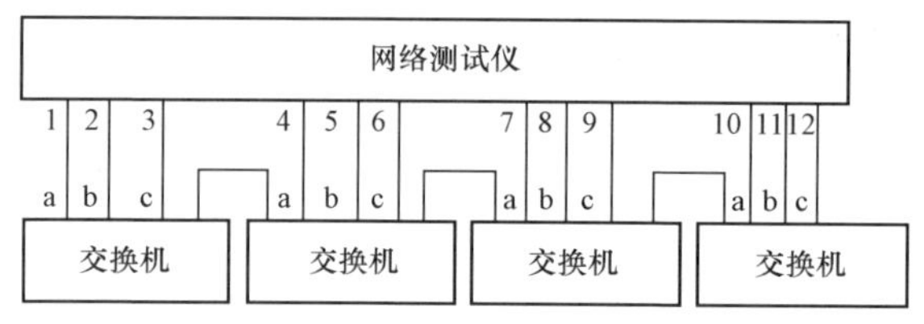

图 4-11　VLAN 报文隔离功能测试

图 4-12　端到端吞吐能力测试

（3）测试要求：最大转发速率应在 99%以上。

五、网络端到端吞吐能力及时延测试

（1）测试目的。模拟变电站实际网络架构下多台网络交换机级联时吞吐能力及时延测试。

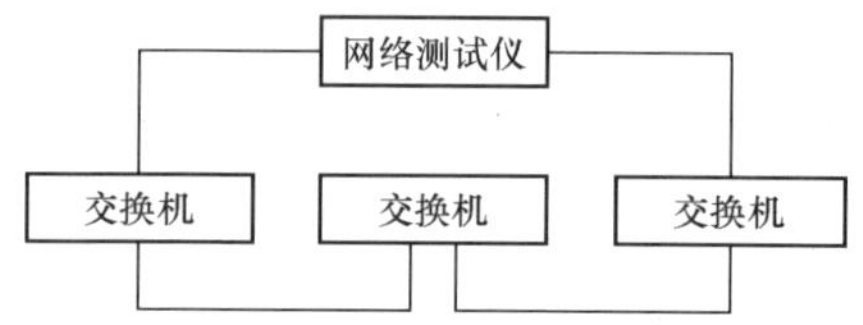

图 4-13　网络端到端吞吐能力及时延测试

（2）测试方法。如图 4-13 所示，根据变电站网络拓扑结构，选择拓扑距离最远的两个节点位置进行连接，交换机不要做任何特别的设置；用网络测试仪软件的 RFC2544 测试项中的 Latency，进行时延测试。测试时间为 30s，帧长为 64、128、256、512、1024、1280 字节和 1518 字节长度，双向测试，发送速率为线速（如果网络不能实现线速传输，要调整发送速率为交换机的实际转发速率）。

（3）测试要求。交换机级联条件下，64 字节帧长，单级平均时延小于 10μs。

第三节　智能电子设备网络压力测试

智能变电站是坚强智能电网的重要支撑节点，从技术上重点体现了全站信息数字化、通信平台网络化、信息交互标准化和高级应用互动化的特征。智能变电站中所有的控制、保护以及电流、电压信号都是在网络中传递的。通信网络作为智能变电站信息交换的枢纽，网络的性能对控制、保护系统的功能起了决定性作用，是智能变电站安全、可靠运行的基础。但在实际应用中，通信网络在某些特殊情况下有可能出现不正常的工作状态，典型表现为网络风暴。网络风暴是指在网络中由于数据广播造成的网络拥塞，它导致网络中正常的点对点通信无法正常进行，网络速度急剧变慢，甚至导致网络瘫痪。网络风暴产生的原因主要有以下几种。

（1）采用了不良的网络结构。系统正常运行时，在小数据流的情况下，网络信息均能正常传送，而系统一旦受到较大的干扰或扰动，如雪崩，由于信道的拥挤，数据传送的堵塞，将可能进一步恶化成风暴，造成系统的瘫痪。

（2）网络设备的原因。使用不带网络抑制功能或网络抑制功能没有开启的交换机，一旦出现如网络环路或网络稍微繁忙等情况时，将可能产生网络风暴。

（3）网卡或端口的损坏。如果网络机器的网卡或端口损坏，也同样可能产生广播风暴。损坏的网卡或端口，不停向交换机发送大量的无用数据包，造成广播风暴。

（4）网络病毒。有些病毒会通过网络进行传播，耗费大量的网络带宽，引起网络堵塞，造成网络风暴。

（5）环网网络结构中生成树协议的破坏。环网网络结构从逻辑上看实质是星型结构，它通过生成树协议（某些交换机采用私有的生成树协议）将环网网络中的某一点阻塞，以防止环网中网络风暴的产生。但在某些极端情况下，如果交换机不能正常执行生成树协议，将导致网络产生逻辑上的环路，从而导致网络风暴的出现。

通信网络的不正常工作状态将对智能变电站的保护和控制功能造成严重影响，尤其是保证一次设备安全稳定运行的保护功能受到影响时将有可能带来严重后果。因此有必要对智能变电站保护及相关设备网络压力承受能力进行检测，评估其在各种网络压力下的工作性能。

以下功能测试均以 100M 端口为例说明，如果端口为千兆，可将互发报文速率增大。需要说明的是目前电力行业标准并没有对以下测试项目的技术指标明确规定，测试方法及性能指标仅供参考。

一、测试系统

合并单元、智能终端网络压力测试可采用图 4-14 所示的测试系统，保护装置过程层和站控层网络压力测试可采用图 4-15 和图 4-16 所示的测试系统。

二、合并单元、智能终端装置网络压力测试

（一）非订阅报文网络压力测试

（1）检测方法。在原有网络数据流量的基础上使用网络测试仪对单个组网口分别施加非订阅 GOOSE、SV、ARP 等类型的报文，注入流量分别为 F（F=100M−实测基础流量），网络压力持续时间不小于 2min。网络压力持续过程中，对装置注入网络压力的组网口及其他端口分别施加订阅 GOOSE 反复跳合闸（1s/次，每次 1 帧），模拟装置收到的硬开入变位（1s/次），监视装置输出的 SV、GOOSE 报文及输出硬接点。

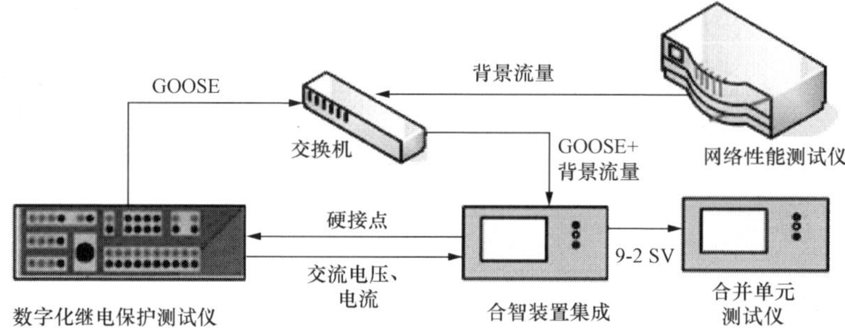

图 4-14　合并单元、智能终端网络压力测试系统

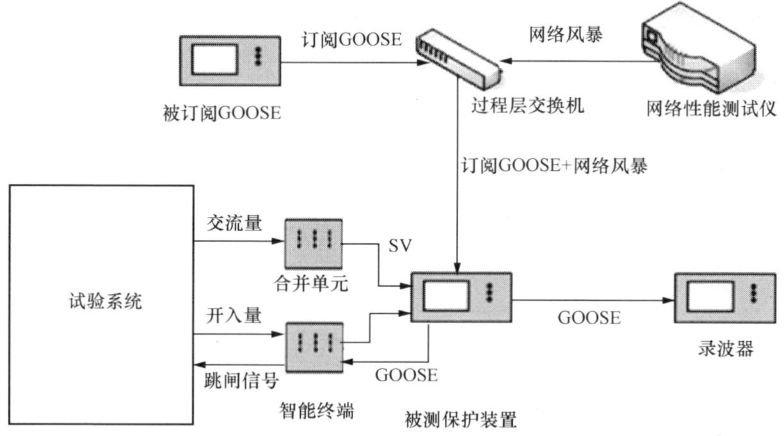

图 4-15　保护装置过程层网络压力测试系统

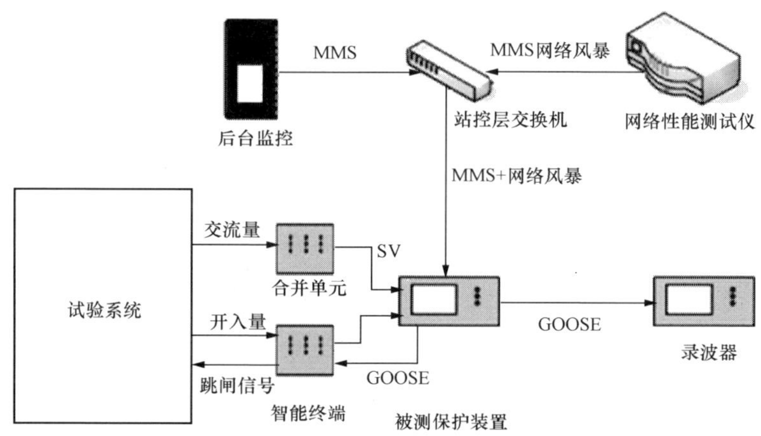

图 4-16　保护装置站控层网络压力测试系统

（2）检测要求。合并单元、智能终端装置不应受非订阅报文网络风暴影响，装置运行正常，不误动、不误发报文，不应出现死机、重启等异常现象，装置面板不应有异常告警；输出的 SV 离散度不大于 10μs，不应有丢帧，准确度无异常变化；收到 GOOSE 跳合闸信号后硬接点能正确出口，动作延时应不大于 7ms；硬开入变位时能正确发送 GOOSE 变位报文，发送时间应小于 10ms。

（二）订阅报文网络压力测试

（1）检测方法如下：

1）在原有网络数据流量的基础上使用网络测试仪对被测装置单端口、双组网口、单组网口及单点对点口施加单个或多个订阅 GOOSE 报文（StNum 不变，SqNum 不变），注入流量为 F（F 数值范围：1M～100M—实测基础流量），网络压力持续时间不小于 2min。网络压力持续过程中，对装置点对点口及组网口施加另一订阅 GOOSE 控制块反复跳合闸（1s/次，每次 1 帧），模拟装置收到的硬开入变位（1s/次），监视被测装置输出的 SV、GOOSE 报文及输出硬接点。

2）在原有网络数据流量的基础上使用网络测试仪对被测装置点对点口施加单个订阅 SV 报文（SmpCnt 不变，报文内容不变），注入流量为 F（F 数值范围：1M～100M–实测基础流量），网络压力持续时间不小于 2min。网络压力持续过程中，对装置点对点口及组网口施加订阅 GOOSE 控制块反复跳合闸（1s/次，每次 1 帧），模拟装置收到的硬开入变位（1s/次），监视被测装置输出的其他 SV、GOOSE 报文及输出硬接点。

3）在原有网络数据流量的基础上使用网络测试仪对被测装置单端口、双组网口、单组网口及单点对点口施加单个订阅 GOOSE 报文（StNum 不变，SqNum 递增，每控制块 GOOSE 变化报文 0.833ms 发送 1 帧），网络压力持续时间不小于 2min。网络压力持续过程中，对装置点对点口及组网口施加另一订阅 GOOSE 控制块反复跳合闸（1s/次，每次 1 帧），模拟装置收到的硬开入变位（1s/次），监视被测装置输出的 SV、GOOSE 报文及输出硬接点。

4）在原有网络数据流量的基础上使用网络测试仪对被测装置单端口、双组网口、单组网口及单点对点口施加单个订阅 GOOSE 报文（StNum 递增，SqNum 为 0，GOOSE 报文实际发生变位，每控制块 GOOSE 变化报文 0.833ms 发送 1 帧），网络压力持续时间不小于 2min。网络压力持续过程中，对装置点对点口及组网口施加另一订阅 GOOSE 控制块反复跳合闸（1s/次，每次 1 帧），模拟装置收到的硬开入变位（1s/次），监视被测装置输出的 SV、GOOSE 报文及输出硬接点。

5）在原有网络数据流量的基础上使用网络测试仪对被测装置单端口、双组网口、单组网口及单点对点口同时施加 15 个订阅 GOOSE 报文（其中 14 个订阅 GOOSE 报文 StNum 不变，SqNum 递增；另一订阅 GOOSE 报文反复跳合闸，StNum 递增，SqNum 为 0，GOOSE 报文实际发生变位），每控制块 GOOSE 变化报文 1s 同时发送 1 帧，连续发送 15 次。

（2）检测要求。被测装置在订阅报文网络压力测试条件下应运行正常，不误动、不误发报文，不应出现死机、重启等异常现象，装置面板不应有异常告警；所监视的 SV 输出离散度不大于 10μs，不应有丢帧，准确度无异常变化；收到 GOOSE 跳合闸信号后能正确硬接点出口，动作延时应不大于 7ms；硬开入变位时能正确发送 GOOSE 变位报文，发送时间应小于 10ms。

（三）订阅报文网络压力极限测试

（1）检测方法如下：

1）在原有网络数据流量的基础上使用网络测试仪对被测装置单端口、双组网口、单组网口及单点对点口施加单个订阅 GOOSE 报文（StNum 不变，SqNum 递增），注入流量为 F（F=100M—实测基础流量），网络压力持续时间不小于 2min。网络压力消失后，对装置点对点口及组网口施加订阅 GOOSE 控制块跳合闸报文，模拟装置收到的硬开入变位，监视被测装置输出的 SV、GOOSE 报文及输出硬接点。

2）在原有网络数据流量的基础上使用网络测试仪对被测装置单端口、双组网口、单组网口及单点对点口施加单个订阅 GOOSE 报文（StNum 递增，SqNum 为 0，GOOSE 有实际变化），注入流量为 F（F=100M—实测基础流量），网络压力持续时间不小于 2min。网络压力消失后，对装置点对点口及组网口施加订阅 GOOSE 控制块跳合闸报文，模拟装置收到的硬开入变位，监视被测装置输出的 SV、GOOSE 报文及输出硬接点。

（2）检测要求。被测装置在订阅报文网络压力测试条件下应运行正常，不误动、不误发报文，不应出现死机、重启等异常现象。网络压力消失后装置正常运行，收到 GOOSE 跳合闸信号后能正确硬接点出口，动作延时应不大于 7ms；硬开入变位时能正确发送 GOOSE 变位报文，发送时间应小于 10ms。

三、保护装置网络压力测试

（一）非订阅报文过程层网络压力测试

（1）检测方法。在原有网络数据流量的基础上使用网络测试仪对组网口施加非订阅 GOOSE、SV、ARP 等类型的报文，注入流量为 F（F=100M—实测基础流量），网络压力持续时间不小于 2min。网络压力持续过程中，模拟区内外故障及与各订阅 GOOSE 控制块报文相关的故障（如断路器失灵、死区故障或手合断路器故障等），查看保护装置动作情况。

（2）检测要求。保护装置不应受非订阅报文网络风暴影响，装置运行正常，不误动、不误发报文，不应出现死机、重启等异常现象，装置面板不应有异常告警；发生区内故障时，保护装置应能可靠动作，发生区外故障时，保护装置不应误动。保护装置应能正确接收点对点口及组网口订阅 GOOSE 控制块报文的状态变位或联闭锁信号并正确动作。

（二）订阅报文过程层网络压力测试

（1）检测方法如下：

1）在原有网络数据流量的基础上使用网络测试仪对保护装置单端口、双组网口、单组网口及单点对点口施加单个或多个订阅 GOOSE 报文（StNum 不变，SqNum 不变），注入流量为 F（F 数值范围：1M～100M–实测基础流量）），网络压力持续时间不小于 2min。网络压力持续过程中，模拟区内外故障及与各订阅 GOOSE 控制块报文相关的故障（如断路器失灵、死区故障或手合断路器于故障等），查看保护装置动作情况。

2）在原有网络数据流量的基础上使用网络测试仪对保护装置点对点口施加单个订阅 SV 报文（SmpCnt 不变，报文内容不变），注入流量为 F（F 数值范围：1M～100M—实测基础流量），网络压力持续时间不小于 2min。网络压力持续过程中，模拟区内外故障及与各订阅 GOOSE 控制块报文相关的故障（如断路器失灵、死区故障或手合断路器于故障等），查看保护装置动作情况。

3）在原有网络数据流量的基础上使用网络测试仪对保护装置单端口、双组网口、单组网口及单点对点口施加单个订阅 GOOSE 报文（StNum 不变，SqNum 递增，GOOSE 报文每隔 0.833ms 发送 1 帧），网络压力持续时间不小于 2min。网络压力持续过程中，模拟区内外故障及与各订阅 GOOSE 控制块报文相关的故障（如断路器失灵、死区故障或手合断路器于故障等），查看保护装置动作情况。

4）在原有网络数据流量的基础上使用网络测试仪对保护装置单端口、双组网口、单组网口及单点对点口施加单个订阅 GOOSE 报文（StNum 递增，SqNum 为 0，每控制块 GOOSE 变化报文 0.833ms 发送 1 帧），网络压力持续时间不小于 2min。网络压力持续过程中，模拟区内外故障及与各订阅 GOOSE 控制块报文相关的故障（如断路器失灵、死区故障或手合断路器于故障等），查看保护装置动作情况。

5）在原有网络数据流量的基础上使用网络测试仪对保护装置单端口、双组网口、单组网口及单点对点口同时施加多个订阅 GOOSE 报文（线路保护装置及变压器保护装置的控制块数量可为 6 个，母线保护装置的控制块数量可为 48 个，

StNum 不变，SqNum 递增，每控制块 GOOSE 变化报文 1s 发送 1 帧，连续发送 10 次）。网络压力持续过程中，模拟区内外故障及与各订阅 GOOSE 控制块报文相关的故障（如断路器失灵、死区故障或手合断路器于故障等），查看保护装置动作情况。

（2）检测要求。保护装置不应受非订阅报文网络风暴影响，装置运行正常，不误动、不误发报文，不应出现死机、重启等异常现象，装置面板不应有异常告警；发生区内故障时，保护装置应能可靠动作，发生区外故障时，保护装置不应误动。保护装置应能正确接收点对点口及组网口其他订阅 GOOSE 控制块报文的状态变位或联闭锁信号并正确动作。

（三）订阅报文网络压力极限测试

（1）检测方法如下：

1）在原有网络数据流量的基础上使用网络测试仪对保护装置单端口、双组网口、单组网口及单点对点口施加单个订阅 GOOSE 报文（StNum 不变，SqNum 递增），注入流量为 F（F=100M—实测基础流量），网络压力持续时间不小于 2min。网络压力消失后，模拟区内外故障及与各订阅 GOOSE 控制块报文相关的故障（如断路器失灵、死区故障或手合断路器于故障等），查看保护装置动作情况。

2）在原有网络数据流量的基础上使用网络测试仪对保护装置单端口、双组网口、单组网口及单点对点口施加单个订阅 GOOSE 报文（StNum 递增，SqNum 为 0），注入流量为 F（F=100%实测基础流量），网络压力持续时间不小于 2min。网络压力消失后，模拟区内外故障及与各订阅 GOOSE 控制块报文相关的故障（如断路器失灵、死区故障或手合断路器于故障等），查看保护装置动作情况。

（2）检测要求。被测装置在订阅报文网络压力测试条件下应运行正常，不误动、不误发报文，不应出现死机、重启等异常现象。网络压力消失后装置正常运行，发生区内故障时，保护装置应能可靠动作，发生区外故障时，保护装置不应误动，保护装置应能正确接收点对点口及组网口其他订阅 GOOSE 控制块报文的状态变位或联闭锁信号并正确动作。

（四）站控层网络压力测试

（1）检测方法。去除站控层交换机广播风暴抑制，在原有网络数据流量的基础上使用网络测试仪交换机端口注入广播报文（ARP、UDP、TCP），注入流量为 F（F 数值范围：1M～100M—实测基础流量）。网络压力持续过程中，模拟区内外故障及与各订阅 GOOSE 控制块报文相关的故障（如断路器失灵、死区故障或手合断路器于故障等），查看保护装置动作情况。

（2）检测要求。保护装置不应受站控层广播报文网络风暴影响，装置运行正常，不误动、不误发报文，不应出现死机、重启等异常现象；装置面板不应有异常告警；发生区内故障时，保护装置应能可靠动作，发生区外故障时，保护装置不应误动。保护装置应能正确接收点对点口及组网口订阅 GOOSE 控制块报文的状态变位或联闭锁信号并正确动作。

时间同步系统测试

伴随着变电站自动化系统综合化、网络化的趋势，智能变电站要求建立统一的高精度时钟同步系统。

本章比较了当前变电站自动化系统中使用的各种时钟同步技术，分析了这些同步技术各自的特点以及在智能化变电站中使用时存在的不足。通过以上分析指出变电站对时网络化的发展趋势。

本文重点阐述精确时间同步协议（Precision Time Protocol，PTP）和网络时间协议（Network Time Protocol，NTP）网络同步协议的原理，并结合智能变电站实际需求，对这两种对时方式的测试方法进行介绍。

第一节　时间同步机制

一、时间概念与定义

1. 世界时（UT）

UT 即格林尼治时间，格林尼治所在地的标准时间。以地球自转为基础的时间计量系统。1960 年以前，世界时曾作为基本时间计量系统被广泛应用。由于地球自转速度变化的影响，它不是一种均匀的时间系统。

2. 国际原子时（TAI）

针对某些元素的原子能级跃迁频率有极高的稳定性，采用基于铯原子（Cs 132.9）的能级跃迁原子秒作为时标。国际计量局（BIPM）根据世界 20 多个国家的实验室的 100 多台原子钟提供的数据进行处理，得出“国际时间标准”称为国际原子时（TAI）。原子时秒长的定义是：铯 133 原子基态的两个超精细能级间在海平面、零磁场下跃迁辐射周期 9 192 631 770 倍所持续的时间。原子时起点定在 1958 年 1 月 1 日 0 时（UT），即规定在这一瞬间，原子时和世界时重合。1967 年第十三届国际计量委员会决定，把在海平面上实现的上述原子时秒，规定为国际单位制时间单位。从此，时间计量标准便正式由天文学的宏观领域过渡到了物理学的微观领域。

3. 协调世界时（UTC）

相对于以地球自转为基础的世界时来说，原子时是均匀的计量系统，这对于测量时间间隔非常重要，但世界时时刻反映了地球在空间的位置，这也是需要的。为兼顾这两种的需要，引入协调世界时系统。UTC 在本质上还是一种原子时，因为它的秒长规定要和原子时秒长相等，只是在时刻上，通过人工干预，尽量靠近世界时必要时对协调世界时作一整秒的调整（增加 1s 或去掉 1s），使协调世界时和原子时的时刻之差保持在±0.9s 以内。这一技术措施称为闰秒（或跳秒），增加 1s 为正闰秒，去掉 1s 为负闰秒。是否闰秒，由国际地球自转服务决定。

北京时间既不是原子时，也不是世界时，而是协调世界时。

二、时间的计量

1. 时间间隔

时间的单位是秒，时间计量包括时间间隔和时刻的测定。时间间隔是指客观物质运动的两个不同状态之间所经历的时间历程；时刻是指客观物质在某一种运动状态的瞬间与时间坐标轴原点之间的时间间隔。

2. 时间稳定度

时间既然由原子振荡频率来定义，因此频率稳定度和频率准确度便成为时间测量的一个重要概念。在时频测量中习惯上把不稳定性称为稳定度。例如国际原子时的稳定度为$\pm 3\times 10^{-15}$就是指国际原子时在取样时间内的不稳定性。

三、时钟源

1. 卫星授时

（1）全球定位系统（Global Position System，GPS）是由美国建立的一个卫星导航定位系统，它能够进行高精度的时间传递和高精度的精密定位。GPS 整个系统由空间部分、地面控制部分和用户部分组成。GPS 空间部分由 24 颗工作卫星组成。其中 21 颗为可用于导航的卫星，3 颗为活动的备用卫星。GPS 主控站位于美国克罗拉多（Colorado）的法尔孔（Falcon）空军基地。GPS 用户部分由 GPS 接收机、数据处理软件及相应的用户设备组成。

（2）格洛纳斯（GLONASS）。是俄语“全球卫星导航系统（Global Navigation Satellite System）”的缩写。由苏联国防部构想，1993 年俄罗斯将 GLONASS 交由俄空军负责。GLONASS 也分为空间卫星、地面监控和用户设备 3 部分。空间卫星部分由 24 颗 GLONASS 卫星组成。21 颗工作，3 颗备用。

（3）伽利略卫星导航系统（Galileo satellite navigation system），是由欧盟研制和建立的全球卫星导航定位系统，该计划于 1999 年 2 月由欧洲委员会公布，欧洲委员会和欧空局共同负责。系统由轨道高度为 23616km 的 30 颗卫星组成，其中 27 颗工作星，3 颗备份星。2012 年 10 月，伽利略全球卫星导航系统第二批两颗卫星成功发射升空，太空中已有的 4 颗正式的伽利略系统卫星，可以组成网络，初步发挥地面精确定位的功能。

（4）北斗（BDS）。北斗是我国自行研制的全球卫星定位与通信系统。北斗卫星导航系统由空间端、地面端和用户端三部分组成。空间端包括 5 颗静止轨道卫星和 30 颗非静止轨道卫星。地面端包括主控站、注入站和监测站等若干个地面站。用户端即北斗用户终端。

基于国家安全以及扶持本国北斗系统产业的考量，2012 年起国家电网公司已强制要求新建变电站时钟同步设备必须采用北斗卫星系统进行授时。

2. 网络授时

（1）NTP。NTP 协议全称为网络时间协议（Network Time Protocol），它的目的是在国际互联网上传递统一、标准的时间，具体的实现方案是在网络上指定若干时钟源网站，为用户提供授时服务，并且这些网站间应该能够相互比对，提高准确度。NTP 最早是由美国 Delaware 大学的 Mills 教授设计实现的，从 1982 年最初提出到现在已发展了将近 20 年，2001 年最新的 NTPv4 精确度已经达到了 200ms。在实际的应用过程中，可以采用 NTP 的简化版本—简单网络时间协议，该协议具有秒级的精度，但实现起来比较简单。NTP 协议除了可以估算报文包在网络上的往返延迟外，还可独立地估算计算机之间时钟偏差，用于在无序的 Internet 环境中提供精确和健壮的时间服务，把计算机的时间同步到某些时间标准。当前几乎所有的授时网站都是基于 NTPv3 的，它提供的时间精确度在广域网上为数十毫秒，在局域网上则为亚毫秒级或者更高，在专用的时间服务器上，则能达到更高的精确度。

SNTP 介绍。SNTP 即简单网络时间协议（Simple Network Time Protocol，SNTP），由 NTP 改编而来，适用于无需完全使用 NTP 功能的情况，没有改变 NTP 规范和原有实现过程，它是对 NTP 的进一步改进，支持以一种简单、无状态远程过程调用模式执行精确而可靠的操作，这类似于 UDP/TIME 协议。IEC 61850 标准中使用了 SNTP 协议。

NTP 和 SNTP 最大的缺点是对时精度只能达到毫秒级别。

1）NTP 工作模式。NTP 有客户机/服务器模式、对称模式和广播/多播模式三种工作模式，用户可根据需要分别进行选择。在客户机/服务器模式中，采用一对一连接，客户机可以被服务器同步，但是服务器不能被客户机同步。在对称模式中，与客户机/服务器模式基本相同，但双方均可同步对方或被对方同步，先发出申请建立连接的一方工作在主动模式下，另一方工作在被动模式下。广播/多播模式是一对多的连接，服务器主动发出时间信息，客户由此信息调整自己的时间，由于忽略网络时延，精度较低，适合用于高速局域网上。在实际应用中，可根据需要选择不同的工作模式，其中最常用的工作方式是客户机/服务器模式。

2）NTP 工作原理。当 NTP 以客户机/服务器模式进行通信时，假设客户机要向服务器请求时间服务，客户机首先要生成一个标准的 NTP 查询信息包，通过网络发送到时间服务器。服务器收到查询信息包后，根据自己的本地时间，生成一个标准的 NTP 时间信息包，然后通过网络发回给客户机。两个信息包都带有发送和接收的时间戳，根据这四个时间戳来确定客户机和服务器之间的时间偏差和网络时延。NTP 协议的工作原理如图 5-1 所示。

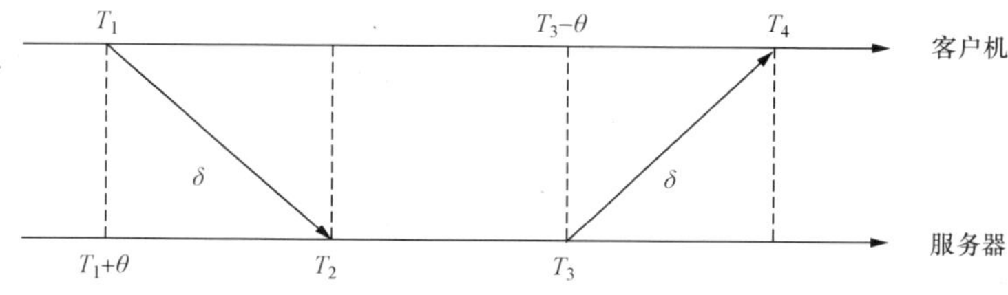

图 5-1　NTP 协议的工作原理

在图中，T_1 为客户机发送查询请求包的时刻，T_2 为服务器收到查询请求包的时刻，T_3 为服务器回复时间信息包的时刻，T_4 为客户机收到时间信息包的时刻（T_1、T_4 以客户机的时间系统为参照，T_2、T_3 以服务器的时间系统为参照）。根据上述过程，可得客户机与服务器之间的时间关系

$$T_2=(T_1+\theta)+\delta \tag{5-1}$$

$$T_4=(T_3-\theta)+\delta \tag{5-2}$$

当请求信息包和回复信息包在网络上的传输时间相等时，可求解得到服务器和客户端之间的时间偏差 θ 以及两者之间单程的网络传输时间 δ

$$\delta=[(T_2-T_1)+(T_4-T_3)]/2 \tag{5-3}$$

$$\theta=[(T_2-T_1)-(T_4-T_3)]/2 \tag{5-4}$$

可以看到，θ、δ 只与 T_2 和 T_1 的差值、T_3 和 T_4 的差值相关，而与 T_3 和 T_2 的差值无关，即最终的结果与服务器处理请求所需的时间无关。据此，客户机即可通过这 4 个时间戳计算出时间偏差 θ 和网络时延 δ 去调整本地时钟。

（2）PTP（IEEE 1588）。PTP 全称是“网络测量和控制系统的精密时钟同步协议标准”。目前的最新版本是 V2。与 NTP 相比，早期的网络时间协议（NTP）只有软件，而 IEEE 1588 既使用软件，亦同时使用硬件和软件配合，获得更精确的定时同步。PTP 采用时间分布机制和时间调度概念，客户机可使用普通振荡器，通过软件调度与主控机的主时钟保持同步，过程简单可靠，节约大量时钟电缆。引入透明时钟 TC 模式，包括 E2E 透明时钟和 P2P 透明时钟，计算中间网络设备引入的驻留时间，从而实现主从间精确时间同步，并新增端口间延时测量机制等，通过非对称校正减少了大型网络拓扑中的积聚错误。

1）IEEE 1588 协议特点。

a．能够实现亚微秒级的高精度同步，这是 NTP 无法比拟的，后者同步精度一般只能达到毫秒级。

b．与针对分布广泛且各自独立的时间同步协议（如 NTP，GPS）不同，IEEE 1588 是针对相对本地化、网络化的系统而设计的。它要求子网较好、内部组件相对稳定，故其特别适合于工业自动化和测量环境。当然，对于实现广域范围内的测量和控制同步，单纯依赖 IEEE 1588 并不可行，此时还需借助 GPS。

c．实现了网络中的高精度同步，使得在分配控制工作时无需再进行专门的同步通信，从而达到了通信时间模式与应用程序执行时间模式分开的效果。

d．适合于在局域网中支持组播报文发送的网络通信技术，故其应用范围十分广泛，尤其适合于在以太网中实现。通过采用 IEEE 1588，基于以太网和 TCP/IP 协议的网络技术不需要大的改动就可以运行在高精度的网络控制系统中，目前已开展的大量工作力将 IEEE 1588 整合到一些基于以太网的自动化协议中，如 Powerlink 和 EtherCat。

e．占用的网络资源和计算资源较少，故实现成本较低，适于在低端设备中完成。

f．具有良好的开放性和互操作性。

2）IEEE 1588 协议原理。IEEE 1588 协议采用分层的主从式（master—slave）模式，通过发送和接收同步报文进行时钟同步。协议定义了 4 种多点传送的时钟报文类型：同步报文（简称 syn）、跟随报文（简称 Follow_Up）、延时要求报文（简称 Delay_Req）、回应报文（简称 Delay_Resp）。时钟同步过程分为两个阶段进行，一个是偏移测量阶段，一个是延时测量阶段。IEEE 1588 对时过程如图 5-2 所示。

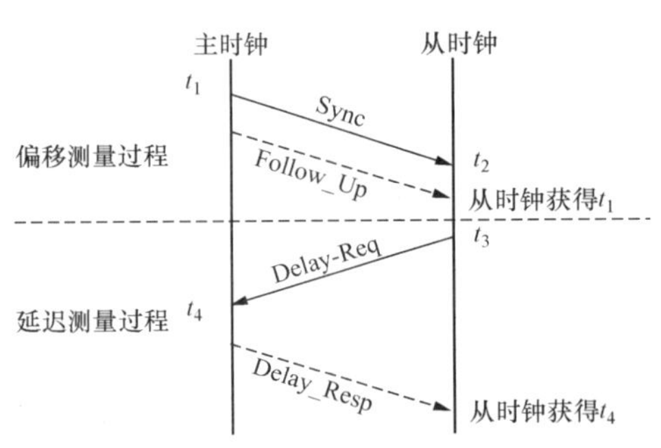

图 5-2 IEEE 1588 对时过程

a．偏移测量阶段。偏移测量是指测量主时钟与从时钟之间的时间偏移量，并在从时钟上消除这些偏移。具体步骤如下。

第一步：主时钟采用多播方式周期性向网络上发布同步（Sync）报文，并在报文离开 PTP 端口时，记录此 Sync 报文的发送时间 t_1；从时钟接收 Sync 报文，并在报文接收进入端口时记录下 Sync 报文的接收时间 t_2。

第二步：主时钟在网络上以广播形式发布跟随（Follow_Up）报文，报文中包含主时钟刚刚发布的 Sync 报文的发送时间戳 t_1 的值；从旧时钟接收 FollowUP 报文，从中得到时间戳 t_1 的值。Follow_Up 报文的作用是向从时钟提供 Sync 报文发出的准确时间。

b．延时测量阶段。延时测量（delay measurement）阶段用于确定主/从时钟间帧传输过程中的网络延时。具体步骤如下。

第一步：从时钟采用单播方式向主时钟发送延迟请求（Delay_Req）报文，并在报文发送过程中记录下 Delay_Req 报文的发送时间 t_3；主时钟接收 Delay_Req 报文，并在报文接收过程中记录下 Delay_Req 报文的接收时间 t_4。

第二步：主时钟采用单播方式向从时钟发送延时应答（Delay_ResP）报文，其中包含从时钟刚刚发来的 Delay_Req 报文的接收时间 t_4 的值；从时钟接收 Delay_Resp 报文，从中得到 t_4 的值。

以上步骤中，所提到的时间均是由位于时钟节点物理层附近的时标生成器在报文进入或离开 PTP 端口时产生，目的是避免操作系统协议栈的延迟。如果假设主、从时钟间偏差恒定，传输路径对称（即同步报文的收到延迟与延迟请求报文的发送延迟相同），则

$$t_1+\text{Delay}=t_2+\text{Offset} \tag{5-5}$$

$$t_4=t_3+\text{Offset}+\text{Delay} \tag{5-6}$$

式中　Delay——报文传输的网络延时；

Offset ——主从时钟的偏差。

从而可以得到

$$\text{Delay}=(t_2-t_1)+(t_4-t_3)/2 \tag{5-7}$$

$$\text{Offset}=(t_4-t_3)-(t_2-t_1)/2 \tag{5-8}$$

在实际的系统中，网络传输延迟在短时间内相对保持稳定，为了减少 PTP 通信占用的网络流量，从时钟并不是每个周期都向主时钟发出 Delay_Req 报文，而是每隔若干个周期发送一次，在这种情况下，Offset 需要按下式进行计算

$$\text{Offset}=t_2-t_1-\text{Delay} \tag{5-9}$$

得到了从时钟与主时钟间的偏差，就可以采用适当的调节算法来调节从时钟，最终使得从时钟同步于主时钟。

（3）授时技术对比。采用单向信道的 GPS 时间同步系统，虽然同步信号的获得稳定可靠，精度高，但价格高（设备、安装、维护成本）、施工难度大（基站放在地下室）、失效率也高，同时存在政治和安全风险。

NTP 和 SNTP 最大的缺点是对时精度只能达到毫秒级别。这对于高精度时间同步所需纳秒级时间精度是远远不够的。

PTP 采用双向信道，精度为纳秒级，费用低，能适应不同的接入环境等。在对精度不断要求提高的行业背景下，PTP 已成为一种发展的必然趋势。目前在无线通信网络中 PTP 应用较为广泛，智能变电站中也有 PTP 试点应用。授时技术对比见表 5-1。

表 5-1　　授时技术对比

	GPS	NTP	北斗	原子钟	PTP
典型授时精度	20ns	10ms	100ns	10ns	100ns
需要卫星覆盖	需要	不需要	需要	不需要	不需要
锁定时间	40s	30ns	60s	—	60ns
综合成本	中	低	高	高	低
支持以太网端口	不支持	支持	不支持	不支持	支持
可控性	低	高	中	高	高
安全性	低	低	高	高	中
可靠性	中	高	中	高	高

四、时间同步系统在变电站的应用

（一）智能变电站时间同步系统的作用

电力系统是时间相关系统，无论相角、功角、电压、电流，在数学上都是基于时间轴的波形信号。由于发电、输电和配电环节同时进行，需要同步协调控制。随着电网容量的增长和全国各地区电网互联后规模的扩大，电网运行方式和动态运行工况越来越复杂，电网安全稳定运行对电力系统自动化设备的时钟同步精度提出了越来越高的要求。目前电网中的远程终端控制系统（RTU）、数据采集与监控系统（SCADA）、同步向量测量单元系统（PMU）、广域测量系统（WAMS）、能量管理系统（EMS）、厂站端微机型继电保护装置、计算机监控系统都基于统一的时间基准运行，以满足事故追忆记录（PDR）、故障录波、事件顺序记录（SOE）等功能对时钟同步一致性要求，并实现向量和功角的动态在线精确监测，确保机组和电网参数校验的准确性，有效提高处理电网事故的快速反应能力，保证电力系统运行的稳定性。为满足未来智能电网中经济社会发展对电能质量和多元化服务的要求，必须提升电网运行的安全可靠性、灵活性和互动能力，对时间同步的精度和可靠性要求会进一步提升。

智能变电站作为智能电网的重要组成部分和关键环节，是构建智能电网的重要基础和支撑。同步时钟的精度将直接影响智能变电站的控制精度和性能。精确时间同步在智能变电站中发挥的重要作用主要体现在如下几个方面：

1. 同步向量测量

变电站作为电力系统的枢纽节点，其母线电压向量和功角状况是反映电力系统是否稳定的两个重要状态量。通过对这两个状态量的实时测量，将对电力系统的实时监控发挥重要的作用。同步向量测量要求对时精度达到 1μs。

2. 故障录波

变电站控制中心通过收集分散在各个变电站的事件顺序记录和故障录波数据，对实时故障数据进行存储和分析，为变电站提供准确的操作判据、监视系统的运行状态。对故障录波和事件顺序记录的对时精度不能低于 1ms。

3. 故障定位

各变电站能为电网故障定位系统提供接收到故障反馈信号的精确时间信号，通过对比分析不同站点的时差关系来确定故障发生的位置；理论上，当对时精度达到 1μs 时，测距精度可以达到 300m。

4. 变电站之间的同步实验

主要应用于在线路两侧进行暂态同步实验，用来检验包括电流差动保护、相差保护、高频距离保护等线路纵联保护装置的特性，特别是需要比较差动保护和相差保护装置两侧的模拟量，要求对时精度达到 1ms 以上。

5. 智能电子设备（Intelligent Electronic Device，IED）同步采样

对应同一个合并单元的电子互感器采样同步是二次设备能采集多个信息量的重要保证，这就要求不同间隔之间甚至不同变电站之间的采样都需要保持精确的时钟同步。IED 同步采样用于计量的，要求对时精度达到 1μs；用于输电线路保护的，要求对时精度达到 4μs。

目前电力系统常用装置（系统）对时间同步精度的指标要求详见表 5-2。

表 5-2　　电力系统常用装置（系统）对时间同步精度的指标要求

被授时同步装置（系统）	时间同步准确度
线路行波故障测距装置	≤1μs
同步相量测量装置	≤1μs
雷电定位系统	≤1μs
电子式互感器的合并单元	≤1μs
故障录波器	≤1ms
事件顺序记录装置	≤1ms
电气测控单元/远方终端装置（RTU）/保护测控一体化装置	≤1ms
微机保护装置	≤10ms
安全自动装置	≤10ms
配电网终端装置（FTU、TTU）、配电网自动化系统	≤10ms
电能量采集装置	≤1s

续表

被授时同步装置（系统）	时间同步准确度
负荷/用电监控终端装置	≤1s
电气设备在线状态检测终端装置或自动记录仪	≤1s
控制中心/调度中心数字显示时钟	≤1s
火电厂、水电厂、变电站计算机监控系统主站	≤1s
电能量计费系统、保护信息管理系统、电力市场技术支持系统等主站	≤1s
负荷监控/用电管理系统主站	≤1s
配电网自动化/管理系统主站	≤1s
调度生产和企业管理 MIS 系统	≤1s
电子挂钟	≤1s

（二）变电站时间同步常用对时接口

1. 串口报文对时

串口报文对时也称软对时，是利用通信报文的方式实现的，该报文包含一组时间数据（年/月/日/时/分/秒）并通过串行通信接口发送给同步对象，同步对象利用这组数据设置其内部时钟。常用的串行通信接口有 RS-232（用于近距离）和 RS-422/RS-485（用于远距离）两种。串口对时的优点是时间信息比较全面，不需要人工设置，缺点是同步精度低。由于报文存在固有传播延时误差，所以在精度要求高的场合不能满足要求。

2. 脉冲硬对时+串口软报文

硬对时分为：时脉冲、分脉冲、秒脉冲。脉冲是由一个无任何电源的开关（其实就是光耦的输出端）发出的，称为无源空节点脉冲，如果测量的有电压幅值的脉冲就是有源脉冲，只是驱动电压不同而已。无源空节点加上电源就能变成有源脉冲输出。在实际的工程应用中，秒脉冲+串口报文的形式是很常见的，秒脉冲校正毫秒及以下时钟，报文修订时、分、秒。时脉冲指 PPH，一个小时一次脉冲，依次类推。在对时方式中，脉冲主要通过对被同步设备内部电气上的下一级以后的时间计数器清零（同时进位），以此实现同步。具体如下：PPH 清除分、秒、毫秒计数器，并对时计数器进位，故可同步到分、秒、毫秒，PPM 可同步到秒、毫秒，PPS 可同步到毫秒。因为硬对时是清零加进位，而在前一个对时脉冲到来之后、下一个对时脉冲到来之前，装置的时间精度还要依靠其内部晶振的守时精度，即内部晶振在一个对时后期内能保证内部时间的精确度。国内设备一般能实现，但某些国外的设备在应用分脉冲同步的过程中，由于内部晶振及相关算法原因，有时会出现在分脉冲清零前，装置内部晶振已走完一个计数周期，率先对计数器清零，导致装置分钟出现较大偏差。

脉冲的同步方式比较常用的是分脉冲以及秒脉冲，分脉冲多用于以往的保护装置，例如南瑞继保的 RCS、LFP 系列、四方的 101 系列线路保护等，多为 2000 年初的产品，需要维护人员设置年月日时分；秒脉冲一般用于早期的测控装置，但多于报文对时结合使用，报文实现年月日时分秒的同步，秒脉冲实现毫秒级的同步。在装置自身守时精确度较高的情况下，分脉冲已经够了，频繁的处理授时可能会增加程序的额外开销，由于脉冲不一定具备抗干扰功能，可能会引入不必要的干扰。现在为了避免这种问题，在 2006 年以后国产设备一般都开始使用 B 码同步。

PPH 现在仍有应用，华东地区另外还利用天脉冲（PPD）来检查测控装置的同步情况。

3. 编码对时（IRIG-B、DCF77）

IRIG 时间编码序列是美国靶场仪器组（IRIG）提出的被普遍应用于时间信息传输系统。该时码序列分为 G、A、B、E、H、D 共六种串行二进制编码格式（另有四种并行二进制编码方式），IRIG-B 时码是其中一种，具体格式如图 5-3 和表 5-3 所示。

B 码有直流码（DC）、交流码（AC）两种。交流码可以延长传输距离。IRIG—B（DC）码的同步精度可达亚微秒级，IRIG—B（AC）码的同步精度一般为 10～20μs。IRIG—B 码发生器接收 GPS 数据流后，保留仅需要的 UTC 时间并转换为北京时间，输出为 DC 码，通过 RS422/485 到 B 码解码器。终端装置通过 B 码解码器，输出标准北京时间及 1PPS，该时间有年、月、日、时、分、秒。各保护单元通过 RS232 接口并检测 1PPS 脉冲完成精确对时（1PPS 信号前沿相对于输出的其他脉冲信号前沿的同步误差小于 0.2μs）工作。

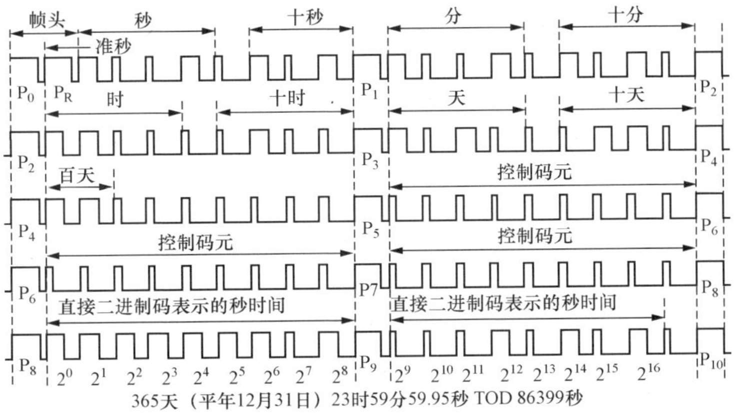

图 5-3 IRIG-B 码格式示意图

表 5-3　　IRIG-B 编 码 定 义

位置 ID	名　称	定　义
0	“R”：时间同步标志	一秒的起始标志
1～4	秒个位，BCD 码，低位在前	秒个位
5	“0”	保留，置 0
6～8	秒十位，BCD 码，低位在前	秒十位
9	“P”：位置分隔符	位置分隔符#1
10～13	分个位，BCD 码，低位在前	分个位
14	“0”	保留，置 0
15～17	分十位，BCD 码，低位在前	分十位
18	“0”	保留，置 0
19	“P”：位置分隔符	位置分隔符#2
20～23	时个位，BCD 码，低位在前	时个位
24	“0”	保留，置 0
25～26	时十位，BCD 码，低位在前	时十位
27～28	“0”	保留，置 0
29	“P”：位置分隔符	位置分隔符#3
30～33	日个位，BCD 码，低位在前	日个位
34	“0”	保留，置 0
35～38	日十位，BCD 码，低位在前	日十位
39	“P”：位置分隔符	位置分隔符#4
40～41	日百位，BCD 码，低位在前	日百位
42～48	“0”	保留，置 0
49	“P”：位置分隔符	位置分隔符#5
50～53	年个位，BCD 码，低位在前	年个位
54	“0”	保留，置 0
55～58	年十位，BCD 码，低位在前	年十位
59	“P”：位置分隔符	位置分隔符#6
60	闰秒预告（LSP）	在闰秒来临前 59s 置 1，在闰秒到来后的 00s 置 0
61	闰秒标志（LS）	0：正闰秒，1：负闰秒
62	夏时制预告（DSP）	在夏时制切换前 59s 置 1
63	夏时制标志（DST）	在夏时制期间置 1

续表

位置 ID	名　　称	定　　义
64	时间偏移符号位	0：+，1：－
65～68	时间偏移（小时），二进制，低位在前	IRIG-B 与 UTC 时间的差值，IRIG-B 时间减时间偏移（带符号）等于 UTC 时间（时间偏移在夏时制期间会发生变化）
69	“P”：位置分隔符	位置分隔符#7
70	时间偏移（0.5h）	0：不增加时间偏移量 1：时间偏移量额外增加 0.5h
71～74	时间质量，二进制，低位在前	0x0：正常工作状态，时钟同步正常 0x1：时钟同步异常，时间准确度≤1ns 0x2：时钟同步异常，时间准确度≤10ns 0x3：时钟同步异常，时间准确度≤100ns 0x4：时钟同步异常，时间准确度≤1μs 0x5：时钟同步异常，时间准确度≤10μs 0x6：时钟同步异常，时间准确度≤100μs 0x7：时钟同步异常，时间准确度≤1ms 0x8：时钟同步异常，时间准确度≤10ms 0x9：时钟同步异常，时间准确度≤100ms 0xA：时钟同步异常，时间准确度≤1s 0xB：时钟同步异常，时间准确度≤10s 0xF：时钟严重故障，时间信息不可信赖
75	校验位	从“秒”至“时间质量”按位进行奇校验的结果
76	“0”	保留，置 0
77～78	“0”	保留，置 0
79	“P”：位置分隔符	位置分隔符#8
80～88，90～97	一天中的秒数（SBS），二进制，低位在前	一天中的秒数，从当天零时零分零秒开始，与 BCD 码格式的时间保持一致
89	“P”：位置分隔符	位置分隔符#9
98	“0”	保留，置 0
99	“P”：位置分隔符	位置分隔符#10

B 码每秒发送 100 个 BCD 码元，码速率为 100pps，码元周期 10ms，码元有 3 种：位置识别标志（脉宽 8ms）、二进制“0”（脉宽 2ms）、“1”（脉宽 5ms）。位置识别标志 Pn：前沿在帧参考点 P_R 前 1 个索引计数间隔处，以后每 10 个码元有 1 个位置识别标志，为 P_1，P_2，…，P_9。1 个时间格式帧：从 P_R 开始，因此连续 2

个 8ms 宽脉冲中的第二个 8ms 脉冲的前沿为秒的准时点，从第二个 8ms 开始，分别为 0，1，2，…，99 个码元。时间编码为 BCD 码，分别位于 P0～P5 之间，时序为 s、min、h、d 标准的 B 码体制规定在一帧里还包括用于控制功能的码元，包括特标控制码和分站时延修正码元，分别位于 P5～P8 之间，实际通常不采用。由于是硬件解码，误差可以控制在很小范围内，精度可达到 10μs，是一种优秀的授时方式，且适于远距离传输，具有标准接口，缺点是编码复杂，需要专用接收电路。当前智能变电站过程层和过程层设备（智能终端、合并单元、测控装置、微机保护装置等）基本都采用的 IRIG-B（DC）对时方式。

4. 网络对时

即 NTP、SNTP 和 PTP 对时方式。IEC 61850 标准中包含采用 SNTP 对时方式。当前智能变电站站控层设备基本都采用 SNTP 网络对时方式，PTP 对时方式在少数试点的智能变电站间隔层和过程层设备中有采用。网络对时方式的优点是简单、经济，缺点是要实现高精度的时间同步，其算法非常复杂。

第二节　时间同步测试

一、变电站时间同步系统组成方式

变电站时间同步系统有多种组成方式，其中典型形式有基本式、主从式、主备式三种。

基本式时间同步系统由一台主时钟和信号传输介质组成，用以对被授时设备或系统对时，基本式时间同步系统如图 5-4 所示。

主从式时间同步系统由一台主时钟，多台从时钟和信号传输介质组成，用以对被授时设备或系统对时，主从式时间同步系统如图 5-5 所示。

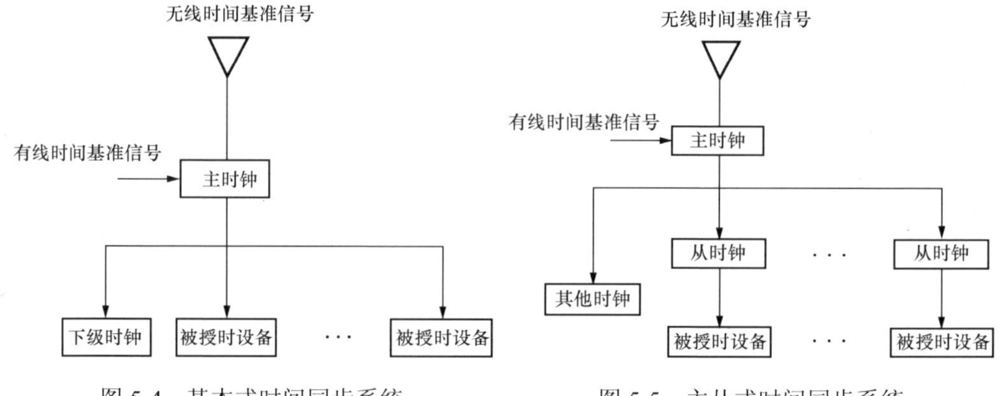

图 5-4　基本式时间同步系统　　图 5-5　主从式时间同步系统

主备式时间同步系统由两台主时钟，多台从时钟和信号传输介质组成，对被授时设备或系统对时，主备式时间同步系统如图 5-6 所示。

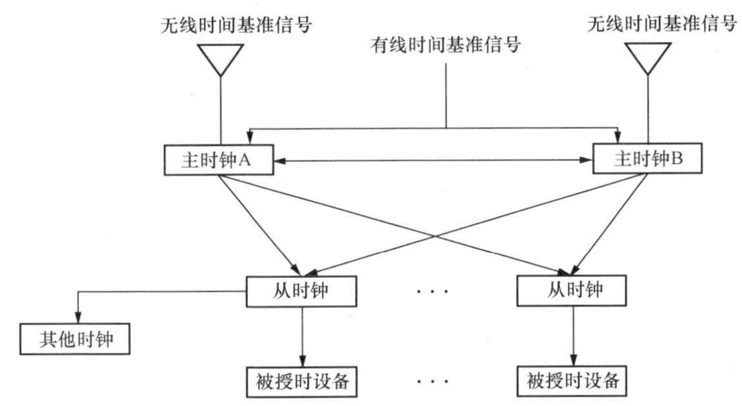

图 5-6　主备式时间同步系统

目前在变电站典型设计中，110kV 及以下电压等级变电站一般采用基本式时间同步系统，220kV 及以上变电站多采用主备式时间同步系统。

需要指出的是，根据两台主时钟相互关系的不同，主备式时间同步系统也存在两种运行模式。第一种运行模式下，主时钟 A 的地位要高于主时钟 B，正常情况下默认都取主时钟 A 的输出为时钟同步源。只有当主时钟 A 故障或失步情况下，才会切换到主时钟 B 的输出作为时钟同步源，且只要主时钟 A 故障解除恢复正常状态后，系统会立即自动切换回主时钟 A 的输出为时钟同步源。第二种运行模式下，主时钟 A 和主时钟 B 的地位是相同的，当主时钟 A 故障或失步情况下，会切换到主时钟 B，即使主时钟 A 故障解除恢复正常状态后，系统仍以主时钟 B 的输出作为时钟同步源，而不会自动切换回主时钟 A 的输出为时钟同步源。两种模式目前都有应用，但从实际效果来看，第二种运行模式更为合理。曾有某个时间同步系统采用第一种运行模式的 500kV 变电站，主时钟 A 因板卡接触不良引起频繁的失步/同步，使得整个变电站的时钟同步源在主时钟 A 和主时钟 B 之间频繁切换。每次切换都会使得时钟同步信号出现波动，最终导致采用逐步逼近原理进行时间同步的某国外型号保护装置 CPU 过载而死机。如果采用模式二，就不会发生这种问题。

二、时间同步输出信号类型及技术指标

时间同步输出信号类型包括脉冲信号、IRIG-B 码、串行口时间报文、网络对时报文（NTP、SNTP、PTP）。

（1）脉冲信号。脉冲信号应包括 1PPS、1PPM、1PPH 或可编程脉冲信号等，

其输出方式有 TTL 电平、静态空接点、RS 422/485 和光纤等。其中信号脉宽应保持在 10～200ms 之间。使用光纤传导时，亮对应高电平，灭对应低电平，由灭转亮的跳变对应准时沿。此外对于 TTL 电平、RS 422/485 和光纤脉冲信号，脉冲上升沿的时间准确度要求小于 1μs，静态空接点的脉冲上升沿的时间准确度要求小于 3μs。

（2）IRIG-B（DC）码。IRIG-B（DC）码信号的输出方式包括 TTL 电平、RS 422/485、光纤等，其编码格式应满足 IRIG Standard 200—04 标准，并含有年份信息和时间信号质量信息。与脉冲信号类似，使用光纤传导时，亮对应高电平，灭对应低电平，由灭转亮的跳变对应准时沿。IRIG-B（DC）码的秒准时沿的时间准确度要求小于 1μs。

（3）IRIG-B（AC）码。IRIG-B（AC）码由于采用了 1kHz 载波调制方式，其秒准时沿的时间准确度低于 IRIG-B（DC）码，要求小于 20μs。

（4）串行口时间报文。串行口时间报文采用单向广播方式，无需接收方报文回复，但时间准确度较差，适用于站控层设备等对时间精度要求不高的场合。输出方式包括 RS 232、RS 422/485、光纤（极少用到，除了水电站）等。目前各时间同步设备厂家一般都有各自私有的报文格式，并未完全遵循电力行业相关标准中的串行报文格式要求。随着变电站二次设备趋于网络化，不少厂家将原先的串行报文用 IP 帧封装后直接用于以太网对时，充分发挥了其一对多单向广播、无需接收方报文回复的特点。

（5）网络对时报文。网络时间同步采用 NTP/SNTP 或 PTP 协议授时。其中 NTP/SNTP 在变电站局域网环境下的时间准确度要求小于 10ms。因对时精度较差，目前 NTP/SNTP 在变电站中仅用于站控层计算机等秒级时间精度要求的设备。而 PTP 对时因算法复杂，对以太网交换机软硬件有特殊要求，成本较高，到目前为止并未大规模推广，仅在少数变电站做了试点应用。

三、智能变电站对时钟同步的要求

智能变电站是统一坚强智能电网的重要组成部分，时钟同步系统是实现智能变电站测量控制和保护的重要基础和支撑。随着 IEC 61850 标准的完善，智能变电站对同步时钟精度要求越来越高。同时智能变电站采用先进可靠的智能设备自动完成信息采集测量控制保护计量和检测等基本功能，并可根据需要实现电网实时自动控制智能调节在线分析决策以及协同互动等高级功能。因此时钟同步系统的精度将直接影响智能变电站的控制精度和性能。

与常规变电站相比，智能变电站对时钟精度的依赖主要体现在以下几方面：

（1）当采用 PTP 同步方式时，网络交换机时延对采样值精度的影响；

（2）采样值传输延迟差可能导致在判别通道数据时保护闭锁；

（3）采样同步偏差导致采样时刻不匹配引起的保护产生差流；

（4）影响表计和测控的精确度。

四、智能变电站时钟同步测试内容

对时系统精度测试主要包括全站对时系统的接收时钟源精度和对时输出接口的时间精度、时钟源与合并单元输出同步对时信号之间的偏差、时钟源信号异常或停止工作时输出时间信号的精度测试、合并单元同步性能测试。虽然目前智能变电站保护测控装置接入外部对时信号，但对时信息不参与逻辑运算，因此需对时设备的同步性能测试主要考虑合并单元。

1. 主时钟技术指标的测试

主时钟的主要技术指标是它输出的 PPS（TTL 电平）脉冲前沿相对于 UTC 秒的时间准确度，如主时钟只有 PPM（TTL 电平）输出，则测量它相对于 UTC 时间分的准确度。

测试时，先如图 5-7 所示接线，将标准时钟的 PPS（PPM）与被测度主时钟 PPS（PPM）同时送到时间间隔计数器中，让两者在计数器中进行秒脉冲或分脉冲进行比较，其中的差值为主时钟测试精度。

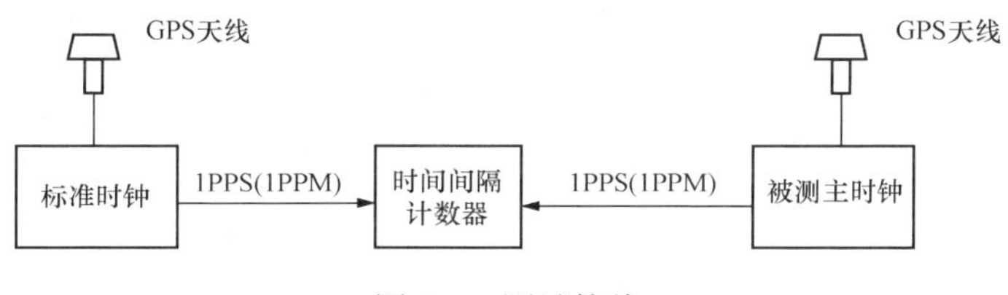

图 5-7　测试接线

如被对主时钟没有 PPS 或 PPM（TTL 电平）输出，则用测量 PPS 或 PPM（空接点信号）输出相对于 UTC 时间秒或分的时间准确度代替，对 PPS 或 PPM 空接点信号经电平转换后接到测试仪器，接线方法如图 5-8 所示。

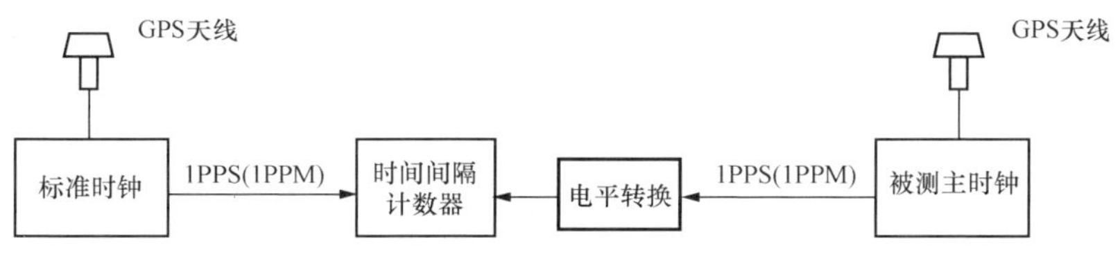

图 5-8　测试接线（电平转换）

2. 具有事件记录功能的装置的时间同步精度测量

有事件记录功能的装置，如智能终端、测控装置、微机保护装置、故障录波装置等，都能记录空接点开关量的闭合时刻。

以测控装置时钟精度测试为例，介绍一下测试方法。测控装置时钟精度测试接线如图5-9所示。测试时一般是将标准时钟的PPM信号接到时延装置的输入端；输出信号设为“连续”输出，将脉冲延时装置中一路空接点输出接到被测测控装置中作为一路开关量输入，在测控装置中将该路开关量设置为使测控装置启动。这样，当标准时钟经延时装置输出时，测控装置就启动，记录故障时间并显示启动时刻，而输出信号的发送时刻是确定的，即每分钟0s加延时量。比较这两个时刻的数值，就可以判断测控装置时间同步的准确度，然后再将时延量逐步减小（一般时延取几百毫秒到几十毫秒），直到测控装置显示的起动时刻分辨不出来，就可以判断该测控装置的时钟精度。

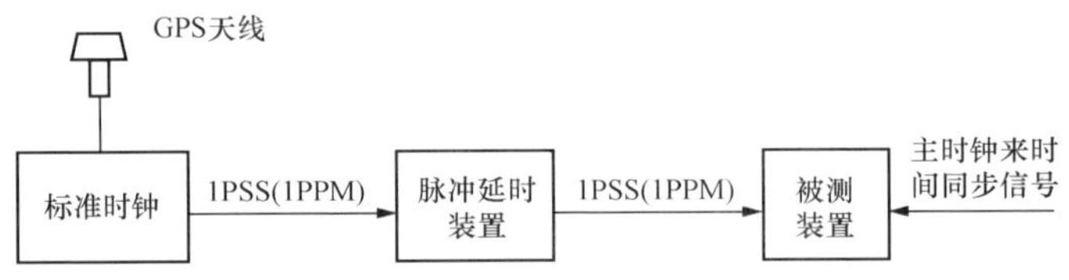

图5-9　测控装置时钟精度测试接线

如果要加快测试速度，可以将PPS信号接到时延单元的输入端，输出信号设为“单次”输出，同样将脉冲延时装置中一路空接点输出接到被测测控装置中，作为一路开关量输入，并在测控装置中将该路开关量设置为使测控装置启动。这样，当按下单次启动按钮时，即有信号输出，测控装置就启动并显示动作时刻，输出信号的时刻是确定的，即按下单次启动按钮的那一秒加延时量。比较这两个时刻，就可以判断测控装置内部实时时钟时间同步的准确度。

3. 合并单元同步性能测试

合并单元同步性能测试如图5-10所示，由于目前智能变电站需对时设备未能对外提供用于同步功能的对时信号，因此基于对时设备的同步性能测试考虑，从采样同步偏差出发。合并单元是用于对来自互感器的电流或电压数据进行时间相关组合的物理单元，因此不同合并单元之间的同步性尤为重要。主要测试正常和失去对时两种情况下任意两台合并单元之间的采样同步偏差采样值角差。

（1）正常情况下合并单元同步偏差测试。同时给过程层网络上的2个不同间隔的合并单元发送完全相同的电流值，2个合并单元均接入同步信号。连续2h监视2个合并单元输出的采样值信号的角差。

（2）失去对时情况下合并单元同步偏差测试。失去外部对时的情况下，合并单元采用自身的守时时钟，除要求合并单元满足10min内4μs的同步精度要求外，

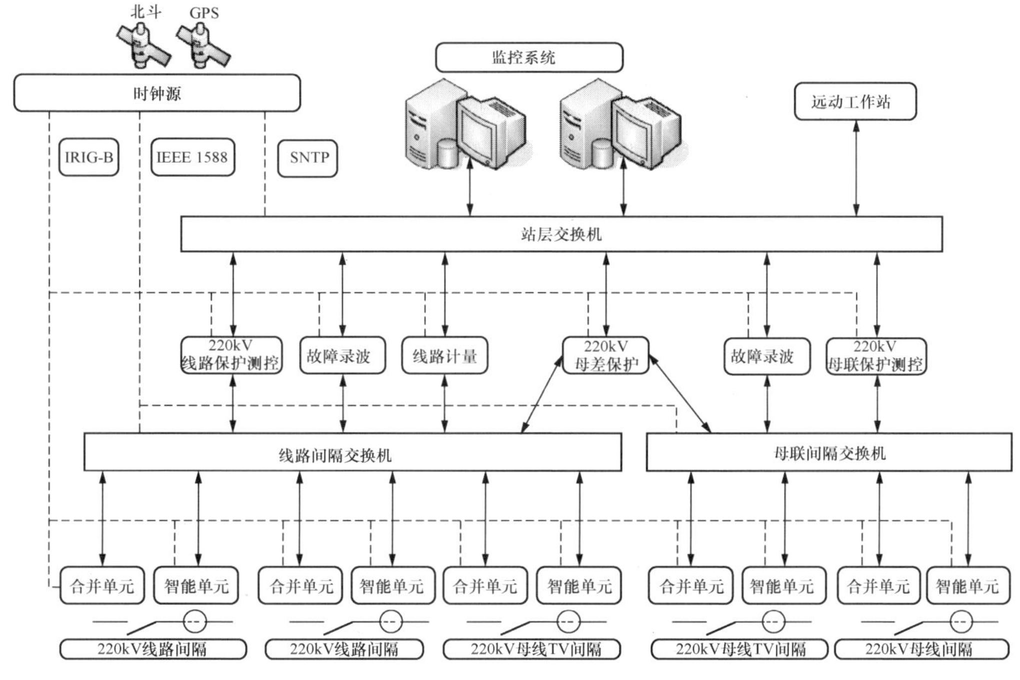

图 5-10　合并单元同步性能测试

对同一变电站不同合并单元守时时钟的同步偏差的方向一致性也应作测试。同时给过程层网络上的不同间隔的合并单元注入完全相同的电流值，让其中一台合并单元失去同步信号而另一台合并单元一直与时钟源保持同步。测试 1h 内两间隔采样值角差的变化，评价其同步偏差的方向一致性。

4. PTP 对时模式下主备时钟切换性能测试

PTP 同步对时系统在当前主时钟对时信号消失等异常情况下，会发生主备时钟切换，此时合并单元要守时等待切换完成并根据 BMC 算法选择主时钟。而合并单元恢复对时总时间=主备时钟切换时间+交换机处理时间+合并单元处理时间。如果该时间大于合并单元内部守时时间就将导致合并单元失去同步信号等情况。因此需要多次对时钟源主备进行切换，检查全站同步对时信号输出的稳定性。主要测试同步对时系统在过程层网络主备时钟连续切换情况下的稳定性。

五、智能变电站时间同步监测

随着智能变电站的广泛应用，时间同步系统的重要性日益凸显。为进一步加强对变电站时钟同步系统的运行监测管理，2014 年国家电网公司发布了“关于强化电力系统时间同步监测管理工作的通知”。在该文件中明确要求厂站内主要二次设备的时间同步状况的监测基于乒乓原理（三时标或四时标）计算时间同步管理者与其他被监测设备之间的时间偏差。厂站端监控主机作为站控层时间同步监测管理者，基于 NTP 乒乓原理（四时标）实现对时钟装置、测控装置、故障录波装置、PMU 等的时间同步监测；测控装置作为间隔层时间同步监测管理者，基于 NTP 乒乓原理（四时标）通过 GOOSE 实现对合并单元、智能终端等的时间同步监测。下面对厂站端时间同步系统监测技术原理进行介绍。

1. 调度主站与厂站端的时间同步监测技术方案

调度主站与厂站端的时间同步监测使用三时标乒乓原理，如图 5-11 所示。

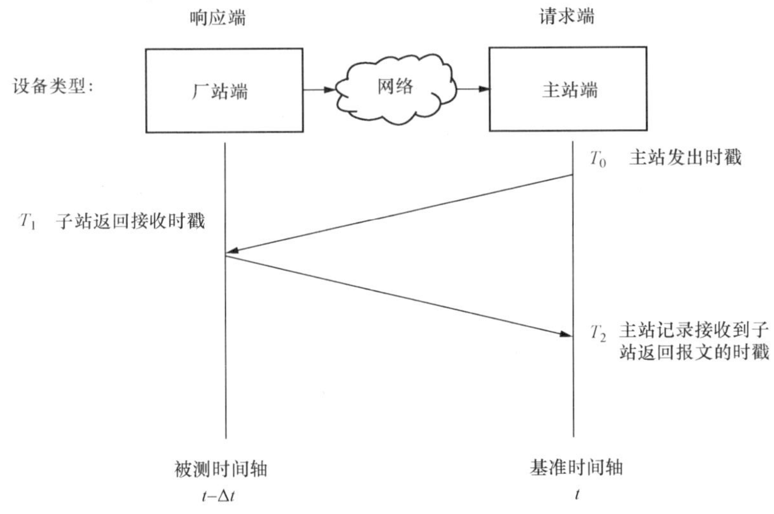

图 5-11 调度端—厂站端时间同步监测管理的基本原理图

T_0、T_1、T_2 为三个时间点的时标，Δt 为调度端超前厂站端的钟差（超前为正，滞后为负），计算式为

$$\Delta t=(T_2+T_0)/2-T_1 \tag{5-10}$$

式中 T_0——主站发送“监测时钟请求”的时标；

T_1——厂站收到“监测时钟请求”的时标；

T_2——主站收到“监测时钟请求的结果”的时标。

主站前置机定期向变电站监控系统网关机发送“监测时钟请求”命令。在完成一个“监测时钟请求”的过程后，根据 T_0、T_1、T_2 计算出主站与变电站间的时钟差Δt。主站前置机轮询到一次监测值越限时，应以 1s/次的周期连续监测 5 次，并对 5 次的结果去掉极值后平均，平均值越限值则认为被监测对象时间同步异常，生成相应的告警信息。

调度端主站系统前置机通过升级与变电站监控系统的通信软件（如 104、476 等报文中原有的对时命令），利用乒乓原理实时监测变电站（数据通信网关机）时间同步状况；实施时对已有程序改动小，不影响原有业务功能。调度主站与厂站端的时间同步管理偏差应小于 10ms。

2. 厂站端时间同步监测技术方案

厂站端监控主机作为时钟装置、测控装置、故障录波装置、PMU、智能终端的管理端，测控装置作为合并单元、智能终端的管理端。管理端采用轮询方式进行监测，全站轮询周期可调（建议为 1h）。当管理端询到某装置一次监测值越限时，应以 1s/次的周期连续监测 5 次，并对 5 次的结果去掉极值后平均，平均值越限值则认为被监测对象时间同步异常。当管理端发现被监测设备时间同步异常时，管理端应生成告警信息，并通过告警网关机或数据通信网关机上送相应调控中心。

（1）站控层时间同步监测要求。站控层监控主机作为管理端，对时钟装置、测控装置、故障录波装置、PMU、智能终端的时钟同步状态进行监测管理，其监测原理为 NTP 乒乓原理（四时标）。

（2）过程层时间同步监测要求。对于智能终端和支持 GOOSE 的合并单元，时间同步监测数据和设备状态自检数据都通过 GOOSE 传输，其监测原理为 NTP 乒乓原理（四时标）。

过程层设备的时间同步监测管理功能的相关基本数据结构如表 5-4 所示。

表 5-4　　过程层时间同步监测基本数据结构

数据名	标记	数据类型	响应报文 M/O/C
请求报文到达响应端时标（T_1）	RECEIVETIMESTAMP	INT64	M
响应报文离开响应端时标（T_2）	TRANSMITTIMESTAMP	INT64	M

对时监测过程使用 GOOSE 协议，传输过程如图 5-12 所示，其中监测请求命令由测控装置发出，监测返回及状态自检信息由过程层装置发出。

六、智能变电站时钟同步测试方法

下面以某公司的 EPT-100 精确时间测试仪为例，对智能变电站时钟同步测试方法做简单介绍。EPT-100 精确时间测试仪（以下简称 EPT-100 测试仪，如图 5-13 所示）是一款便携式时间测试仪，专门用来测试各类时间信号及时间系统的时间性能，其主要特点包括时间信号/时间报文的模拟仿真输出、时间信号/时间报文的输入测量、测试结果的分析统计。

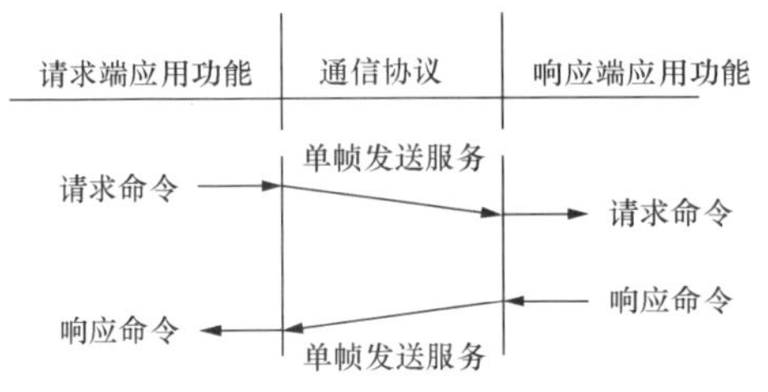

图 5-12　GOOSE 报文传输过程

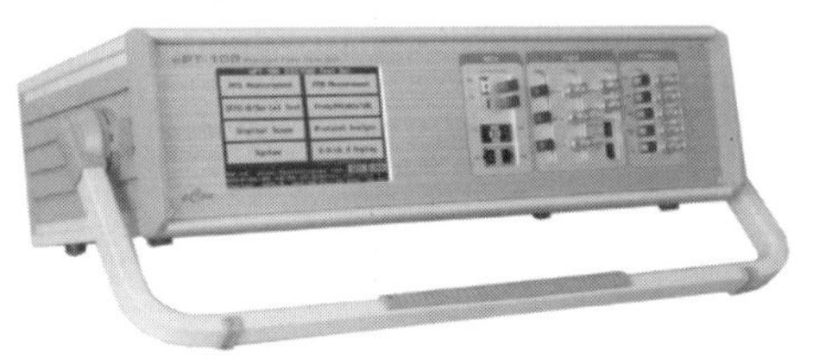

图 5-13　EPT-100 精确时间测试仪

1. PTP 测试

该项功能设计用来测试PTP时钟与基准时间之间的同步偏差，可以通过ETH0和 ETH1 连接被测 PTP 时钟直接进行测试。测试界面说明如下。

在主菜单页面中，点击“时间测试”按钮，测试界面说明如图 5-14 所示。

点击“PTP 测试”按钮启用 PTP 测试功能。EPT-100 测试仪将开始捕获 PTP 数据并在数据区显示，PTP 测试数据界面如图 5-15 所示。

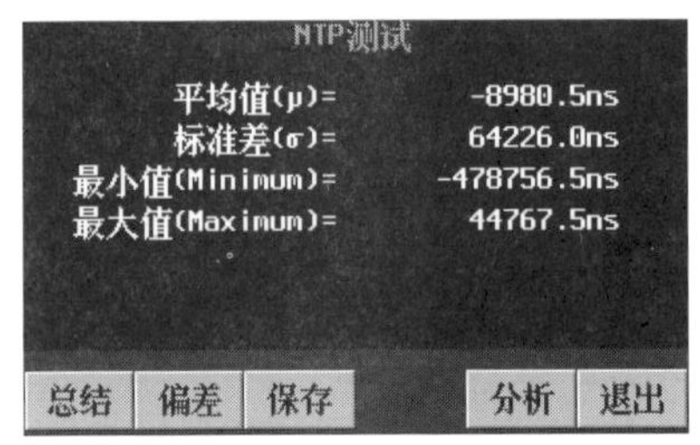

图 5-14　测试界面说明

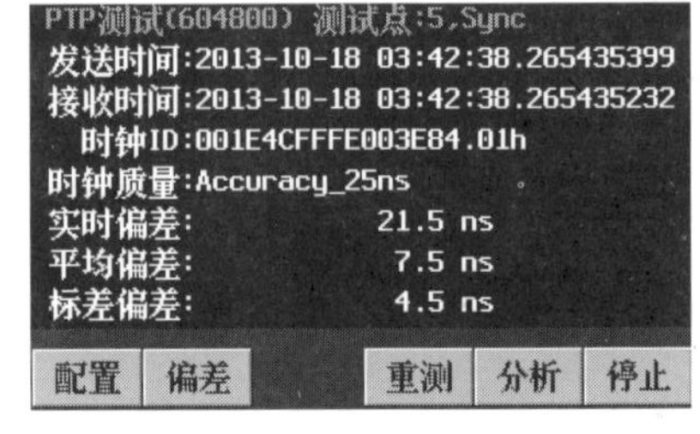

图 5-15　PTP 测试数据界面

第一行：显示当前测试内容及当前测试点。如果为连续测试（配置“测试点”为 0 表示连续测试），显示“PTP 测试（连续测试） 测试点：xxxxxx，Sync”；如果为非连续测试（配置“测试点”为非 0 的数值），显示“PTP 测试（xxxxxxx）测试点：xxxxxx，Sync”，其中 Sync 表示 PTP 通过 Slave 测试 Master。

第二行：显示 PTP 发送的时间信息。

第三行：显示 PTP 接收的时间信息。

第四行：显示被测 PTP 时钟的 ID 信息。

第五行：显示被测 PTP 时钟的质量信息。

第六行：显示被测 PTP 时钟的实时偏差、延迟、驻留和间隔（切换数据显示通道显示不同的数据信息）。

第七行：显示被测 PTP 时钟测试数据的平均值。

第八行：显示被测 PTP 时钟测试数据的标准差。

（1）配置选项说明。要更改测试选项，则点击“配置”按钮，进入配置页。配置选项包括如图 5-6 所示界面。

1）PTP 测试基本选项。

配置测试点数（如果为 0 表示连续测试）。

配置测试网络口，可选择 ETH0 或者 ETH1。

配置测试的时钟 ID，通过选择 ClockID 的按钮选项可搜索网络中有效的 PTP 节点进行测试。

如图 5-17 所示，点击“保存搜寻结果”保存当前序号的 PTP 信息到配置参数中。点击“测试”即刻完成对当前节点的 PTP 测试。

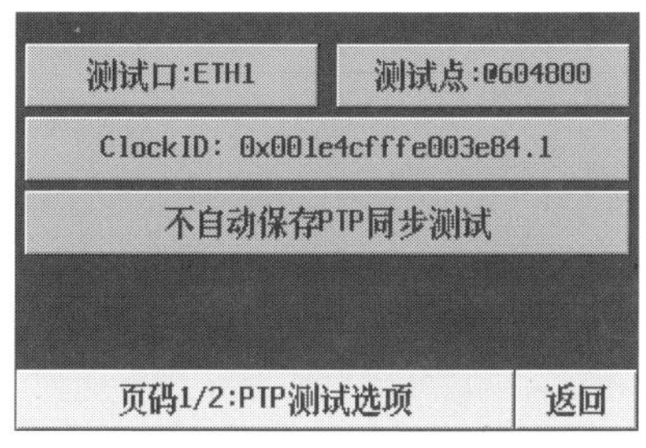

图 5-16　配置选项

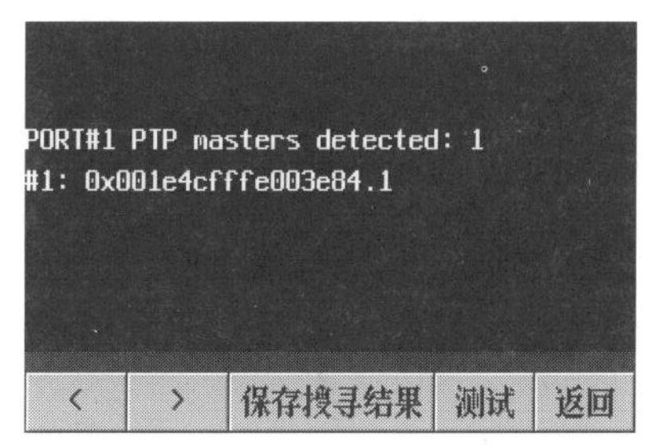

图 5-17　PTP 测试节点搜索选项

2）PTP 测试其他选项。如图 5-18 所示配置当前测试网络口中 PTP 交互信息的相关报文参数以及 Vlan 信息。

（2）数据选项。点击第二个按钮“偏差”（此按钮有四个数据选项：偏差/延迟/驻留/间隔），会切换到不同的测试数据画面。

（3）重测选项。点击第三个按钮“重测”，会显示提示信息界面，告知用户是否清除之前的测试数据重新开始测试，选择“确认”将重新开始测试，如图 5-19 所示。

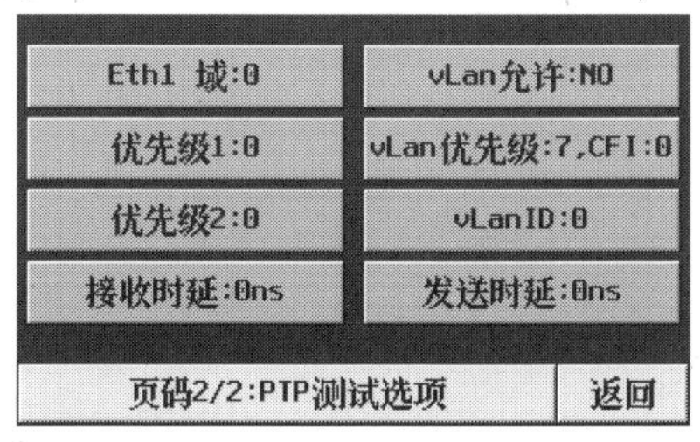

图 5-18　PTP 测试选项

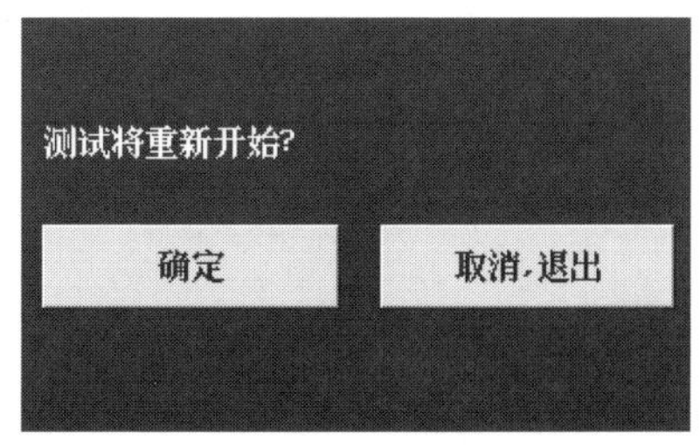

图 5-19　PTP 测试重测提示界面

（4）分析选项。点击“分析”按钮，显示分布图、流量图和详细的数据帧。分布图如图 5-20 所示。点击“偏差”（数据选项包括：偏差/延迟/驻留/间隔）可切换不同的测试数据信息。点击“分布”“流量”和“数据”按钮切换不同的分析画面。点击“返回”按钮则返回到当前数据测试界面。

分布图显示了测量值统计后的分布。X 轴会自动调整适应有效测量值的显示。Y 轴是测量值的采样点统计数。点击缩放按钮（前两个按钮）会缩放 Y 轴坐标。点击“自动”会调整到默认的最佳效果。为便于分析统计的更细化，可以在屏幕上通过上下拖拽和左右拖拽来平移和缩放 Y 轴坐标。

流量图如图 5-21 所示，显示当前 PTP 测试过程中各种交互报文发送接收的单位时间内的次数。

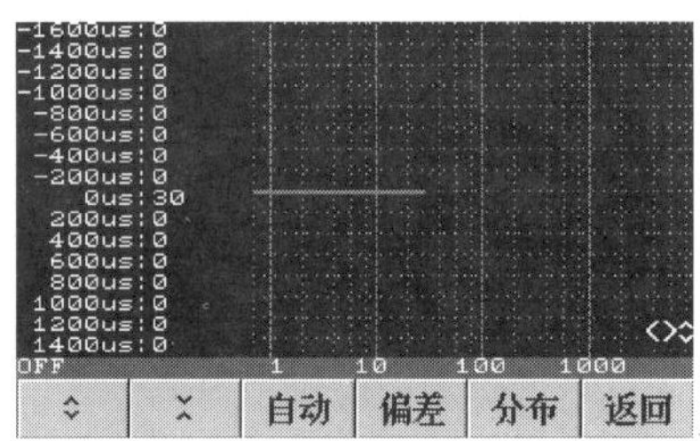

图 5-20　PTP 测试分析之分布图

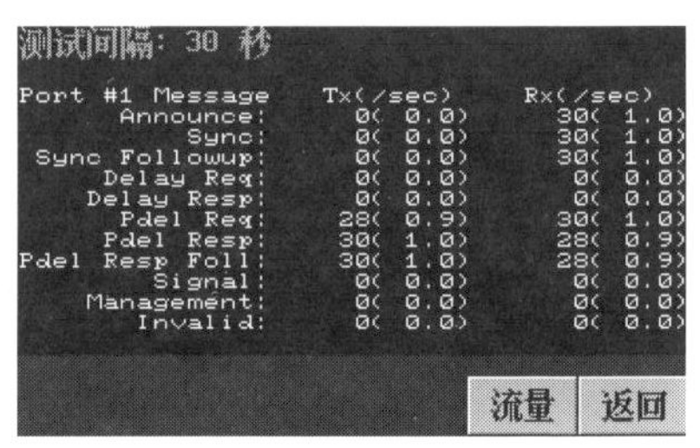

图 5-21　PTP 测试分析之流量图

数据帧如图 5-22 所示，是用来显示测量的每一帧详细信息。导航按钮“<”和“>”可用来定位帧。要跳过大量的帧，可用“xn”按钮来选择跳过的数量。

（5）停止选项。在 PTP 测试过程中，点击“停止”可以停止测试过程。如图 5-23 所示停止测试时，EPT-100 测试仪将会尝试保存测试的数据，支持内置存储器或 U 盘存储介质，支持自动和手动保存。状态区将显示保存的文件名。

如果数据导出为回放数据文件，保存的文件类型是“.ptp”，可使用测试仪进行数据回放。如果数据导出为 CSV/Excel 文件，保存的文件类型是“.csv”，可使用 Excel 或其他软件来分析，此文件不能使用测试仪进行回放。

PTP测试(30) 测试点:11,Sync
发送时间:2013-10-18 03:42:44.267340895
接收时间:2013-10-18 03:42:44.267340728
时钟ID:001E4CFFFE003E84.01h
时钟质量:Accuracy_25ns
实时偏差: 21.5 ns
平均偏差: 32.5 ns
标差偏差: 22.5 ns
< > x1 偏差 数据 返回

图 5-22　PTP 测试分析之数据帧

图 5-23　PTP 测量保存界面

（6）测试结果。PTP 测试的结果显示如图 5-24 所示。点击按钮“偏差”来切换不同测试数据的测试结果。PTP 测试结果显示每个通道测试通道的平均值、标准差、最大值、最小值及通道的推荐补偿值。

2. NTP 测试

该项功能设计用来测试 NTP 时钟与基准时间之间的同步偏差。EPT-100 测试仪可以通过 ETH0 和 ETH1 连接被测 NTP 时钟直接进行测试。测试界面说明如下。

在主菜单页面中，点击“时间测试”按钮，界面显示如图 5-25 所示。

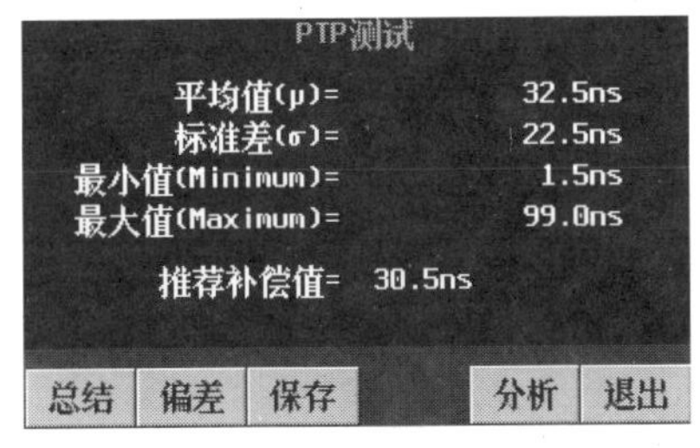

图 5-24　PTP 测试结果界面

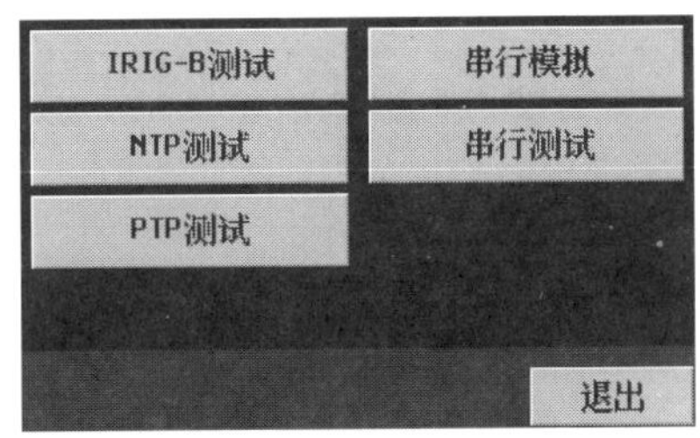

图 5-25　时间测试功能界面

点击“NTP 测试”按钮启用 NTP 测试功能。EPT-100 测试仪将开始捕获 NTP 数据并在数据区显示，具体如图 5-26 所示。

图 5-26 中各行含义见前面 PTP 测试部分内容，这里不再重复。

（1）配置选项说明。要更改测试选项，点击“配置”按钮，进入配置页面。配置选项包括如图 5-27 所示界面。

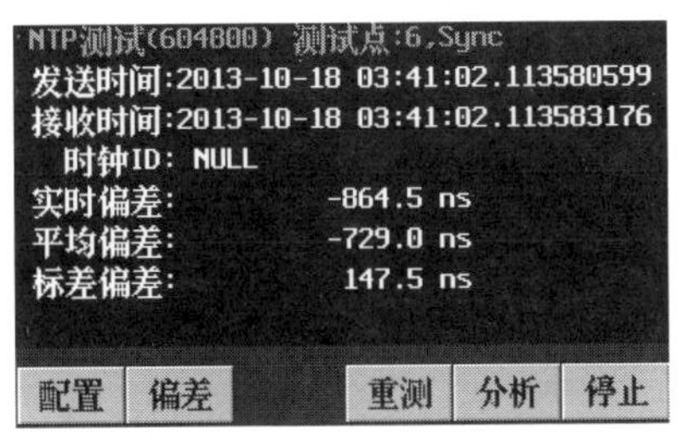

图 5-26　NTP 测试数据界面

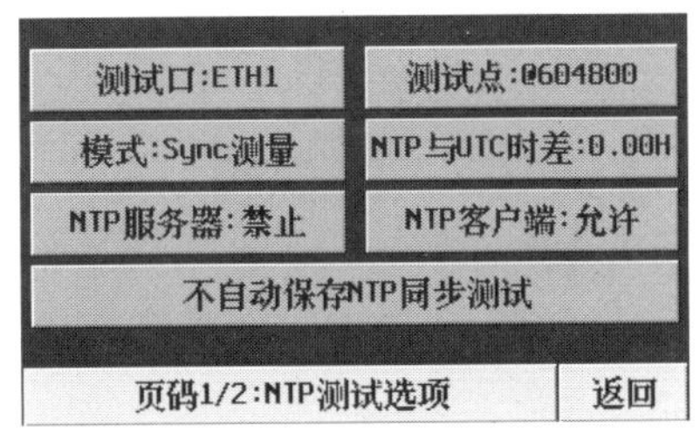

图 5-27　NTP 测试基本选项

1）NTP 测试基本选项。

配置测试点数（如果为 0 表示连续测试）。

配置测试网络口，可选择 ETH0 或者 ETH1。

配置 NTP 测量的模式，可选择 Sync 模式和 Request 模式配置 NTP 与 UTC 的时间差。

配置 NTP Server 和 Client 服务的使能。

2）NTP 测试其他选项。

如图 5-28 所示，主要是对 IP 地址、VLAN 属性设置、NTP 测试间隔值等进行定义。其中 NTP 同步测试间隔配置值为 n，表示实际时间间隔为 2^ns。

（2）重测选项。如图 5-29 所示，会显示提示信息界面，告知用户是否清除之前的测试数据重新开始测试，选择“确定”将重新开始测试。

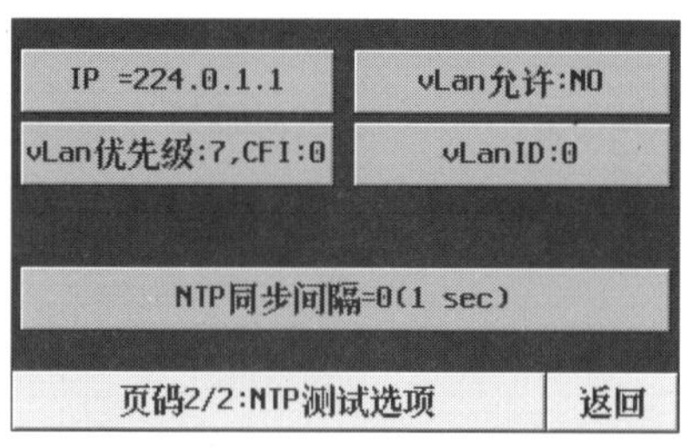

图 5-28　NTP 测试输入允许选项

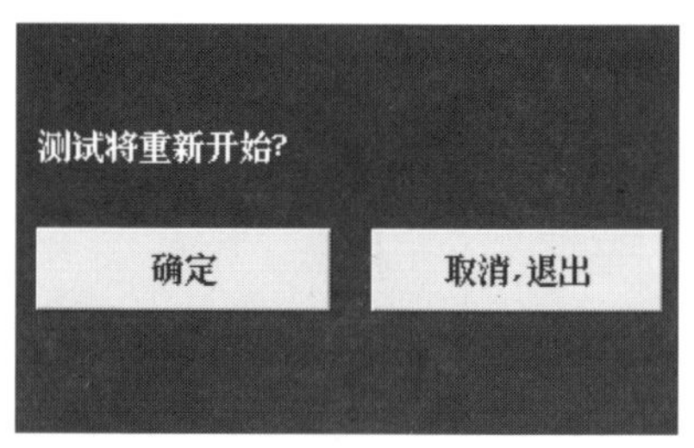

图 5-29　NTP 测试重测提示界面

流量图如图 5-30 所示，用来显示测量周期内请求报文和应答报文的数量。

如图 5-31 所示数据帧是用来显示测量的每一帧详细信息。导航按钮“<”和“>”可用来定位帧。要跳过大量的帧，可用“xn”按钮来选择跳过的数量。

图 5-30　NTP 测试分析之流量图

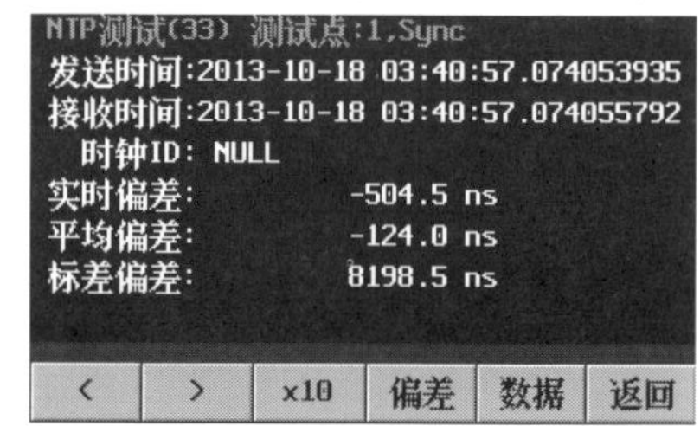

图 5-31　NTP 测试分析之数据帧

系统功能测试

智能变电站一体化监控系统由站控层、间隔层、过程层设备以及网络和安全防护设备组成。其中站控层设备包括监控主机、数据通信网关机、数据服务器、综合应用服务器、操作员站、工程师工作站、PMU数据集中器和计划管理终端等。本章主要介绍智能变电站一体化监控系统的站控层系统功能及其功能性能测试内容。

为了保证智能变电站一体化监控系统测试工作的高效实施，系统功能测试工作应具备以下相关资料：①智能变电站一体化监控系统的装置列表。②智能变电站一体化监控系统的装置配置信息表。③智能变电站一体化监控系统的网络拓扑结构、安全分区配置和VLAN划分表等。

第一节　监控后台系统测试

一、系统配置检查

1. 站控层硬件设备配置检查

站控层负责变电站的数据处理、集中控制和数据通信，主要设备配置包括监控主机、操作员站、工程师工作站、Ⅰ区远动网关机、Ⅱ区远动网关机、综合应用服务器、数据服务器、PMU数据集中器、计划检修终端及安全文件网关以及网络监视仪等。针对站控层硬件设备配置，检查内容包括：①220kV及以上电压等级智能变电站监控主机应双重化配置。②220kV及以上电压等级智能变电站数据服务器可单套化配置。③220kV及以上电压等级智能变电站应双重化配置综合应用服务器。④220kV及以上电压等级变电站Ⅰ区、Ⅱ区远动网关机应按双重化配置。⑤500kV及以上电压等级有人值守变电站可按双重化配置两台操作员站。⑥500kV及以上电压等级智能变电站可配置一台工程师站。

2. 二次系统安全防护检查

智能变电站一体化监控系统应遵循："安全分区、网络专用、横向隔离、纵向认证”的总体原则。安全防护主要针对网络系统和基于网络的电力生产控制系统，重点强化边界防护，提高内部安全防护能力，保证电力生产控制系统及重要数据的安全。主要二次系统安防硬件配置要求如下：

（1）安全Ⅰ区的设备包括一体化监控系统监控主机、Ⅰ区数据通信网关机、数据服务器、操作员站、工程师工作站、保护装置、测控装置、PMU等。

（2）安全Ⅱ区的设备包括综合应用服务器、计划管理终端、Ⅱ区数据通信网关机、变电设备状态监测装置、视频监控、环境监测、安防、消防等。

（3）安全Ⅰ区设备与安全Ⅱ区设备之间通信应采用防火墙隔离。

（4）智能变电站一体化监控系统通过正反向隔离装置向Ⅲ/Ⅳ区数据通信网关机传送数据，实现与其他主站的信息传输。

（5）智能变电站一体化监控系统与远方调度（调控）中心进行数据通信应设置纵向加密认证装置。

二、监控后台主设备测试

1. 监控主机测试

监控主机是一体化监控系统的重要设备，其可靠运行直接影响到监控系统的安全运行及运行人员的监控。对主机的主要测试内容包括主机的硬件和软件配置检查、通信处理能力测试等。

（1）通信处理能力测试主要检测被测主机在系统中实际的通信处理性能是否满足现场应用的需求，测试网络风暴对电力装置的影响。确保智能变电站网络系统在发生通常的网络风暴及网络攻击的情况下，主机设备能够抵御突发流量以及网络异常攻击，接收正常报文，设备的状态和功能反应正常，被测主机的数据传输正确，功能正常，无中断、拒动、误动等异常现象发生。

（2）主机与PMU集中器接口测试主要包括：①通信状态测试，检查主机是否能够与PMU集中器正常通信，正确进行数据传输，监视软件能够正常显示。②基本性能测试，被测主机应能够识别PMU集中器传输的电压、电流、功率、幅值、功角、频率和频率变化率、装置参数和配置、装置自检信息等。③数据召唤及告警功能测试，被测主机应支持数据召唤功能，可根据实际工作需要对PMU集中器所存储的数据进行召唤，从而获取事件发生时段的动态数据，包括频率越限值、频率变化率越限值、幅值越上限等数据；被测主机应能够实时显示PMU告警信息，并按照时间顺序存储。

2. 综合应用服务器测试

综合应用服务器用于接收状态监测、计量、电源、消防、安防、环境监测等信息采集装置的数据，进行综合分析和统一展示，对外提供状态监测分析结果以及辅助应用监视与控制功能。

输变电设备状态监测、一体化电源、消防、安防、环境检测等IED设备，为综合应用服务器提供有关输变电设备状态监测、一体化电源等IED设备的信号量，同时可接收来自于综合应用服务器的控制和调节指令；数据服务器为综合应用服务器提供实时数据和历史数据的存储和调用服务；II区网关机为综合应用服务器提供远方通信服务；GPS对时装置为接入网络的所有设备提供卫星同步对时，以保证整个系统的时间同步。

需要进行的测试项目主要包括辅助设备接入综合应用服务器功能、综合应用服务器接入子IED设备集成应用功能等。辅助设备接入综合应用服务器功能测试，主要包括综合应用服务器人机界面展示、数据处理、运算和存储、图形功能测试、运行参数及状态人工设置功能测试、通道质量监视功能测试、系统对时测试、通信规约测试、控制功能测试、网络负荷测试等。需要接入综合应用服务器进行功能测试的II区设备主要包括：

（1）状态监测IED装置接入检查。将状态监测IED装置接入到综合应用服务器的网络当中，通过该装置为综合应用服务器上送与状态监测有关的变压器油箱油面温度、绕组热点温度、绕组变形量、油位；变压器有载调压机构油箱油位；变压器铁芯接地电流；变压器油色谱各气体含量；GIS、断路器的SF_6气体密度（压力）；断路器行程—时间特性、分合闸线圈电流波形；断路器储能电机工作状态；局部放电数据；避雷器泄漏电流、阻性电流、动作次数、一次设备健康状况诊断结果及异常预警信号等遥测量和遥信量数据。综合应用服务器考察这些数据量是否能够通过数据采集和监视控制功能予以图形展现。

（2）一体化电源IED装置接入检查。将一体化电源IED装置接入到综合应用服务器的网络当中，通过该装置为综合应用服务器上送与在一体化电源IED有关的采集交流、直流、UPS、通信电源等站内电源设备运行状态数据，实现对电源设备的管理。电源运行状态信息包括三相交流输入电压、充电装置输出电压、充电装置输出电流、母线电压、电池电压、电池电流、各模块输出电压电流、各种位置信号、各种故障信息、单体电池电压、电池组温度等信息。电源告警信息包括交流输入过压、欠压、缺相，直流母线过压、欠压，电池组过压、欠压，模块故障，电池单体过压、欠压等。绿色电源监测信息包括系统母线电压、累积电量、变压器输入输出电流、逆变器输入输出电压、输入输出电流、汇流箱输入输出电流（光伏发电）、风机运行状态（风力发电）。综合应用服务器检查这些数据量是否能够通过数据采集和监视控制功能予以图形和界面展现。

（3）安全防护IED装置接入检查。将安全防护IED装置接入到综合应用服务器的网络当中，通过该装置为综合应用服务器上送与在安全防护有关的安防信息，包括视频、安防、消防及门禁、红外对射报警、电子围栏报警及警笛、烟雾报警及火灾报警、门开关状态、人员进出记录；对非法闯入、门长时间未关闭及非法卡刷卡进行告警。综合应用服务器检查这些数据量是否能够通过数据采集和监视控制功能予以图形和人机界面展现。

（4）环境监测 IED 装置接入检查。将环境监测 IED 装置接入到综合应用服务器的网络当中，通过该装置为综合应用服务器上送与环境监测有关的信息，包括户内外环境、照明、暖通、给排水等；户内外温度、户内外湿度、户内外风力、水浸、SF_6 气体浓度等实时环境信息及告警信息；灯光控制开关状态；温度、风机运行状态、空调运行状态；水位、水泵运行状态。综合应用服务器检查这些数据量是否能够通过数据采集和监视控制功能予以图形和人机界面展现。

综合应用服务器接入子 IED 设备集成应用功能检查，将状态监测、计量、一体化电源、消防、安防、环境检测等 IED 设备全部接入综合应用服务器所在网络。所有接入到该网络的 IED 设备并机运行。检查综合应用服务器内容如下。

（1）综合服务器响应时间测试，主要包括单线图响应时间、表格响应时间、画面切换响应时间、画面数据刷新响应时间、下发遥控命令响应时间、实时数据调用响应时间、历史数据调用响应时间等。

（2）综合应用服务器人机界面集成展示功能测试，主要包括子界面切换、图形功能测试、数据信息可视化展示、全景数据可视化展示、综合应用服务器界面合理性展示等。

（3）综合应用服务器信息采集与应用功能性测试，主要包括遥信功能、遥控功能、遥调功能测试，数据采集和监视控制功能测试，是否具备状态信息接入控制器（CAC）的应用功能，是否具备源端维护的应用功能，是否具备生产管理系统（PMS）维护终端的应用功能。

（4）综合应用服务器数据调用功能测试，通过综合应用服务器的人机系统调用综合应用服务器存入数据服务器的数据，包括实时数据查询和历史数据查询。

（5）网络负荷测试，将和综合应用服务器有关的所有 IED 设备接入通信网络并使其正常运行，通过网络测试仪为综合应用服务器所在网络加入背景数据，检查其网络负荷能力。

三、系统应用功能测试

智能变电站一体化监控系统五类应用功能包括运行监视、操作与控制、运行管理、信息综合分析与智能告警、辅助应用。

（一）运行监视测试

运行监视功能测试主要包括数据采集、数据处理、历史数据存储、数据服务器主备一致性、实时信息显示等。

（1）数据采集功能测试采用观察测试结果，查看数据发送和接收的正确性。

具体的测试内容包括在各种不同间隔层设备接入时，能否接收、处理不同类型的模拟量、状态量，观察模拟量、状态量经接收、处理后的一致性；检查量测数据是否带时标、品质信息；检查能否实现 PMU 动态数据的实时采集；检查能否实现故障录波数据的采集，故障录波文件是否能以 COMTRADE 标准的格式存储并实现召唤上送，故障波形文件名是否包含故障时间。模拟变电设备状态监测 IED，检查与系统的通信以及数据采集状况。站内状态监测的对象包括变压器、高压组合电器（GIS/HGIS）、断路器、避雷器等。能否对通信信道、二次设备工况的监视、统计、报警和管理；能否对装置发送的 SOE 及时进行相应处理；能否实现遥信变位优先主动上报、遥测量越过死区上报等功能；能否根据需要设定数据刷新周期，对系统采集信息进行召唤刷新；是否具备根据设定周期定时或人工召唤保存的历史数据的功能。

（2）数据处理功能测试内容包括遥信处理测试、遥测处理测试和数据计算测试。

遥信处理的数字量是电力系统中的开关、隔离开关、保护信号、设备状态等状态量，其他如故障信号、检查信号等也可以通过遥信来传递。

测试内容主要有状态接收测试、状态变化测试、状态恢复测试、取反测试、人工置数影响测试和双遥信测试。测试方法主要包括：①状态接收测试，设置各个站和各遥信值，用平台监视工具查询实时库，测试各个遥信量是否与仿真器的数值一致。②状态变化测试，改变某遥信量的状态，查询实时库，检查遥信量是否跟随着一起变化，对应的变化标志是否被设置为真，观察实时事项，实时库是否产生一个对应的报警和事件。③状态恢复测试，人为去掉某个遥信的变位标志，设置该遥信量的值为正常状态，查询实时库，检查遥信量是否恢复，是否被设置为真，观察实时事项，实时库是否产生一个新的报警和事件。④取反测试，终端设备采集电力设备状态信息时，常将动合触点和动断触点的信息加以区别，若在终端层不处理这些差别，数据处理模块必须处理，对应的参数在置库时带上取反标志。设置某遥信取反标志，实时库中某状态量应正好与模拟系统中的相反。⑤人工置数影响测试，用平台监视工具设置某遥信量的人工置入标志为真，改变对应的遥信值，实时库遥信应无变化，再设置人工置入标志为假，去除人工置入标志的影响，遥信应与仿真器保持一致。⑥双遥信测试，首先人为使双遥信的采样点校验点具有不一样的值，对应的遥信量应与采样点一致，对应的遥信量的冲突标志应为真。其次人为使双遥信的采样点校验点具有一样的值，对应的遥信量应与采样点一致，对应的遥信量的冲突标志应为假。

遥测处理的模拟量是指有功功率、无功功率、电流、系统频率、变压器档位等参数，是一个动态点的参数，与模拟量有关的参数很多，这些参数主要用于越限判断和非法判断的数值（如上、下限值和最大、最小非法值）以及跳变的过滤的最大增量等。测试内容主要有遥测接收测试、遥测越限测试、报警延迟测试、模拟点值的零漂处理测试、跳变的过滤测试、合理性判断测试和人工置数影响测试。测试方法主要包括：①遥测接收测试，随机设置各遥测的值在10～100之间，在参数库中去除各个遥测量的越限设置和非法判断设置等标志，查询实时库，各遥测量是否与转换后的值一致。②遥测越限测试，在参数库随机设置某遥测量的各种越限值（如上限、下限、上上限、下下限、参数和基数），每30s改变一次该遥测值，查看实时库中相应的记录和事件变化情况。③报警延迟测试，设置某遥测量值为正常值，并在预设报警延迟时间内设置越限值，此后再将遥测值设置为正常值。观察实时库，遥测值应有量值的变化，检查实时库的相应记录和事件的变化。④零漂测试，在参数库任选一遥测量，设置其合理的零值范围、系数、基数，将其设置为越限值以后再将遥测值设置为正常值。设置对应遥测为零漂范围以内的值，查看实时库，遥测值应为 0。跳变的过滤测试，设置好参数再设置某遥测的最大增量。设置对应的遥测值和上限，作一次突变测试，在测试过程中，实时检查实时库，对应的数据应无变化，也没有任何事件产生。在设置该遥测为突变值，但一直不变。实时库的数据将变为突变值所对应的实时值，并有事件产生。⑤合理性判断测试，在参数库中随机设置某遥测的最大非法值、最小非法值、系数和基数等参数。设置对应的遥测为一超过最大非法值的数据，查看实时库，该遥测的数值应正确显示，不合理的标志为 1。⑥人工置数影响测试，设置某遥测的人工置入标志为 1，改变对应遥测的值，实时库中该遥测应无变化。再设置人工置入标志为 0，去除人工置入的影响遥测应与外部保持一致。多源数据采集处理，检查系统对于多源数据的采集及处理情况。模拟量清零，当状态量与相应的模拟量矛盾时，需进行报警处理。模拟开关位置在分位时，检查能否将小于归零范围模拟量清零。

统计计算指站控层除了有大量的数据采集点外，有的数据是需要通过计算得到的，因此在站控层中需要提供功能强大的计算包用于各种量值的计算。计算的量值有数字量、模拟量以及电能量。计算的方式有自动计算和周期计算。①检查能否完成如有功功率总加、无功功率总加；完成日平均值、日最大值、日最小值及其发生时间的处理；完成日、月、年负荷的峰谷值、平均值和负荷率的计算；可利用实测值来计算用户需要的各类数值。②统计资料中检查能否完成开关动作次数、事故跳闸次数、遥测越限时间和次数、遥控及遥控正确率、遥调次数、动作率等资料的统计工作。还应能提供电压合格率、越限时间累计计算、停电时间的统计；终端月停运时间、停运次数的统计；停电时间、影响负荷电量、影响用户数等统计，停电性质统计等。③安全运行天数计算，当电力系统能够连续平稳运行后，设置每个厂站的安全运行天数为 0，站控层就应能统计出整个供电系统的安全运行天数。在系统连续运行 48h 后，应能查看各厂站的安全运行天数是否计算正确。

（3）历史数据存储测试内容包括瞬时值存储测试、平均值存储测试、统计数据存储测试、设备运行状态存储测试和存储能力测试。

（4）数据服务器主备一致性测试指对有两台数据服务器的监控系统上进行数据服务器主备一致性测试，首先停止其中一个数据服务器的节点，模拟一系列遥测、遥信变化，再启动这个数据库服务器节点，检查各机上数据记录是否正确，是否与实际变化过程一致。

（5）实时信息显示测试内容包括遥信状态显示测试、遥信以位图显示状态测试、遥信标志显示测试、遥信闪烁显示测试、遥测值显示测试、遥测状态显示测试、棒图显示测试、曲线显示测试、饼图显示测试和设备状态显示测试。测试方法有：①曲线显示。测试时，先调出含有曲线图元的图形，图形应正确绘制出一段时间的数据曲线。在所绘制曲线的基础上，再经过一定的时间后，调度员界面的程序应能自动在曲线的末端添加这一时间段的数据并连接成一条连续的曲线。②棒图显示。测试时应验证棒图的高度和实际数据的关系、棒图的颜色与相应遥测状态的对应关系。③饼图显示。测试时，修改某块饼所对应的遥测值，验证饼大小的变化是否与该遥测值在遥测值总和所占比值相符合。④设备状态显示。可以使用动画、图片的方式实现设备的可视化状态展示。测试时，先打开接线图，修改实时库中设备的状态标志位，观察图形上各个设备的颜色或其他附带标志是否与数据库中的值一致，并符合系统设置的要求。针对不同监测项目显示相应的实时监测结果，超过阈值的应给出相应颜色以示区分；方便调取不同历史时期的曲线比对，并可根据监测项目进行故障曲线、波形的调取、显示。⑤遥信状态显示。检查遥信能否正确显示，是否与数据库中记录的状态相同。⑥遥信以位图显示状态。遥信根据设置应能用图形的方式，并与数据库中所记录的状态相对应，如用不同的位图表示信道停止、信道运行和信道误码率高等状态。⑦遥信标志显示。调度员界面应能在显示状态的基础上按配置显示对应量的标志位。遥信闪烁显示测试时，使遥信变位，观察遥信量在遥信变位时，该图元是否产生闪烁。⑧遥测值显示。应验证遥测值能否正确显示其数据库中对应记录的数值。⑨遥测状态显示。检查遥测在显示基本数值的基础上能否利用背景和背景色彩的变化显示对应遥测所处的状态。⑩异常标志。不合理的模拟量、状态量等数据应置异常标志，并用闪烁或醒目的颜色给出提示，颜色可以设定。⑪潮流显示。应实现站内潮流方向的实时显示，通过流动线等方式展示电流方向，并显示线路、主变压器的有功、无功等信息。⑫检修挂牌。故障检修时，应有明显的挂牌标志，并对检修过程中产生的信息进行可视化显示，与检修设备相关联的设备信息、压板信息等也应进行综合展示。⑬运行展示。综合电网运行数据、设备状态数据、运行工况数据，在一幅图上实现变电设备的全方位的运行展示。针对一次设备各种状态参量，可结合电网间隔图进行信息的综合展示。内容可包括运行参数、状态参数、实时波形、专家诊断显示等类，通过曲线、音响、颜色效果等进行有效、直观的显示和提示报警。⑭告警显示。对电网运行状态以及站内重要设备的运行工况提供多种信息告警方式，包括最新告警提示、光字牌、图元变色或闪烁、自动推出相关故障间隔图、音响提示、语音提示、告警确认，应实现声光联动报警，并实现与视频系统的信息联动。

（二）操作与控制功能

应支持变电站和调度（调控）中心对站内设备的控制与操作，包括遥控、遥调、人工置数、标识牌操作、闭锁和解锁以及程序化操作；应满足安全可靠的要求，所有相关操作应与设备和系统进行关联闭锁，确保操作与控制的准确可靠；应支持操作与控制可视化。

1. 站内及远方遥控

控制操作测试内容包括遥控测试、遥调测试、人工置遥信测试、人工置遥信解除测试、人工置遥测测试、人工置遥测解除测试、设备挂牌测试、设备摘牌测试、抑制告警测试、抑制告警解除测试等。

（1）遥控测试，通过系统界面或远方遥控命令能否实现对控制对象进行正确的控制操作。测试时，先选择遥控菜单，再选择遥控对象，发出控制合闸或控制分闸命令；被控对象应及时返回遥控返校正确报文，再由系统界面发出遥控的执行命令，观察被控制对象的状态变化。

（2）遥调测试，通过系统界面能否实现对远方设备的调节操作。一般是对变压器分接头（档位）进行调整。模拟档位调节操作，检查操作过程能否正确实现。

（3）人工置遥信测试，当遥信量由于系统通信状态的不对、装置故障等原因造成主站遥信实际遥信状态的不一致，或遥信量没有被采集，在这种情况下需要主站能提供一种仅控制本地的显示，而不控制远方的设备。也就是需要人工置遥信功能修正本身的状态。测试时，先选择菜单人工置遥信，选择置分或置合等命令，并记录整个过程。人工置遥信解除测试，测试时，数值某遥信为合或分，改变对应的遥信状态值，在调度员界面上应无变化。再选择人工置遥信解除菜单，解除此遥信的置入状态，改变对应的遥信状态值，系统界面上该遥信状态应变化。人工置遥测测试和人工置遥测解除测试与遥信类似。

（4）设备挂牌测试，测试当某个设备需要特别警示时，能否在其图元的特定位置挂上一个标志符。

（5）设备摘牌测试，测试当某个设备的警示挂牌需要摘除时，能否摘除其图元特定位置上的所挂的标志符。

（6）抑制告警测试，当某个开关频繁报警时，在调度员界面上能否设置抑制遥信的告警，解除告警。

（7）抑制告警解除测试，在调度员界面上设置抑制告警解除操作，测试开关频繁报警时能否实现告警。

2. 同期操作

同期操作可分为检无压合闸和检同期合闸两种类型，监控系统应能支持检无压合闸和检同期合闸两种同期操作。测试时先进行符合同期操作要求的测试，装置应能正确合闸并将正确操作记录上送至监控主机，再模拟不符合检无压合闸和检同期合闸条件的操作，装置合闸失败时能将操作失败的事件记录上送至监控主机。

3. 画面显示检查

检查后台操作时是否每一步有相应提示，每一步的结果有相应的响应；操作时是否能对通道的运行状况进行监视；系统对遥控操作是否提供详细的存档信息，所有操作能否记录在历史库，包括操作人员姓名、操作监护人、操作权限、操作对象、操作内容、操作时间、操作结果等，可供调阅和打印。

4. 防误闭锁

防误闭锁分为三个层次，站控层闭锁、间隔层联闭锁和机构电气闭锁，本节仅针对站控层闭锁和间隔层联闭锁进行测试。站控层闭锁宜由监控主机实现，操作应经过防误逻辑检查后方能将控制命令发至间隔层，如发现错误应闭锁该操作；间隔层联闭锁宜由测控装置实现，间隔间闭锁信息宜通过 GOOSE 方式传输。站控层闭锁、间隔层联闭锁和机构电气闭锁属于串联关系，站控层闭锁失效时不影响间隔层联闭锁，站控层和间隔层联闭锁均失效时不影响机构电气闭锁。其测试内容主要包括：

（1）模拟以下操作，检查防误操作能否正确启动：误分、合断路器；带负荷分、合隔离开关；带电挂（合）接地线（接地开关）；带接地线（接地开关）合断路器（隔离开关）；误入带电间隔。

（2）模拟站控层闭锁失效，检查间隔层联闭锁能否正确使用。测试方法采用模拟操作测试。在变电站一次系统主接线图操作任意电气设备，均应符合防误要求，凡误操作均应报警，并拒绝执行当前这次操作。模拟站控层闭锁失效，检查间隔层联闭锁能否正确使用。

5. 智能操作票

智能开票应能够根据运行操作规则、当前电网的实际运行方式，在对整个变电站进行全方位和整体防误基础上，自动生成符合操作规范、可执行的操作票。检查智能操作票的功能主要包括：

（1）检查能否在人机界面上选择需操作的设备和操作任务，自动生成一张完整的操作票。在人机界面上模拟开票的过程如下：根据在人机界面上选择的设备和操作任务到典型票库中查找，如果匹配到典型票，则装载典型票，保存为未审票；若未能匹配到典型票，则根据在画面上选择的设备和操作任务到已校验的顺控流程定义库中查找，如果匹配到顺控流程定义，则装载顺控流程定义，拟票人根据具体任务进行编辑，如添加提示步骤，然后保存为未审票；若未匹配到顺控流程定义，则根据在画面上选择的设备和操作任务到操作规则库中查找操作规则、操作术语，得到这个特定任务的操作规则列表，然后用实际设备替代操作规则列表中的模板设备，得到一系列的实际操作列表。

（2）间隔设备态的功能设置功能检查：检查开票界面上是否具有设置间隔设备态的功能，即能置运行、热备用、冷备用、停运和检修等状态。

（3）组态判断功能：分别模拟断路器、隔离开关等的位置，检查系统能否正确判断当前态并自动根据设备状态推理出票。

6. 无功优化

无功优化主要进行以下检查：

（1）界面检查，进行 VQC 功能软硬件安装，完成相关数据库定义，定义相关遥信、遥控、遥测点，设置相关定值参数。检查是否测试控制参数设置、运行监视、报警以及控制记录查看画面。

（2）站内控制策略试验，对于采用九区图无功优化控制策略的监控系统，在变电站计算机监控系统的间隔层相关 I/O 单元输入电压和电流模拟量，模拟各个运行区域，校验各控制区域的动作逻辑是否符合要求，一次设备动作是否正确，并作相应记录；对于未采用九区图无功优化控制策略的监控系统，按其技术说明进行控制策略试验。在自动控制过程中，模拟软、硬件故障，检查系统能否停止控制操作，并保持被控设备的状态。检查调节操作能否生成报告，当控制功能被停止或启动时也应产生报告。正常执行的报告内容应有操作前的控制目标值、操作时间及操作内容、操作后的控制目标值。控制操作异常的报告内容有操作时间、操作内容、引起异常的原因、是否由操作员进行人工处理等。

（3）闭锁功能试验，模拟以下各种运行情况，检查系统能否正确闭锁相应操作功能。

1）遥测闭锁试验：①电压异常、负荷异常闭锁；②主变压器过负荷闭锁；③调节设备日动作次数、累计动作次数闭锁。

2）遥信闭锁试验：①调节设备（主变压器分接开关、电容器、电抗器）相关保护报警、动作闭锁；②电容器开关、主变压器本体告警闭锁；③相关断路器、隔离开关、压板位置闭锁；④相关单元故障（装置通信中断、控制回路断线等）闭锁；⑤主变压器分接开关滑档、拒动闭锁；⑥电容器（电抗器）断路器拒动闭锁；⑦并列运行主变压器分接开关差档闭锁。

3）逻辑闭锁试验：①电容器（电抗器）开关位置与电气量不一致闭锁；②VQC在自动控制工作状态，相关调节设备非VQC发令变位闭锁。查看校验闭锁试验的复归方式（手动、自动）和动作事件记录是否正确，并作相应记录。

（4）主站端控制试验：在主站端向监控系统发出无功优化控制命令，检查监控系统能否接收调度（调控）中心的投退和调整策略，并在站内进行相应操作。

（5）历史记录和统计检查：①应实现报警、异常信息的记录与统计，包括实时数据报警、电网状态异常、厂站和设备的状态（运行状态和受控状态）变化等。②应支持控制命令的记录与统计，包括控制时间、控制值、控制方式、是否成功等信息，便于查询。③应支持投运率的统计，对全站设备投运情况进行详细的记录，以提供任一对象的投运历史记录和投运率信息。④应支持电压合格率统计，统计电压合格率，包括最大值、最小值等，具体包括站内电压不合格时，该站电容、电抗器投运率。

（三）运行管理

包括设备管理、检修管理，其中设备管理又包括设备台账信息管理、设备缺陷信息管理、保护定值管理等，具体检查以下内容：

（1）设备台账信息管理。提供与生产管理信息系统（PMS）交互的数据接口，可采用人工录入的方式，建立变电站运行设备的基础信息，检查并记录可录入的信息内容。可由CID文件读取变电站设备的基础信息；对变电站设备的基础信息进行修改后，可保存修改的变电站智能设备配置文件，文件名称应包含时间信息，可追溯。

（2）设备缺陷信息管理。利用站内智能设备的自检故障、通信异常等缺陷信息，自动生成设备缺陷信息，通过告警次数限值，自动生成设备缺陷信息。可手动录入站内运行维护中发现的设备缺陷信息。

（3）保护定值管理。检查是否具备召唤保护设备获取定值信息和接收继电保护信息主站系统的定值整定单的功能。检查是否具备保护定值整定、自校及显示修改部分功能。

对于检修管理需检查是否支持对一、二次设备检修情况的记录功能。

（四）信息综合分析与智能告警应用

信息综合分析与智能告警应用可分为数据辨识及智能告警分析两类应用。

1. 数据辨识

（1）数据合理性检查。对量测值进行检查分析，确定量测值的合理性，具体包括：

1）检查母线、厂站的功率量测总和是否平衡。模拟上送母线及厂站功率量测值，分别设置功率量测值平衡和不平衡两种情况，检查在功率量测值不平衡时监控系统能否正确识别并做相应处理。

2）检查变压器各侧的功率量测是否平衡。模拟上送变压器各侧的功率量测值，分别设置变压器各侧的功率量测值平衡和不平衡两种情况，检查在变压器各侧功率量测值不平衡时监控系统能否正确识别并做相应处理。

3）检查并列运行母线电压量测是否一致。模拟上送并列运行的母线电压量测值，分别设置并列运行的母线电压量测值一致和不一致两种情况，检查在并列运行的母线电压量测值不一致时监控系统能否正确识别并做相应处理。

4）对于同一量测位置的有功、无功、电流、电压、功率因数量测，检查是否匹配。模拟上送同一量测位置的有功、无功、电流、电压、功率因数量测值，分别设置同一量测位置的有功、无功、电流、电压及功率因数量测值匹配与不匹配的情况，不匹配的情况包括电流、电压正常而有功、无功值偏大或偏小；各项功率（含有功、无功）总加与三相总功率值不一致；通过有功、无功计算得到的功率因数值与上送的功率因数值不一致，检查在上述数据不匹配时监控系统能否正确识别并做相应处理。

5）结合运行方式、潮流分布检查开关状态量合理性。

（2）不良数据检查。具体包括：

1）检查量测量是否在合理范围，是否发生异常跳变。模拟上送某一量测值，并设置在该测量值的合理范围外，检查在该量测值在合理范围外时监控系统能否正确识别并做相应处理；模拟上送某一量测值，并设置该量测值发生异常跳变（如遥测值的变化率超过合理范围或遥信值连续发生多次变位等），检查在该量测值发生异常跳变时监控系统能否正确识别并做相应处理；

2）检查断路器/隔离开关状态和相关设备量测是否冲突，并提供其合理状态。模拟断路器/隔离开关状态及其遥测电压、电流值，设置断路器/隔离开关在不同位置时的相关设备的模拟量量测值，检查此时监控系统能否正确识别并提供其合理状态。

3）检查断路器/隔离开关状态和实时监控标志牌信息是否冲突，并提供其合理状态。模拟断路器/隔离开关状态及其遥测电流值，并对其进行挂检修牌、停用牌等挂牌操作，设置断路器/隔离开关在合闸位置或断路器/隔离开关电流值不为0，检查在这种情况下监控系统能否正确识别并提供其合理状态。

4）当变压器各侧的母线电压和有功、无功量测都可用时，可以辨识有载调压分接头位置的错误。

2. 智能告警

智能告警测试时，应使平台系统和数据库系统正常运行，数据处理功能正常运行，在测试实时事项时，要启动人机界面和告警事项处理模块；在测试历史事项时，要启动历史告警事项处理模块。

首先进行告警基本功能检查，宜根据主站需求，为主站提供分层分类的故障告警信息。可分为事故信息、异常信息、变位信息、越限信息和告知信息四类。测试内容包括实时事项与报警打印功能测试、实时事项与报警推图测试、实时事项与报警音响测试、实时事项与报警存储测试、其他类型实时事项与报警测试、历史事项与报警查询测试、历史事项与报警打印测试、历史事项与报警修改测试、历史事项与报警删除测试和历史事项与报警添加测试。

（1）实时事项与报警打印功能测试，在参数中设置某些开关的事项具有可打印的属性，模拟一个遥信变位。测试在打印机上应能打印出对应的事项内容，打印的内容应与数据库中报警的内容一致。

（2）实时事项与报警推图测试，在参数中设置某些开关的事项具有推图的属性，并设置对应的开关图形名称，要求图形确实存在，启动人机界面。模拟一个遥信变位，测试在人机界面中能否推出该图形。

（3）实时事项与报警音响测试，在参数中设置某些开关的事项具有音响的属性，模拟一个遥信变位。测试多媒体系统是否有语音报警产生，语音报警的内容是否与数据库中报警的内容一致。

（4）实时事项与报警存储测试，应具有按厂站、设备组、页面等条件筛选保存和打印功能。在参数中设置某些开关的事项具有存储的属性，模拟一个遥信变位。测试在数据库中的历史事项表添加一条记录，启动打印机功能，在打印机上应能打印出对应的事项内容，打印的内容应与数据库中报警的内容一致。

（5）其他类型实时事项与报警测试，测试各种类型事项所输出的内容应与数据库中报警的内容一致。

（6）历史事项与报警查询测试，历史查询包括遥信变位、遥测越限、SOE、设备工况、结点工况等多种类型，既可以按厂站、间隔、设备来查询，也可以按厂站、装置、逻辑设备查询。统计的范围包括日、月、年等多种时段，也可根据用户输入的起始、终止时间统计任意时间段的相关的数据和发生的事件在历史事项与报警处理中选择时间范围、操纵范围及事项和报警的种类，点击查询按键，检查在数据库是否能显示出查询到的信息。更改查询条件重复进行测试，检查查询结果是否与数据库记录一致。

（7）历史事项与报警打印测试，测试时先按某一查询条件查询事项，再启动打印机打印。检查打印机打印的内容应与历史事项与报警处理输出的结果一致。

（8）历史事项与报警修改测试，测试时先按某一查询条件查询事项，选中某一事项，点击修改按键，即时弹出一个修改对话框。在对话框中修改该事项的某条信息。修改后，点击确认按键。重新查询，检查其结果是否已被修改。修改信息内容应一致。

（9）历史事项与报警删除测试，测试时先按某一查询条件查询事项，选中某一事项，点击删除按键，重新查询，检查其结果是否已被删除。

（10）历史事项与报警添加测试，在历史事项与报警处理中点击添加按键，输入事项必要的各种信息，如时间、类型和描述等，点击确认按键。再按输入条件的查询，检查该信息是否被添加。

（11）告警信息上送，智能告警的分析结果应以简报的形式上送给远动调度（调控）中心。

其次，检查智能告警的故障分析功能，即模拟线路的各种事故状态，检查在事故发生后，监控系统能否实现对告警事件的分类、过滤、分析，并生成故障分析报告，分析结果与模拟的故障类型是否一致。在模拟故障状态发生后，进行如下检查：

（1）记录在各种事故状态下的告警信息显示内容以及生成的故障分析报告内容。

（2）检查故障分析报告内容能否包括事故发生时的稳态、动态及暂态数据，并对数据进行整合、分析，检查显示的告警分析结果与模拟的故障类型是否一致。

（3）检查故障分析报告的格式是否遵循 XML1.0 规范，能否存储于数据服务器。

（4）检查故障分析报告能否采用主动上送或召唤方式，通过 I 区数据通信网关机上送给调度（调控）中心。

（五）辅助应用

辅助应用设备的接入检查，即综合应用服务器的数据接入功能测试，主要检查辅助设备的联动控制，包括与一体化电源、安全防护、环境监测等联动试验，具体包括：

（1）与一体化电源 IED 装置的联动控制，将一体化电源 IED 装置接入到综合应用服务器的网络当中，通过该装置为综合应用服务器上送与在一体化电源 IED 有关的采集交流、直流、UPS、通信电源等站内电源设备运行状态数据，设置一体化电源 IED 装置工作在以下状态或用仿真器发出以下信息：交流输入过压、欠压、缺相，直流母线过压、欠压，电池组过压、欠压，模块故障，电池单体过压、欠压等，当系统收到告警信息后视频监控能否自动切换至故障发生位置。

（2）与安全防护 IED 装置的联动控制，将安全防护 IED 装置接入到综合应用服务器的网络当中，通过该装置为综合应用服务器上送与在安全防护有关的安防信息，包括视频、安防、消防及门禁、红外对射报警、电子围栏报警及警笛、烟雾报警及火灾报警、门开关状态、人员进出记录，对非法闯入、门长时间未关闭及非法卡刷卡进行告警，分别发出以下告警信息：红外对射报警、电子围栏报警、烟雾报警、火灾报警、非法闯入、门长时间未关闭及非法卡刷卡等，检查系统收到告警信息后视频监控能否自动切换至告警发生位置。

（3）与环境监测 IED 装置的联动控制，将环境监测 IED 装置接入到综合应用服务器的网络当中，通过该装置为综合应用服务器上送与环境监测有关的信息，包括户内外环境、照明、暖通、给排水等；户内外温度、户内外湿度、户内外风力、水浸、SF_6气体浓度等实时环境信息及告警信息；灯光控制开关状态；温度、风机运行状态、空调运行状态；水位、水泵运行状态。在监控主机上对照明系统进行远程控制，检查控制信号能否发出，遥控过程中视频监控能否自动切换至被控照明系统。在监控主机上对空调的启停、升温、降温，风机的启停、风量调整以及水泵的启停进行远程控制，检查控制信号能否发出，遥控过程中视频监控能否自动切换至被控位置。模拟运行环境参数超过限值的变化，例如温度、水位等，检查监控系统能否实现自动控制调节，遥控过程中视频监控能否自动切换至控制位置。

四、系统基本性能测试

一体化监控系统站控层基本性能测试内容主要包括性能指标测试、雪崩测试、可靠性测试等。性能指标测试主要检查站控层的时间响应指标和容量指标，雪崩测试主要检查站控层对突发性事件的处理能力，可靠性测试主要测试站控层的容错能力，特别是网络、数据库和采集系统的备份工作。

（一）性能指标测试

性能指标测试包括系统响应时间和系统负荷率指标，其中系统响应时间检查包括：

（1）遥测变化传输到监控主机的时间测试。设置系统遥测值数据的上、下限，用秒脉冲触发模拟源输出，设置该模拟量越上限或越下限变化，使遥测量超越限值变化，产生越限告警事件报告，报告中所带时标显示的时间减去秒脉冲时间即为遥测变化传输到监控系统的时间。模拟量信息响应时间不大于 2s。

（2）状态量变位传输到监控主机的时间测试。用秒脉冲触发状态信号仿真器上断路器的跳闸/合闸变位，系统产生遥信变位告警事件报告，报告中所带时标显示的时间减去秒脉冲时间即为状态量变位传输到监控主机的时间。状态量信息响应时间不大于 1s。

（3）遥控执行时间。在图形界面上对断路器做完整的遥控操作，操作完成后，系统产生遥信变位告警事件报告，报告中所带时标显示的时间减去遥控执行报文下发的时间即为遥控执行时间。遥控执行时间不大于 2s。

（4）调阅画面响应时间测试。点击图形接口调出任一有实时数据的画面，测量从输入命令开始直到画面全部显示完毕的时间。要求实时画面的响应时间不大于 1s，其他画面不大于 2s。

（5）画面数据刷新周期设置。画面数据刷新周期可设，可根据用户需要设置，最低不小于 1s。

（6）在线热备用双机自动切换及功能恢复的时间。模拟主服务器故障，切换至备用服务器，测量从主服务器故障发生到自动切换完成的时间。一般要求双机切换时间不大于 15s。

系统负荷率指标要求包括 CPU 正常负荷率不大于 30%，事故下 CPU 负荷率不大于 50%；网络正常负荷率不大于 20%，事故下网络负荷率不大于 40%。具体检查内容如下：

（1）CPU 正常负荷率测试。在正常的工况条件下，完成系统各项模拟操作时，利用操作系统自带的系统性能分析工具或相关公用测试软件，测试记录监控主机在 30min 内的 CPU 评均负荷率。

（2）事故下 CPU 负荷率测试。通过模拟系统发生事故时的工况条件，数据量设置为 50%的背景数据流量、30%实际应用数据，利用操作系统自带的系统性能分析工具或相关公用测试软件，测试记录 10s 内监控主机的平均负荷率。

（3）网络正常负荷率测试。在正常的工况条件下，完成系统各项模拟操作时，利用网络性能测试仪或相关公用测试软件，监测记录 30min 内网络的平均负荷率。

（4）事故下网络负荷率测试。监控主机通过模拟系统发生事故时的工况条件，数据量设置为 50%的背景数据流量、30%实际应用数据，利用网络性能测试仪或相关公用测试软件，监测记录 10s 内网络的评均负荷率。

（二）雪崩测试

在模拟事故的条件下，系统中信息量急剧增加，雪崩测试就是测试由于信息量增大对站控层性能的影响。要求站控层能正常工作、事件记录要完整、事件顺序记录应真实、完整反映信息的变化。在 50%的背景数据流量、30%实际应用数据下，在数据流量加上后 10s 内检查系统的运行状况，使用仿真器自动模拟进行遥测值越限、遥信变位、遥控和遥测试验，记录系统的处理情况，与仿真器的设置值做比较，要求系统能正确处理并显示遥信、遥测数据并生成正确的告警信息，遥控、遥调操作正常。

（三）时间同步精度

在变电站中，各类自动化及继电保护装置的时间同步是进行事故分析的基准，计算机监控系统、故障录波器和微机保护装置都需要由统一的时钟源向它们提供标准时间。系统对时精度的测试就是保证站内的所有装置都工作在统一的时钟基准下。对时误差不大于 1ms 为合格。

测试方法一：通过测试 SOE 分辨率的方法间接验证 SNTP 对时精度。设置 SOE 分辨率测试仪所发出的两路开关量变位时间间隔为 1ms，分别将两路开关量接入两台智能装置的开入，分辨率测试仪发生开关量变位后检查装置上送的两路开关量变位信息时间间隔是否为 1ms。

测试方法二：将 GPS 的秒脉冲接入智能装置的开入，智能装置的开入变位信息应在整秒发出，检查装置上送的开入量变位时间，误差不大于 1ms 为合格。

（四）可靠性测试

可靠性测试是通过各种模拟操作来检查系统冗余的可靠性。测试内容包括双网切换测试、双机备用测试。要求切换平稳、系统和网络工作正常，主计算机切换到系统功能恢复到正常的时间不大于15s，主备网络通道切换到系统功能恢复到正常的时间不大于 15s。

（1）双网切换测试。为确保不间断通信，提高系统的可靠性，站内一般都采用双网设置，当其中一路网络被中断时，系统通信情况不会受到影响。人为断开 A 网，模拟输出随机遥信变位，检查系统历史数据库，在切换过程中无数据丢失；人为断开 B 网，模拟输出随机遥信变位，检查系统历史数据库，在切换过程中无数据丢失；人为将 A、B 网断开，模拟输出随机遥信变位，将网络通信恢复后，检查系统历史数据库，应无数据丢失。

（2）双机备用测试。双机备用测试需设置两台以上监控主机同时运行监控系统，进行双机备用测试要求检查系统切换时是否正常，观察另一节点是否在规定的时间内完成切换，记录切换时间。双机备用测试的内容包括主动切换测试和自动切换测试。

1）主动切换测试。先在平台监视工具中查看各个服务器，确保系统运行正常，记录此时的监控主机 1，当切换到监控备用机 2 时，检查系统运行是否正常；再切换到监控主机 1 时，检查系统运行是否正常。

2）自动切换测试。先在平台监视工具中查看各个服务器，确保系统运行正常，记录此时的监控主机 1，关闭监控主机 1，查看系统是否能切换到监控备用机 2，查看监控备用机 2。

3）切换过程检查。系统在双机方式下运行，模拟输出随机遥信变位，遥信变位每 20ms 发生一次，记录遥信值的变化情况，模拟主服务器发生故障时系统向备用节点切换，切换完成后检查系统历史数据库，在切换过程中无数据丢失。

第二节 保护信息子站测试

一、继电保护故障信息管理系统概述

（一）继电保护故障信息管理系统

电力系统发生故障时，继电保护装置产生的事件和录波信息、故障录波器记录产生的录波信息是判断故障性质和保护装置动作行为的重要信息来源。220kV及以上电压等级变电站配置的保护装置数量和种类众多，某些大型的变电站有数个继保小室，往往每个小室都配有一个故障录波器，在电力系统发生故障时，如何快速采集和分析汇总数目庞大的保护和故录设备所产生的各种信息和录波量是一个重要技术问题，电力系统继电保护故障信息管理系统应运而生。

继电保护故障信息管理系统作为电网调度的重要技术支撑手段，能够在电网故障时快速获取继电保护、安全自动装置和故障录波器的信息，帮助调度和保护人员判断故障性质和保护动作行为，在电网事故处理中发挥日益重要的作用。

继电保护故障信息管理系统包含主站和子站两部分内容。主站系统安装在调度端，是负责与子站系统通信，完成信息处理、分析、发布等功能的硬件及软件系统，简称保信主站。子站系统安装在厂站端，是负责与保护装置、故障录波器等接入设备通信，完成信息收集、处理、控制、储存并按要求向主站系统发送等功能的硬件及软件系统，简称保信子站。保信子站作为继电保护故障信息处理系统中的信息收集及处理单元，成为系统的唯一信息收集点，所有的技术应用都以信息的完整及时收集为前提且必须做到安全、可靠，数据处理速度应能满足实际应用的需要。

传统的保信子站一般包含接口和控制设备，至少包含子站主机和网络交换机，并可根据实际情况配置子站维护工作站、数据存储设备、通信管理设备、网络隔离设备、对时接口设备、打印机输出设备、光纤收发器、光电转换器及其他接口设备和附属设备等。

在220kV及以上电压等级的智能变电站中，保信子站集成到监控系统一体化信息平台主机中或作为监控系统的保护信息工作站独立配置一台工作站，一体化信息平台或监控系统保护信息工作站可以满足保信子站的全部功能和性能要求，监控系统保护信息工作站的接口和控制设备，保信子站预留远景设备的接入，容量能满足远景设备的接入。保信子站从站内时间同步系统获得授时（对时）信号。保信子站的通信规约、接口要求等技术文件公开，调度端主站能顺利实现系统集成。

图 6-1 是 1000kV 浙北—福州保信子站网络示意图。图中保信子站采用双网冗余配置，包含就地显示管理工作站、保护通信及数据服务器、防火墙、录波服务器、网络交换机等接口和控制设备。保护装置通过 MMS 网连接到保信子站保护通信及数据服务器，录波器单独构成录波网接到保信子站录波服务器。保护通信及数据服务器和录波服务器接入站控层交换机并通过数据网交换机接入各级调度主站构成完整的继电保护故障信息管理系统。保信子站采用 IEC 61850 标准接入各种保护装置和故障录波器。

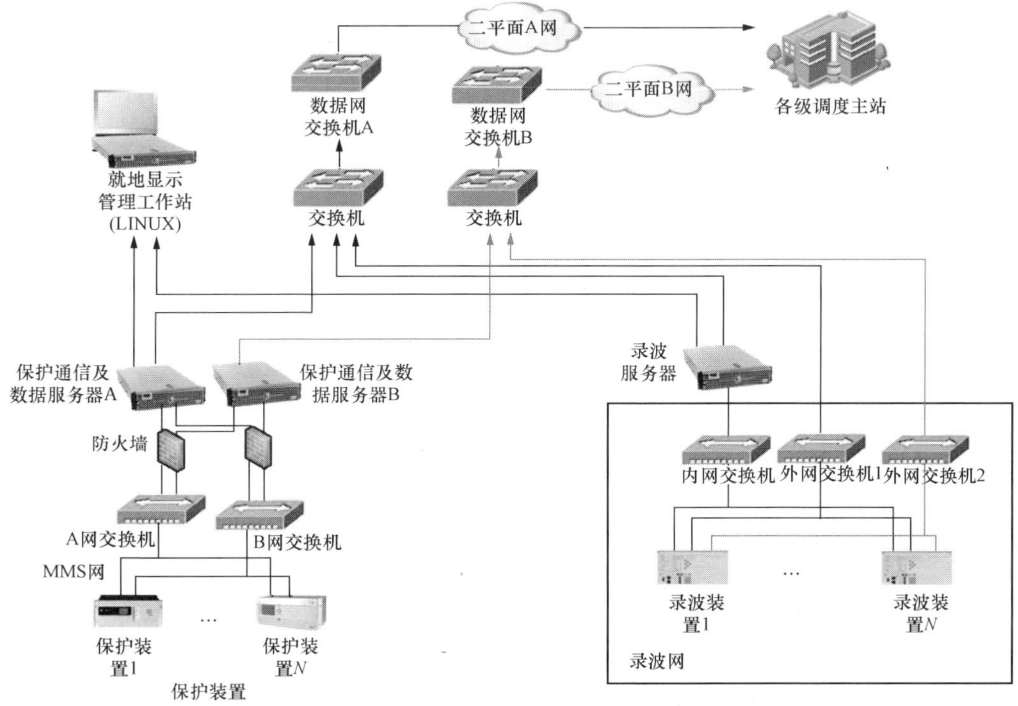

图 6-1　1000kV 浙北—福州保信子站网络示意图

（二）保护信息子站的基本功能

保护信息子站一般包含如下一些基本功能。

（1）监视子站系统所连接的装置的运行工况及装置与子站系统的通信状态，监视与主站系统的通信状态。

（2）完整地接收并保存子站系统所连接的装置在电网发生故障时的动作信息，包括保护装置动作后产生的事件信息和故障录波报告。保护装置信息包括保护装置通信状态、保护测量量、开关量、压板投切状态、异常告警信息、保护定值区号及定值、动作事件及参数、保护录波、保护上送的故障简报等数据。故障录波器信息包括录波文件列表、录波文件、录波器工作状态和录波器定值。

（3）可响应主站系统召唤，将子站系统的配置信息传送到主站系统。能够根据主站系统的信息调用命令上送子站系统详细的信息，也可根据主站的命令访问连接到子站系统上的各个装置。

（4）可对保护装置和故障录波器的动作信息进行智能化处理，包括信息过滤、信息分类及存储。

（5）遵循继电保护故障信息处理系统主、子站系统通信接口相关规范向主站传送信息，并保证传送的信息内容与对应的接入设备内信息内容保持一致。

（6）子站维护工作站能以图形化方式显示子站系统信息，并提供友好的人机交互界面。

（7）对收集到的数据进行必要的处理，如对数据进行过滤、分类、存储等，并能按照定制原则上送到各调度中心的主站系统，由主站系统进行数据的集中分析处理，从而实现全局范围的故障诊断、测距、波形分析、历史查询等高级功能。

（8）为了保证信息传送的准确性和快速性，允许保护装置和故障录波器接入子站主机时使用原保护和故障录波器厂家的原始传送规约接收数据。有条件的地区鼓励积极开展并实施规范统一保护装置和故障录波器接入子站系统时的规约，以提高子站系统的处理效率，并保证传输信息的完整性。

（9）子站系统的数据存储能力能保证在主子站通信短时中断时，不丢失任何数据；通信长时间中断时，重要事件不丢失。

（10）子站系统支持对装置信息的优先级划分。信息分级原则可配置，提供配置手段。当保护装置处于检修或调试时，子站系统能提供对相应保护信息增加特殊标记上送主站系统的功能。

（三）保护信息子站的高级应用

根据用户的不同需求，保护信息子站还可以包含一些高级应用：

（1）故障报告的形成。保护动作时，子站系统根据收集的信息自动整理故障报告，内容包括一二次设备名称、故障时间、故障序号、故障区域、故障相别、录波文件名称等。故障报告以文本文件（.txt）格式保存，并通知到主站系统，在主站系统召唤时按照通用文件上送。

（2）简化故障录波功能。子站系统通过分析收集到的故障录波器的波形文件，判断出故障元件，将其对应的电压、电流和原波形中的开关量重新形成一个新的简化波形文件。

（3）时间补偿功能。对支持召唤时标的保护装置，为防止保护设备的时间误差过大，子站系统能根据保护装置与子站系统的时间差对接收到的保护事件和波形的时间进行调整。

（4）接受来自于主站系统的强制召唤命令，子站系统接收到主站系统发出的对接入设备的强制召唤命令后，中断当前的处理过程，立即执行该命令。

（5）通过开关变位信息触发子站系统与保护通信。在总线型通信方式下，子站系统能通过获取断路器等一次设备的开关位置变化信息，进而触发子站系统与相应保护进行通信，提高子站系统获取信息的有效性。

（6）通过波形文件触发子站系统与保护通信。子站系统从录波器的波形信息中获取开关变位信息，进而触发子站系统与相应保护进行通信，提高子站系统获取信息的快速性。

（7）定值比对。子站系统具备召唤定值并自动进行定值比对功能，当发现定值不一致时，给出相应的提示。

（8）接入设备状态。监视子站系统对接入设备运行状态进行监视，在检测出接入设备异常时，给出相应的提示信息。

（9）远程控制。子站系统可根据需要，对接入设备进行远程控制，通常包括以下几种。

1）定值区切换。能够通过必要的校验、返校步骤，完成远方对指定接入设备的定值区切换操作，使其工作的当前定值区实时改变。

2）定值修改。能够通过必要的校验、返校步骤，完成远方对指定接入设备的定值修改操作，使其保存的定值实时改变。支持批量的定值返校和批量的定值修改操作。

3）软压板投退。能够通过必要的校验、返校步骤，完成远方对指定装置的软压板投退操作，使其软压板状态实时改变。支持批量的软压板返校和批量的软压板投退操作。

二、保护信息子站配置及性能要求（采用 IEC 61850 标准）

保护信息子站一般包含如下配置：

（1）保护信息接入单元。光口自 MMS 网接入全站保护信息，包括各保护逻辑设备、模拟量数据及可得到的智能设备状态量。

（2）就地数据库管理及远方通信单元。全站保护数据动态管理及多端主站用户通信。

（3）录波器管理通信单元。通过下行交换机接入站内 61850 规约录波器，并能满足下述基本功能：①IP 地址的扩展与管理；②录波文件的存储与过滤；③采用非 Windows 操作系统，满足二次系统安全防护要求。

（4）就地显示与维护。液晶显示器，键盘、鼠标一体机。

（5）子站管理工作站。就地维护及分析。

（6）网络设备。包括上、下行光交换机、光纤接口盒、尾纤的设备。

保护信息子站应满足如下性能要求：

（1）所有保护、故障录波器、自动装置等设备的通信规约应采用 IEC 61850；故障录波器故障文件的记录格式应为 COMTRADE 格式。

（2）保护信息子站应具有接收 GPS 时钟装置对时信号的功能。对时信号应采用 IRIG-B 码（差分）对时。500kV 保护信息子站应有守时时钟，与所连接的各保护装置同步。保护装置与 GPS 的时钟误差不大于 5ms。

（3）保护信息子站录波器管理通信单元能接收专用故障录波器的录波数据，及时传送故障信息及按调度端的要求，查询历史录波数据，并能根据需要远方检测录波器。录波器管理通信单元应具有足够的存储能力存储故障报告及数据。

（4）保护信息子站内保护管理通信单元、保护管理子站、录波器管理通信单元应采用非 Windows 操作系统，并满足电力系统二次防务的要求。

（5）保护信息子站应提供网络交换机设备，以便于站内保护及录波信息方便地进行网络连接，传输速率不低于 100Mbps。

三、保护信息子站系统集成测试技术

在对保信子站测试前应在试验室或应用现场将保护和录波装置与保信子站按设计图纸搭建成保信子站网络，通过模拟变电站的实际正常运行环境以及事故跳闸时的保护动作行为，测试各种试验条件下子站系统的运行、管理能力，子站与保护及录波器的通信能力，子站与主站及分站的数据交换能力，子站与子站后台（保护管理机）的协同工作能力。

测试前记录保护装置、录波装置、保信子站的装置名称、型号、接口类型、网络地址、程序版本、通信介质以及各保护逻辑设备、模拟量数据及可得到的智能设备状态量等。

针对保信子站的基本功能和高级应用，测试可以分为功能测试和系统测试两个步骤。

（一）功能测试

功能测试主要是测试子站系统各模块的基本功能是否实现且达到用户的需求标准，这是决定该系统功能是否完善的重要前提。

1. 数据采集测试

（1）子站系统自检。检查子站系统是否能自动检测到与每一套微机装置的通信情况；检查子站系统是否能对自身的工作状态进行监视；检查子站系统异常告警、事故监视功能；检查子站系统是否能将异常信息记入数据库，并可以方便查询。

（2）信息查询功能。检查子站系统是否能按信息类型（事件、告警、遥信、通信）查询和显示实时及历史信息；检查子站系统是否能按保护装置查询和显示故障报告；检查子站系统各种信息的时间显示是否正确，排列是否合理，查看方式是否直观；检查子站系统是否支持查询显示子站的软件程序的版本号、校验码、程序编译时间等。

（3）信息采集。检查子站系统能否正确采集到各装置的参数，包含定值清单、软件版本、软件校验码、压板信息等；检查子站系统能否正确采集到装置运行状态，包含当前的定值组别、开入量状态、模拟量信息、装置与子站的通信状态、装置的检修状态等；检查子站系统能否正确采集到各装置的报告，包含装置正常、异常、启动、动作时产生的报告；检查子站系统能否正确存储信息。为确保子站信息不丢失，子站系统应具有相当容量的存储介质将每次收到的信息进行存储以方便以后用户对故障信息进行查询统计，存储信息时做到每次收到的信息与上一次记录进行比较，若有变化则记入数据库，没有变化时无须保存以减少信息存储的冗余度，存储信息包括保护及录波文件数据，数据库容量应没有扩充的限制，数据库应有完善的自动备份功能，子站系统本身发生故障后恢复时，数据库能自动恢复到系统故障前的状态。

（4）强制召唤。检查子站系统能否正确及时响应主站或工作站下发的强制召唤命令，即可以打断当前事务优先响应主站的召唤操作。强制召唤主要包括召唤装置录波列表、录波文件以及定值信息。

2. 人机交互界面测试

检查子站是否具有良好的人机交互界面，是否能够提供电力系统厂站主接线图显示设备实时状态、保护事件实时通知、事件历史查询查询、召唤定值、信号复归、保护对时等功能。

3. SCL 文件规范性检查

检查子站系统 SCL 配置文件是否符合 IEC 61850 标准语法要求；检查配置信息中模拟量、开关量、定值、压板、保护定值类型、保护定值区组、定值单编号，二次变比、单位、最大、最小值模拟量和数字量等是否正确。

4. 定值测试

（1）召唤装置定值测试。检测子站系统与装置实际的定值是否一致，要求子站完整地接收装置的定值信息，应按照说明书分组，对应定值区号的定值名称、大小、单位与保护装置显示一致。对于保护装置未显示的定值信息如整定范围（最大值、最小值）及步长应与保护装置说明书定义一致。

（2）定值的定期召唤测试。检查子站系统是否可以实现各台保护装置定值的定期召唤和比对，召唤周期是否可设置。从保信子站修改装置定值后再从装置召唤定值，子站系统应能自动比对定期召唤的定值，并发现定值改变并上送信息，所召唤的装置定值区号应正确。

（3）远方定值控制测试。根据用户实际需要对装置的定值修改、定值组切换、软压板投退、对时等远方控制操作功能、用户遥控权限修改功能进行测试。

5. 通信状况监视

模拟与保护装置的通信中断，如拔下装置通信线或关掉装置，测试子站能否正确检测到通信故障。

6. 对时测试

检查子站系统本机时间是否和站内时钟同步系统保持一致。

7. 开关量、模拟量测试

在保护装置处模拟开关量、软压板变位，保信子站应能正确及时采集到变位信息；在保护装置处施加模拟量，保信子站应能正确显示。

8. 自检及异常告警事件测试

模拟保护装置TA断线、TV断线、通道异常、开入回路异常等，测试子站的响应情况。

9. 屏柜试验

包括耐压试验、绝缘电阻测量、屏内接线检查等。

10. 模拟保护装置动作试验

实际模拟保护装置动作，保信子站应完整地接收保护、录波器上送的事件，信息描述及动作时间正确；模拟量、开关量通道正确完备，通道波形和时标能够如实反应故障时间、故障现象和保护动作过程；上传子站的录波图应与保护打印录波图一致，录波图模拟量通道至少应包括相关电流互感器各相电流、相关电压互感器各相电压、零序电流、零序电压等，录波图开关量通道至少应包括收发信命令、各相跳闸命令、重合闸命令等；各种突发信息上送时间保证实时性，录波文件上送时间及时；检查保信子站接收到的保护装置动作信号完整性、动作信号正确性、动作信号响应时间、故障参数完整性、故障参数正确性、故障参数响应时间、保护录波正确性、保护录波上传时间；检查保信子站5min内5台保护依次动作，测试全部数据收集的时间和完整性，接收到的保护装置连续动作性；检查保信子站保护间隔15～20s内同时动作5次测试全部数据收集的时间和完整性。

11. 权限日志管理功能测试

检查子站系统是否具备严格的权限管理功能，是否可以为不同级别的用户进行功能操作定制，并对所有用户的操作进行记录，一旦出现问题可以做到有据可寻。

12. 子站故障分析功能测试

检查子站是否为用户提供对 COMTRADE 文件的数据处理，检查子站装置是否具有简单的故障分析处理能力，生成保护装置的电网故障报告，将其保存在子站装置内供故障发生后备分析参考。报告包含保护装置相关信息、保护动作信息、有关的告警和开关量以及故障参数等。报告应能通过面板查看或其他方式查看。

13. 子站信息的召唤测试

包含召唤录波列表测试、召唤保护录波数据测试、召唤录波器大录波数据测试、召唤历史数据测试。

14. 子站智能预处理功能测试

检查子站是否实现对录波器无用信息的过滤功能；检查子站是否实现对运行状态标示成“检修”的设备产生的信息的过滤功能；检查子站是否实现从故障录波信息中智能提取故障起始时间、故障持续时间、故障相别、故障类型、故障前后相量等故障简况；检查子站是否实现从故障录波文件中智能提取 SOE、故障前后指定周期波形、故障通道波形等，并生成消除冗余信息的简化录波文件供用户调用分析；检查子站是否实现能够将子站一次发生的故障相关信息（动作事件、录波、简要分析情况等）进行收集整理并形成故障报告并上传主站。

15. 子站通信服务测试

子站通信服务是数据采集与主站以及外部其他系统连接的枢纽，必须为智能故障信息处理系统提供稳定、可靠、先进的信息传送途径。必须具备强大的数据处理能力，具体测试要求如下：

（1）通信接口测试，检查通信规范是否严格按照继电保护故障信息处理系统主站、子站系统通信相关规范执行；检查主站系统与子站系统是否能够无条件正常通信。

（2）信息定制测试，检查子站系统是否能够支持多个主站的接入，是否可以根据不同主站用户的不同需求分别为其进行信息定制。

16. 信息分级测试

检查子站系统是否具备信息分级功能。由于电网发生故障后所产生的信息数量非常大，为了避免通道阻塞，能在第一时间将运行人员关心的主要信息传输到主站，要求所有信息按优先级次序进行上送，具体优先级顺序如下：动作、自检事件、SOE 信息、故障报告、大型的录波文件。

17. 信息完备性测试

模拟子站和主站的网络发生中断期间有系统故障发生，检查子站系统是否能够及时将本次故障的所有信息进行本地存储，待网络恢复正常后能及时的将故障信息上传到主站，保证信息的完备性。

（二）系统测试

系统测试是在完成集成测试基础上进行的测试；系统测试是将整个应用系统

与其他系统元素（硬件、外设、支持软件、数据和人员等）结合在一起进行的测试。主要包括功能、性能、恢复、压力、容量、安装、负载、强度等的测试。

系统测试属于整体测试，考验整个系统的稳定性以及兼容性，具体如下：

（1）强度测试。通过对保护或录波器装置的每个功能进行频繁动作触发，使其在短时间内产生大批量的数据信息，考验子站以及主站系统对大批量数据的处理以及承受能力。

（2）稳定性测试。在保持一定的数据强度状态下，让子主站系统不间断的长时间运行，测试经过长时机运行后，是否会出现程序退出或通信受影响的问题。

（3）性能测试。在子主站系统长时间不间断运行后，看子主站各服务器的性能指标是否受影响，如 CPU 占用率、内存使用情况等。在保证以上各项指标都合格的情况下，同时还要保证数据接收和存储的正确性。可以考虑采用软件模拟大量数据产生进行测试。一般包含：①双机主备切换试验；②系统 CPU 和网络负荷率试验；③时钟同步系统对时精度试验。

（4）通信协议测试，主要包括系统级互操作测试。

（5）系统网络测试，包括网络功能、性能及流量测试。

（6）信息安全测评，包括总体架构、应用系统安全，以及网络风暴测试。

第三节　远动系统测试

网关机作为一种满足一体化监控系统对调度及其他主站应用的支撑设备，分为数据通信网关机和图形网关机，不仅代替原有远动工作站功能，同时满足各主站对变电站内信息的查询和浏览需求，包括告警直传、远方操作、远程浏览、告警信息文本传输等功能。

网关机分为 I 区数据通信网关机、图形网关机和 II 区数据通信网关机、图形网关机。通过测控装置、保护装置等设备发送 I 区信息，使用数据服务器、综合应用服务器发送 II 区信息，并通过模拟主站对网关机进行数据查询、定值召唤、告警信息浏览、告警信息直传、远方控制等操作，检查网关机通信能力和数据传输功能。主要测试项目如下。

1. 基本测试

基本通信能力测试，主要是检查被测网关机与多级调度（调控）中心进行信息传输功能。网关机应具有逻辑运算和算术运算功能，具体测试方法为：

（1）逻辑运算功能测试。将被测网关机两个或以上的遥信量设定为逻辑与、逻辑或等模式，检查主站判断被测网关机逻辑运算功能的正确性。

（2）算术运算功能测试。将被测网关机任意相同类型的模拟量设定为相加或相减模式，检查主站判断被测网关机算术运算功能的正确性。

2. 远动信息传输测试

将 I 区数据通信网关机直接与站控层网络连接，通过使用 DL/T 634.5104 或 DL/T 476 标准格式实现远动数据的直采直送。检查 I 区数据通信网关机能够传输的数据，包括电网运行量测信息，断路器、隔离开关位置和主变压器档位，设备自检和告警信息，保护启动、动作及告警信号，操作控制命令，告警简报等。

将 II 区数据通信网关机连接并进行数据传输，检查 II 区数据通信网关机能够传输的数据，包括故障分析报告，模型和图形文件，全站的 SCD 文件，导出的 CIM、SVG 文件等，日志和历史记录，SOE 事件、故障分析报告、告警简报等历史记录和全站的操作记录，状态监测数据，辅助应用数据等。

3. 远方操作测试

I 区数据通信网关机按要求连接后，通过模拟主站进行远方操作，包括定值区切换、软压板投退、变压器档位调节和无功补偿装置投切、装置复归。被测网关机应能够正确接收模拟主站的操作与控制命令并正确传输。

II 区数据通信网关机按要求连接后，通过模拟主站在远方对保护装置进行定值在线召唤和修改，由模拟主站将召唤和修改命令通过 II 区网关机下发给保护装置，检查保护装置能否正确响应模拟主站，完成相应操作；对辅助设备进行远程操作与控制，模拟主站将控制命令下发给 II 区网关机，II 区网关机将其传输给综合应用服务器，并由综合应用服务器将操作命令传输给相关的辅助设备，完成控制操作。

4. 远程浏览服务测试

I 区图形网关机按要求连接后，通过模拟主站发送远程浏览指令，I 区图形网关机应能识别指令并按指令要求将信息传送至模拟主站，远程浏览需采用安全的 CIM/E 方式实现，只允许浏览，不允许操作；远程浏览内容包括电网潮流、设备状态、历史记录、操作记录、故障综合分析结果等各种原始信息及分析处理信息。

II 区图形网关机按要求连接后，通过模拟主站发送远程浏览指令，II 区图形网关机应能识别指令并按指令要求将信息传送至模拟主站，远程浏览需采用 CIM/E 方式实现，只允许浏览，不允许操作；远程浏览内容包括但不限于辅助设备状态、综合应用服务器状态及图形、操作记录、故障综合分析结果等各种原始信息及分析处理信息。

5. 告警信息文本传输测试

告警信息文本传输功能主要检查：①网关机应支持主动上送传输故障分析报告等告警信息文本给调度（调控）中心；②通过主站召唤网关机上送告警信息文本，被测网关机应能够正确上送传输故障分析报告等告警信息文本给调度（调控）

中心。

第四节 程序化控制测试

一、程序化控制功能实现方式

程序化控制功能在监控后台以嵌入独立操作票系统实现，为变电站操作票系统的一部分，可不另外配置单独的程序化操作服务器，与监控后台共享数据信息。程序化控制功能的实现方式如图 6-2 所示。

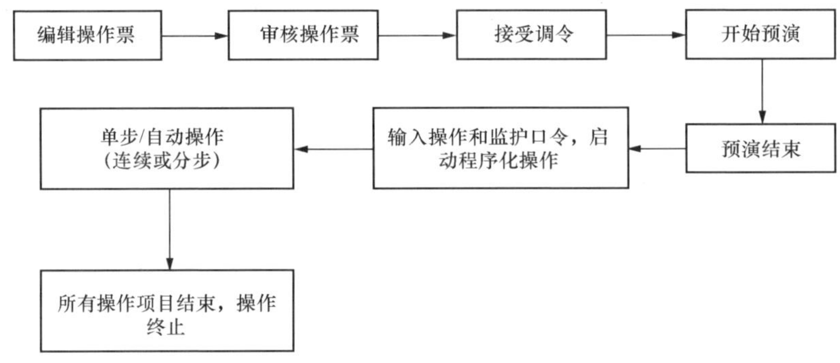

图 6-2 程序化控制功能实现方式

二、程序化控制检查范围

变电站一次设备户外设备所有隔离开关均配置电动操动机构，微机保护出口均设置软压板，隔离开关操作电源可实现远方遥控拉合，程序化操作的内容包括以下方面：

（1）微机保护的投退操作、微机保护的状态调整操作、微机保护的定值区更改操作、重合闸投退操作。

（2）一次设备改变运行状态的操作，包括相应二次设备状态的调整等。

（3）线路间隔倒母线操作，包括相应二次设备状态的调整等。

三、程序化控制操作规则测试

1. 程序化控制操作规则定制内容检查

操作规则定制内容应包括一次设备操作规则、二次设备操作规则、一次设备和二次设备的交互操作规则、基础模板票、操作术语、描述性操作规则、操作设备和实时库中的设备对应关系、操作票文件的关键字等。

2. 程序化控制操作流程检查

操作流程主要检查：

（1）根据调度预发操作命令或许可操作命令，运行人员准备倒闸操作票。

（2）调度正式下达操作命令后，由操作人和监护人选择相应操作票，经模拟预演确认无误后，准备执行操作。

（3）输入操作员口令和监护员口令后开始操作，执行程序化操作步骤时，由运行人员确认启动程序化操作进程。

（4）程序化操作步骤由系统自动执行，并逐项勾票。系统自动判别或经人工判断具体步骤的执行情况是否满足要求，如一次设备的操作，检查设备的操作后状态需经人工确认后启动下一步操作。对于二次操作任务，可以采用连续的程序化操作方式，操作完毕，由操作人和监护人再进行全面的保护状态核对。

（5）在程序化操作过程中发生事故、网络通信异常、被操作设备异常报警等异常情况发生时，系统自动暂停程序化操作，或可由人工暂停程序化操作。如异常消除，需重新输入操作口令和监护口令，继续程序化操作。如异常不能消除，则由人工终止该程序化操作任务。每一步操作无论成功与否，系统都应发出相应提示。

（6）全部操作任务执行完毕后，由操作人员通过“结束”键退出操作进程。操作流程如图 6-3 所示。

3. 程序化控制逻辑检查

程序化控制逻辑主要的操作有运行转热备用、运行转冷备用、运行转检修、热备用转冷备用、热备用转检修、冷备用转检修等操作及其反向操作。常见变电站程序化操作方式如下。

（1）线路停送电的程序化操作，线路送电操作顺序为：①推上母线侧隔离开关；②推上线路侧隔离开关；③合上断路器。线路停电操作顺序与送电操作顺序相反。

（2）双母线倒闸程序化操作：①检查母联断路器和隔离开关确在合闸位置；②退出母联断路器操作电源；③推上待倒换设备的待运行母线上的隔离开关，拉开原运行母线上的隔离开关；④投入母联断路器的操作电源。

程序化控制逻辑试验方法为正常条件下的各预设程序化控制操作流程测试，包括：①顺序控制单张已设定操作票的站内预演及执行功能试验；②顺序控制组合操作票的站内预演及执行功能试验；③顺序控制临时操作票的生成和执行功能试验；④间隔内手动顺序控制功能试验；⑤间隔内自动顺序控制功能试验；⑥序列控制试验；⑦事故紧急断开试验。

在测试过程中主要检查：

（1）程序化控制是否提供操作界面，显示操作内容、步骤及操作过程等信息，支持开始、终止、暂停、继续等进度控制，并提供操作的全过程记录。

（2）程序化控制能否通过辅助触点状态、量测值变化等信息自动完成每步操作的检查工作，包括设备操作过程、最终状态等。

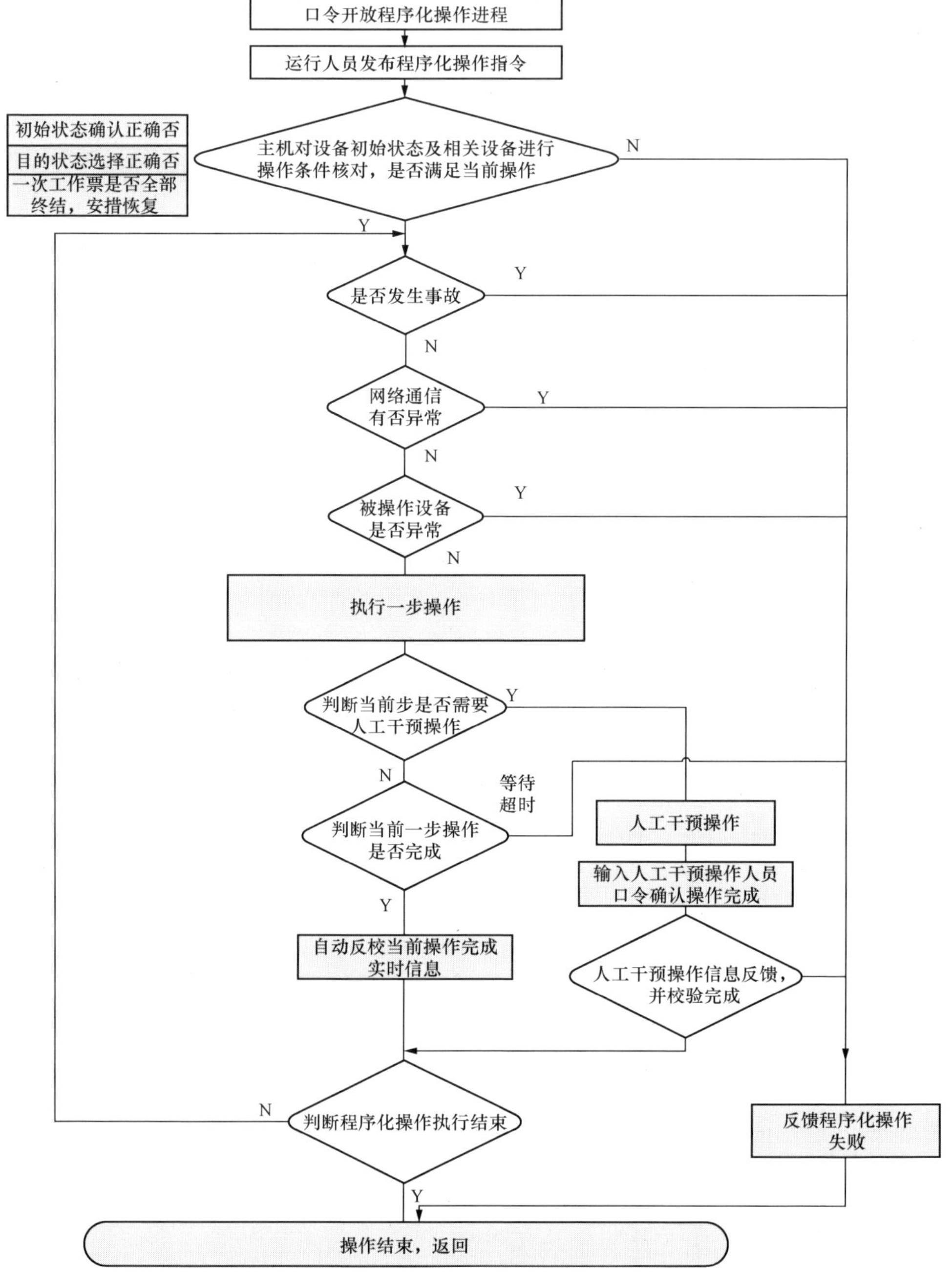

图 6-3　程序化控制操作流程

（3）在程序控制过程中，发生问题时，可以提醒或者直接停止操作；在操作中也可以通过画面上的停止操作按钮实现程序化控制的急停操作。异常包括以下几点：①操作员不具有相应的操作权限；②顺控过程中与某台相关测控装置通信中断；③程序化控制过程中返回信号存在异常，如断路器发合令后一段规定时间内，断路器拒动，仍然为分位；④程序化控制过程中人工确认，选择后人工发执行令在指定时间内未发生；⑤程序化控制过程中发生条件闭锁信号，如指定的保护动作信号等。监控系统应根据预先的设定，完成闭锁、中断、提示等指定响应结果。

集成测试工具软件

随着 IEC 61850 标准的推广，智能变电站技术得到了极大的发展，智能变电站工程建设全面展开，与智能变电站相关的测试仪器和软件也得到了深入的研究和广泛的发展。本章主要介绍智能变电站工程集成测试中相关测试仪器和测试软件的使用方法，包括模型配置工具、模型检测工具、手持式测试仪、通信仿真调试工具、网络性能测试工具、网络报文记录分析系统、网络抓包软件、客户端工具。

第一节　模型配置工具

一、软件概况

IEC 61850 系统配置工具为浙江省电力科学研究院所开发，软件基于 XML 的 SCL 文件处理方式作出了改进。通过对 SCL 文件进行预处理和缓存控制，使得文件处理既具有流模型处理文件快速、资源开销小的优点，又具有 DOM 方式可导航可编辑的优势。提升了对大型 SCL 文件的处理效率，为 IEC 61850 标准在电力系统中的推广起了重要作用。

二、界面

（一）登录界面

打开软件时的登录界面，需要输入用户名和密码，经过系统验证通过，才可登录软件进行相应的操作。登录界面如图 7-1 所示。

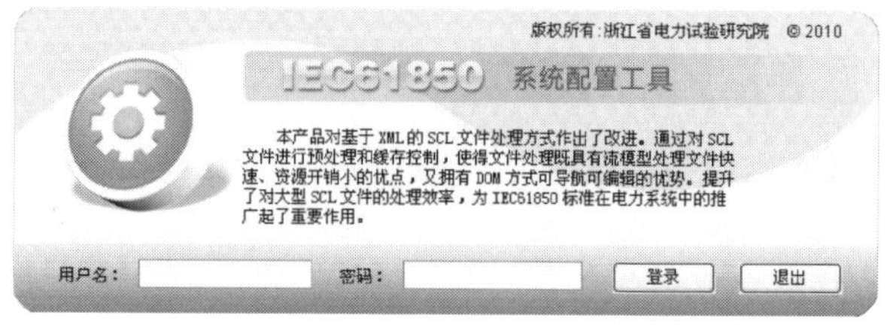

图 7-1　登录界面

（二）软件就绪界面

软件刚运行时的界面，即未打开任何文件的界面状态如图 7-2 所示。

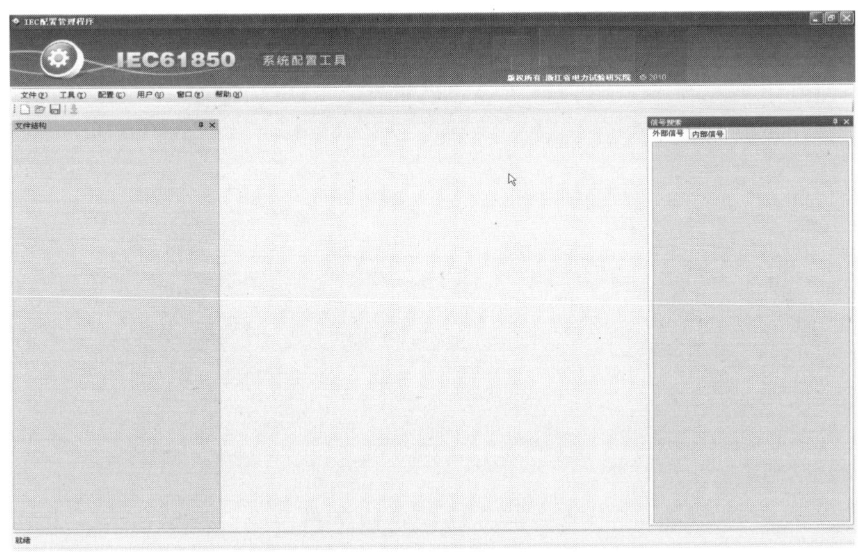

图 7-2 软件就绪界面

（三）打开文件成功后界面

成功打开软件支持的文件之后的界面状态如图 7-3 所示。

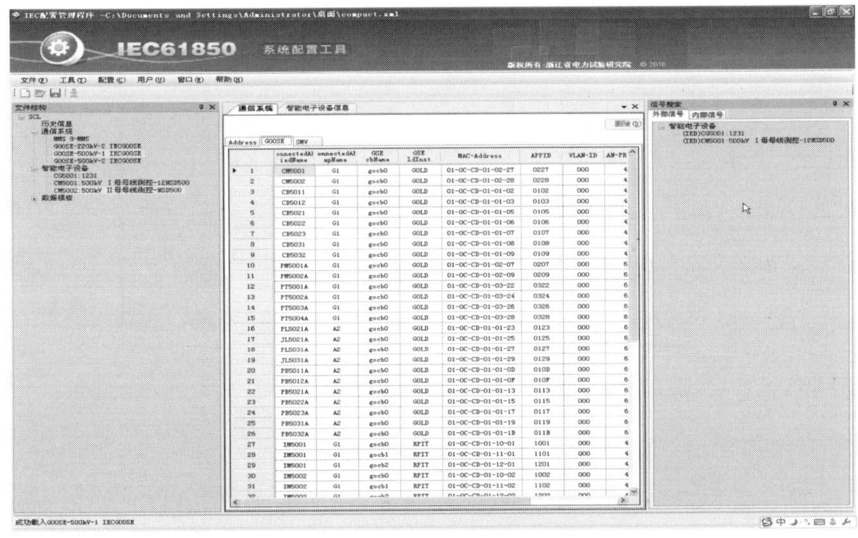

图 7-3 打开文件成功后的界面

三、菜单栏

文件：单击弹出下拉菜单，提供对文件的操作。

工具：工具菜单，IED 文件以及校验等操作。

配置：配置选项，对软件功能的配置。

用户：用户操作，对用户密码的修改和添加用户的操作。

窗口：调整窗口的显示方式。

帮助：帮助文档，以及软件相关信息。

菜单栏如图 7-4 所示。

文件(F)　工具(T)　配置(C)　用户(U)　窗口(W)　帮助(H)

图 7-4　菜单栏

四、文件

文件菜单包含“新建”、“打开”、“保存”、“另存为”、“退出”五项子菜单。

（一）新建

单击新建子菜单的项目菜单后，显示新建项目窗口。该窗口中，可以选择项目类型，以及填写项目的名称，并且可以选择项目存储在本地磁盘的位置，新建项目界面如图 7-5 所示。

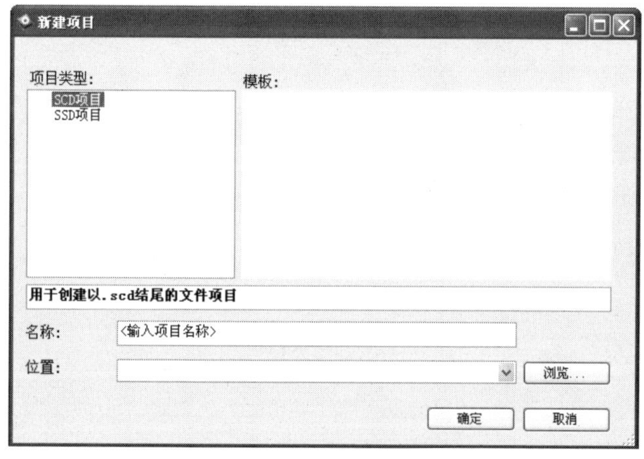

图 7-5　新建项目界面

（二）打开

在任何情况下可以打开某个本地的软件所支持的项目文件。在软件所能支持的文件类型范围内，可用鼠标打开本地的文件。软件所支持的文件类型为*.ssd、*.xml、*.scd。

（三）保存

当对当前所打开的项目做过修改时，单击文件子菜单中的保存菜单，即会显示保存窗口。在该窗口下可以填写修改的备注信息等，也可不填写直接单击“确定”按钮选择保存，保存界面如图 7-6 所示。

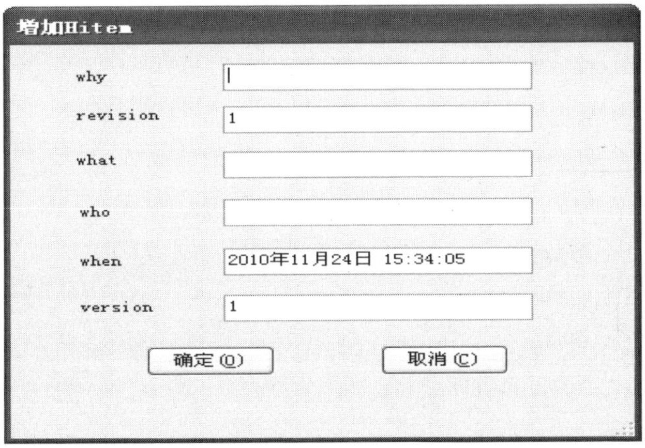

图 7-6 保存界面

（四）另存为

单击文件子菜单下的“另存为”，可以将当前打开的文件保存到磁盘的另一位置或者以另一文件类型储存。在进行另存为功能时，需要填写另存文件的文件名，并可以选择保存文件的类型。当保存成功后在所选目录下生成所保存的文件。

（五）退出

退出软件，提示信息是否退出。当对项目做过未保存修改时将会提示是否保存文件，然后再退出。

五、工具

（一）导入 IED 设备文件

导入 IED 设备文件，从本地导入 IED 设备文件到软件打开的项目文件中。浏览本地文件，选择需要导入到当前打开项目中的 IED 设备文件，然后单击“下一步”，即开始导入，导入 IED 界面如图 7-7 所示。

若导入出错：当选择导入的文件有误，会提示导入出错，并显示具体的错误信息。但即使有错误，在允许范围内也可继续导入文件。

导入 IED 设备时会自动比较数据模板，当数据模板发生冲突时可选择加前缀、覆盖、忽略三种处理方式。前缀可自行输入添加，导入出错界面如图 7-8 所示。

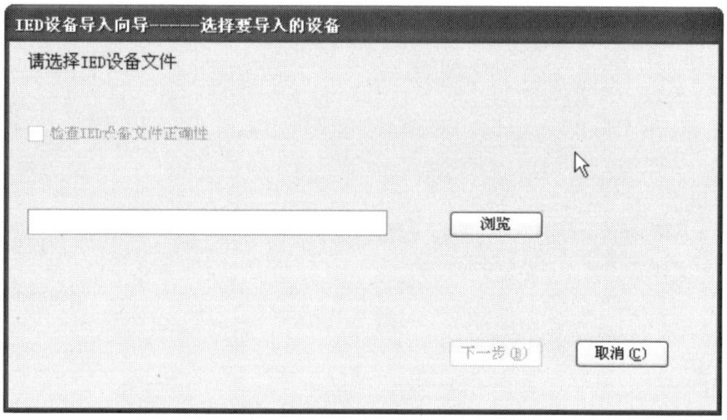

图 7-7　导入 IED 界面

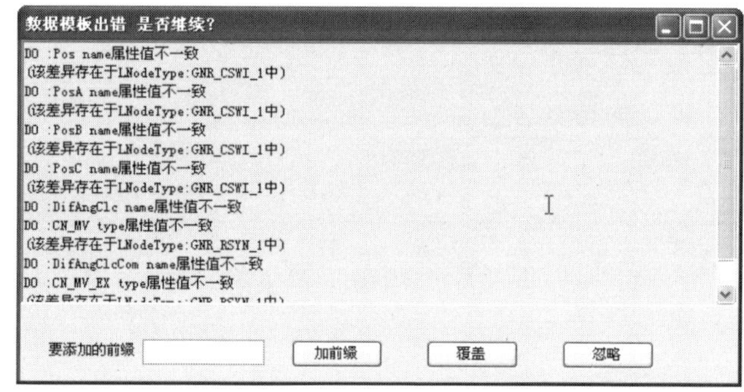

图 7-8　导入出错界面

若为空状态点，加前缀则会提示输入前缀。

配置文件设备属性：上一步单击“确定”后即进入配置设备属性页面，可修改信息后选择下一步，也可直接选择下一步，配置文件设备属性如图 7-9 所示。

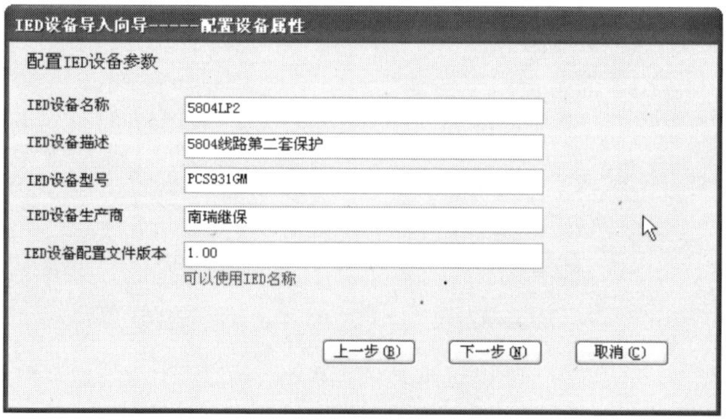

图 7-9　配置文件设备属性界面

配置通信信息：上一步完成之后进入配置通信信息页面，修改完成后单击“确定”完成文件导入，配置通信属性界面如图 7-10 所示。

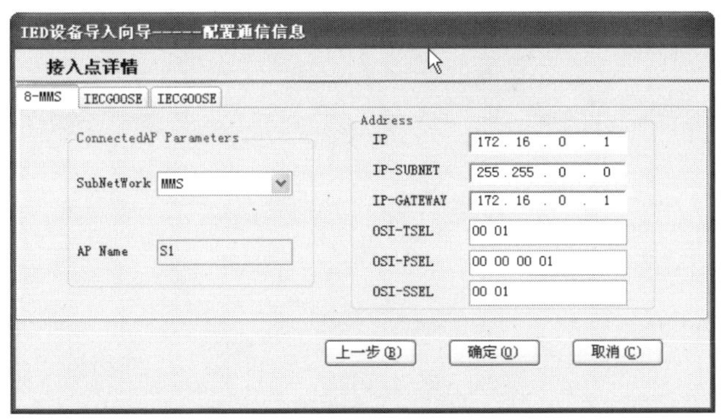

图 7-10　配置通信属性界面

（二）导出 IED 设备

导出 IED 设备文件，将文件中的 IED 设备文件导出到本地。选中需要导出的 IED 设备，确认后点击“确定”按钮，进入下一步，浏览本地文件夹，选择导出 IED 设备保存在本地的位置，导出 IED 设备界面如图 7-11 所示。

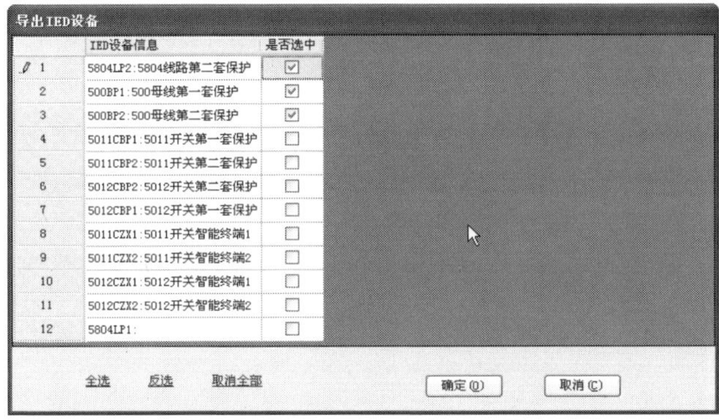

图 7-11　导出 IED 设备界面

（三）导出 GOOSE Connecter

导出 GOOGSE Connecter，导出文件到本地。浏览本地文件夹，选择导出文件的保存位置。

（四）导出 ReportControl Ref DataSet

导出 ReportControl Ref DataSet，导出文件到本地。该项操作方式与导出 GOOGSE Connecter 的方式相同。

（五）SCL 文档业务验证

SCL 文档业务验证，对当前项目文件的 SCL 语意规范性进行检验。在左侧勾选需要校验的条目，然后可单击开始校验按钮，开始校验。

在校验过程中进度条动态显示了校验进度。校验结果显示在窗口右侧的校验信息中。业务验证只针对已保存的文件。SCL 语义规范性校验如图 7-12 所示。

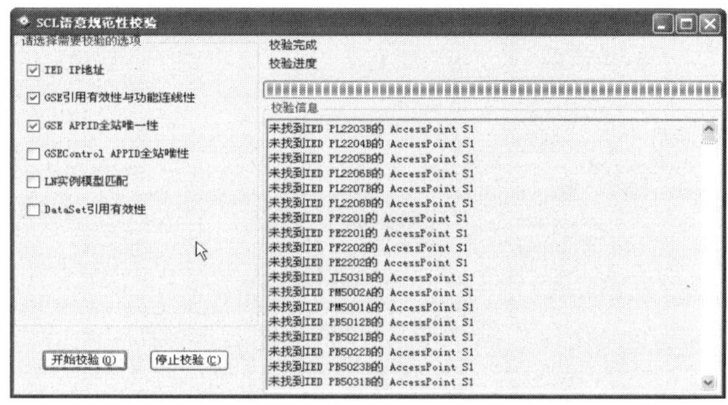

图 7-12　SCL 语义规范性校验

（六）Schema 校验

Schema 校验，文档的 Schema 正确性校验。单击“开始校验”对文件进行 Schema 校验，校验结果显示在窗口中。可以在校验过程中单击“停止校验”中途停止校验操作，Schema 校验界面如图 7-13 所示。

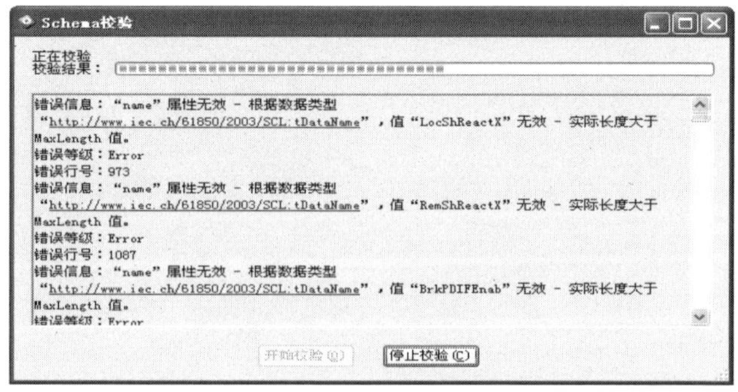

图 7-13　Schema 校验界面

六、配置

配置下的选项子菜单能对软件的功能进行配置。在配置完功能后软件需重启生效，配置界面如图 7-14 所示。

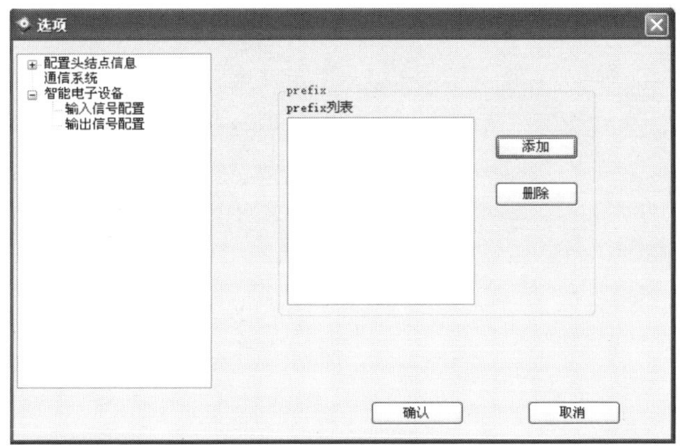

图 7-14 配置界面

（一）配置版本自动增加

勾上复选框，在每次修改保存后历史信息版本会自动递增。

（二）通信系统

勾上复选框，通信子网下显示 ConnectedAP 信息。若不勾，则不显示。

（三）输入信号配置

输入信号配置，是否筛选信息。点击“添加”按钮，增加输入信号的筛选关键字。

（四）输出信号配置

输出信号配置，是否筛选信息。点击“添加”按钮，增加输出信号的筛选关键字。

七、用户

用户菜单下包括“添加用户”、“修改密码”等两项。

（一）用户权限

输入用户名和密码之后，单击“登录”即可登录软件，或者单击“退出”不登录，直接退出软件。在用户登录时，软件会自动根据用户的信息提供相应的操作权限。

本软件目前提供三项不同身份权限。

（1）普通权限。用户以普通权限登录状态下，对打开项目信息为只读状态。不可对项目所有信息进行编辑、增加、删除操作，其各项按键为灰色不可用。在菜单栏的工具菜单下的导入选项不可用。在文件结构的通信系统、智能电子设备的右键菜单各项不可用。在通信系统信息界面中删除按钮不可用，键盘的 Delete 键同样无效。在智能电子设备信息页面中的各项编辑以及增加、删除操作不可用。

（2）可编辑权限。用户以可编辑权限登录状态下，对当前打开项目信息为可编辑状态。但不可对项目所有信息进行增加、删除操作，其各项按键为灰色不可用。在菜单栏中的工具菜单栏下的导入功能不可用。文件结构中，通信系统、智能电子设备的右键菜单中，新建、删除、导入等功能不可用。在通信系统信息界面中删除按钮不可用，键盘的Delete键同样无效。在智能电子设备信息页面中的各项增加、删除操作不可用，编辑操作可用。

（3）管理员权限。用户以管理员权限登录状态下，对当前打开项目信息为管理状态。可对当前项目的所有信息进行包括编辑、增加、删除在内的任何操作。各项按钮等均为可用状态。

（二）添加用户

只有用户以管理员权限登录时，才可以使用该项功能。否则该项都以灰色显示不可用。添加用户功能，可在软件中添加新的用户。需要填写用户名、密码。并且必须要选择新用户的权限。若信息与已有用户信息重复，将会弹窗提醒用户已经存在该账号信息。信息填写完毕后，单击添加则显示成功信息，提示已经添加了新用户。

（三）修改密码

修改密码功能，可以修改当前登录用户的登录密码。需要正确输入旧密码后才可以成功修改密码。若旧密码错误，则会提示用户出错。当旧密码输入正确，且两次新密码相同则会提示修改成功，下次登录即可使用新密码登录。

八、窗口

重置所有窗口、窗口位置，恢复初始状态。

九、帮助

帮助有“内容”和“关于”两项子菜单。其中，“内容”为帮助手册，“关于”则描述了软件的信息。

十、信息界面

软件界面中间部分显示了项目文件的各项信息，需要左侧文件结构中选中某个设备或子网，之后在界面中部自动显示信息，信息界面如图7-15所示。

十一、通信系统

显示当前打开项目文件的通信子网信息。当配置显示ConnectedAP时，各子网节点为折叠与展开的形式，且选中节点为高亮显示，通信子网信息如图7-16所示。

右键菜单：右键通信系统下的节点可以弹出快捷菜单，对其进行相应的操作。右键菜单包括新建子网、编辑子网、删除子网三项，右键菜单如图7-17所示。

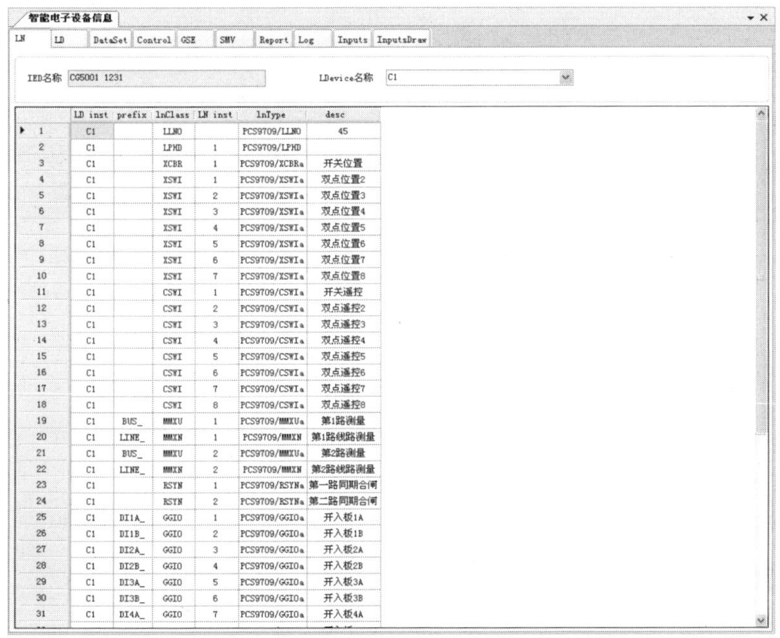

	LD inst	prefix	lnClass	LN inst	lnType	desc
1	C1		LLN0		PCS9709/LLN0	45
2	C1		LPHD	1	PCS9709/LPHD	
3	C1		XCBR	1	PCS9709/XCBRa	开关位置
4	C1		XSWI	1	PCS9709/XSWIa	双点位置2
5	C1		XSWI	2	PCS9709/XSWIa	双点位置3
6	C1		XSWI	3	PCS9709/XSWIa	双点位置4
7	C1		XSWI	4	PCS9709/XSWIa	双点位置5
8	C1		XSWI	5	PCS9709/XSWIa	双点位置6
9	C1		XSWI	6	PCS9709/XSWIa	双点位置7
10	C1		XSWI	7	PCS9709/XSWIa	双点位置8
11	C1		CSWI	1	PCS9709/CSWIa	开关遥控
12	C1		CSWI	2	PCS9709/CSWIa	双点遥控2
13	C1		CSWI	3	PCS9709/CSWIa	双点遥控3
14	C1		CSWI	4	PCS9709/CSWIa	双点遥控4
15	C1		CSWI	5	PCS9709/CSWIa	双点遥控5
16	C1		CSWI	6	PCS9709/CSWIa	双点遥控6
17	C1		CSWI	7	PCS9709/CSWIa	双点遥控7
18	C1		CSWI	8	PCS9709/CSWIa	双点遥控8
19	C1	BUS_	MMXU	1	PCS9709/MMXUa	第1路测量
20	C1	LINE_	MMXN	1	PCS9709/MMXN	第1路线路测量
21	C1	BUS_	MMXU	2	PCS9709/MMXUa	第2路测量
22	C1	LINE_	MMXN	2	PCS9709/MMXN	第2路线路测量
23	C1		RSYN	1	PCS9709/RSYNa	第一路同期合闸
24	C1		RSYN	2	PCS9709/RSYNa	第二路同期合闸
25	C1	DI1A_	GGIO	1	PCS9709/GGIOa	开入板1A
26	C1	DI1B_	GGIO	2	PCS9709/GGIOa	开入板1B
27	C1	DI2A_	GGIO	3	PCS9709/GGIOa	开入板2A
28	C1	DI2B_	GGIO	4	PCS9709/GGIOa	开入板2B
29	C1	DI3A_	GGIO	5	PCS9709/GGIOa	开入板3A
30	C1	DI3B_	GGIO	6	PCS9709/GGIOa	开入板3B
31	C1	DI4A_	GGIO	7	PCS9709/GGIOa	开入板4A

图 7-15　信息界面

图 7-16　通信子网信息

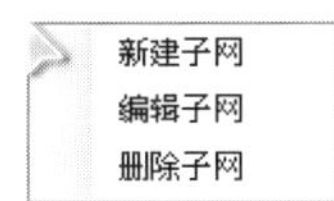

图 7-17　右键菜单

新建子网：在通信系统下新建一个子网。弹窗提示新建一个子网，可以自行输入子网名字以及子网类型，新建子网界面如图 7-18 所示。

新建子网

	subnetwork名称	subnetwork类型
1	MMS	8-MMS
2	GOOSE-220kV-1	IECGOOSE
3	GOOSE-220kV-2	IECGOOSE
4	GOOSE-500kV-1	IECGOOSE
5	GOOSE-500kV-2	IECGOOSE

新建子网信息

子网名字

子网类型

确定(O)　取消(C)

图 7-18　新建子网界面

编辑子网：可对子网的名字和类型进行编辑保存，编辑子网界面如图 7-19 所示。

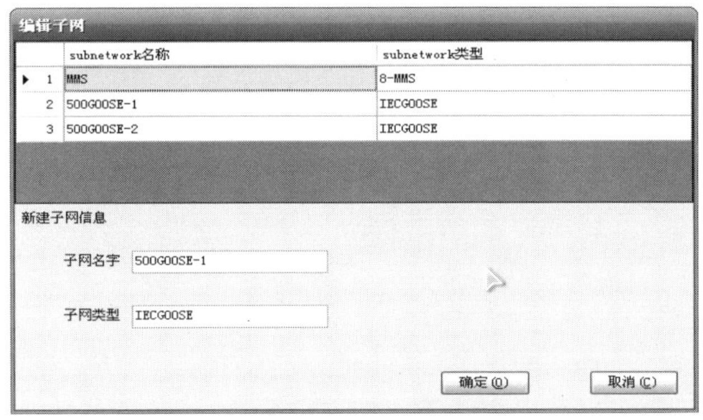

图 7-19 编辑子网界面

删除子网：删除当前选中的子网。弹窗提示删除当前选中的子网，不可编辑子网的名字和类型，删除子网界面如图 7-20 所示。

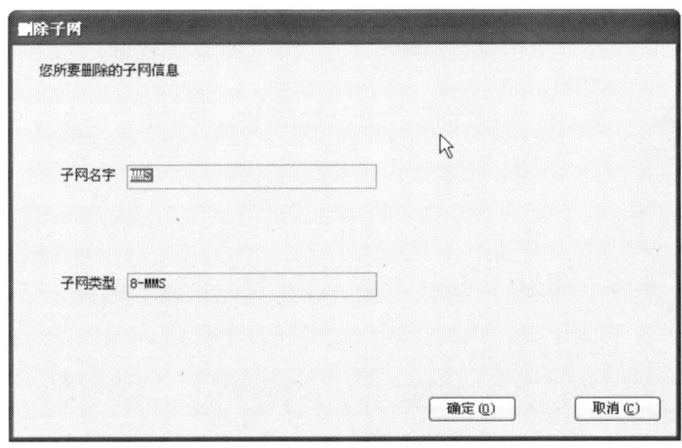

图 7-20 删除子网界面

通信系统包含 Address、GOOSE、SMV 三个页面，每个页面都有“删除”按钮。

（1）Address 信息页面。该页面提供了通信系统下的 Address 信息，并且可以对相应的条目进行编辑。选中某一信息记录，转换为可编辑状态，可以保存。也可使用删除按钮功能（可以用键盘的 Delete 键）删除某行或整个表格，Address 信息界面如图 7-21 所示。

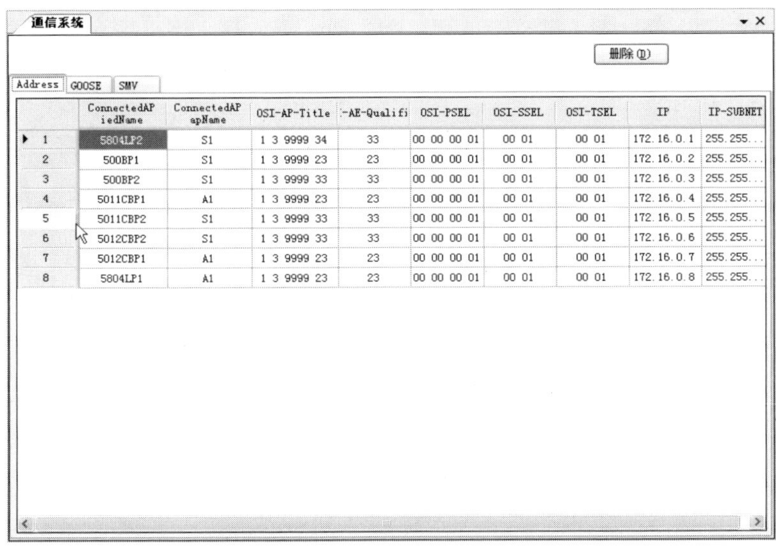

	ConnectedAP iedName	ConnectedAP apName	OSI-AP-Title	-AE-Qualifi	OSI-PSEL	OSI-SSEL	OSI-TSEL	IP	IP-SUBNET
1	5804LP2	S1	1 3 9999 34	33	00 00 00 01	00 01	00 01	172.16.0.1	255.255...
2	500BP1	S1	1 3 9999 23	23	00 00 00 01	00 01	00 01	172.16.0.2	255.255...
3	500BP2	S1	1 3 9999 33	33	00 00 00 01	00 01	00 01	172.16.0.3	255.255...
4	5011CBP1	A1	1 3 9999 23	23	00 00 00 01	00 01	00 01	172.16.0.4	255.255...
5	5011CBP2	S1	1 3 9999 33	33	00 00 00 01	00 01	00 01	172.16.0.5	255.255...
6	5012CBP2	S1	1 3 9999 33	33	00 00 00 01	00 01	00 01	172.16.0.6	255.255...
7	5012CBP1	A1	1 3 9999 23	23	00 00 00 01	00 01	00 01	172.16.0.7	255.255...
8	5804LP1	A1	1 3 9999 23	23	00 00 00 01	00 01	00 01	172.16.0.8	255.255...

图 7-21 Address 信息界面

（2）GOOSE 信息页面。该页面提供了通信系统下的 GOOSE 信息，并且可以对相应的条目进行编辑。选中某一信息记录，转换为可编辑状态，可以保存。也可使用删除按钮功能（可以用键盘的 Delete 键）删除某行或整个表格。GOOSE 信息界面如图 7-22 所示。

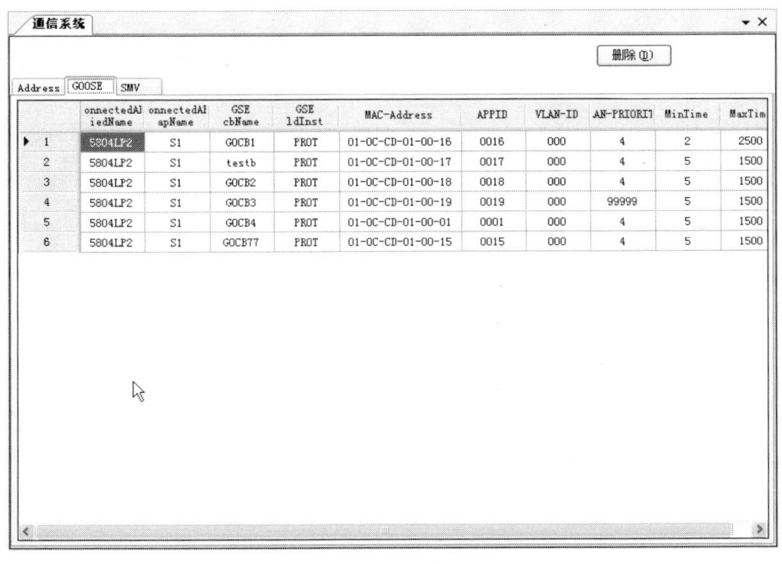

	onnectedAI iedName	onnectedAI apName	GSE cbName	GSE ldInst	MAC-Address	APPID	VLAN-ID	AN-PRIORIT	MinTime	MaxTim
1	5804LP2	S1	GOCB1	PROT	01-0C-CD-01-00-16	0016	000	4	2	2500
2	5804LP2	S1	testb	PROT	01-0C-CD-01-00-17	0017	000	4	5	1500
3	5804LP2	S1	GOCB2	PROT	01-0C-CD-01-00-18	0018	000	4	5	1500
4	5804LP2	S1	GOCB3	PROT	01-0C-CD-01-00-19	0019	000	99999	5	1500
5	5804LP2	S1	GOCB4	PROT	01-0C-CD-01-00-01	0001	000	4	5	1500
6	5804LP2	S1	GOCB77	PROT	01-0C-CD-01-00-15	0015	000	4	5	1500

图 7-22 GOOSE 信息界面

（3）SMV 信息界面。该界面提供了通信系统下的 SMV 信息，并且可以对相应的条目进行编辑。选中某一信息记录，转换为可编辑状态，可以保存。也可使用删除按钮功能（可以用键盘的 Delete 键）删除某行或整个表格，SMV 信息界面如图 7-23 所示。

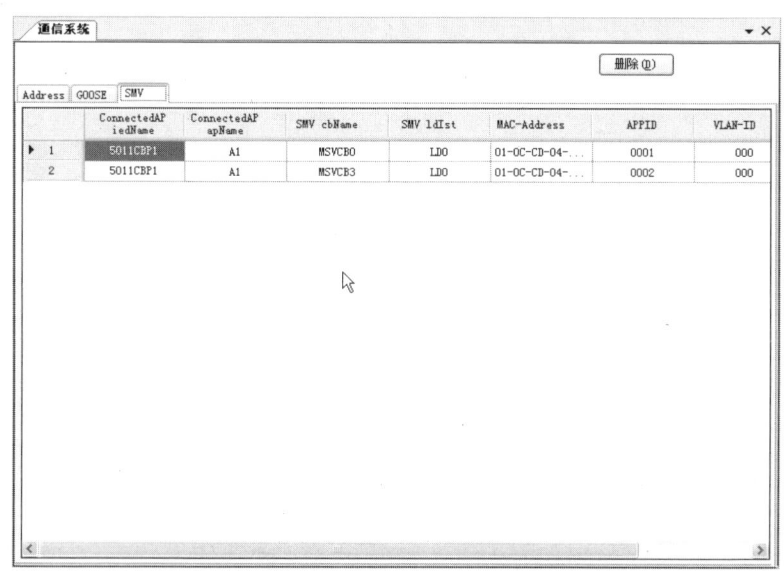

图 7-23　SMV 信息界面

十二、智能电子设备

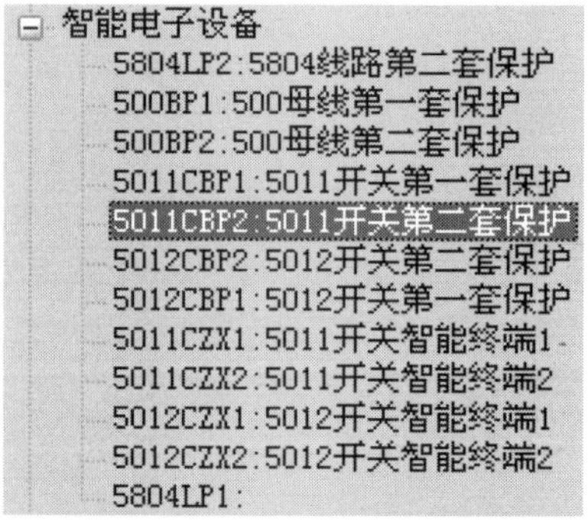

显示了当前打开文件的智能电子设备信息。选中的智能电子设备信息将会高亮显示，且在软件的中间信息窗口中显示设备信息，智能电子设备信息界面如图 7-24 所示。

右键智能电子设备下的节点可弹出菜单，对其进行相应的操作。

图 7-24　智能电子设备信息界面

（1）更新 IED 设备。选择外部设备的 ICD 文件用于更新。可以勾选检查 IED 设备文件的正确性，在导入过程中将会检测。若出错，则会显示错误信息。出错信息界面如图 7-25 所示。

更新 IED 设备时会自动去比较数据模板，当数据模板发生冲突时可选择加前缀、覆盖、忽略三种处理方式。前缀可自行输入添加。其中左侧为原始 IED 设备信息，右侧为更新的 IED 设备信息。可单个选择需更新的设备文件。然后点击“开始更新”按钮开始更新，IED 更新界面如图 7-26 所示。

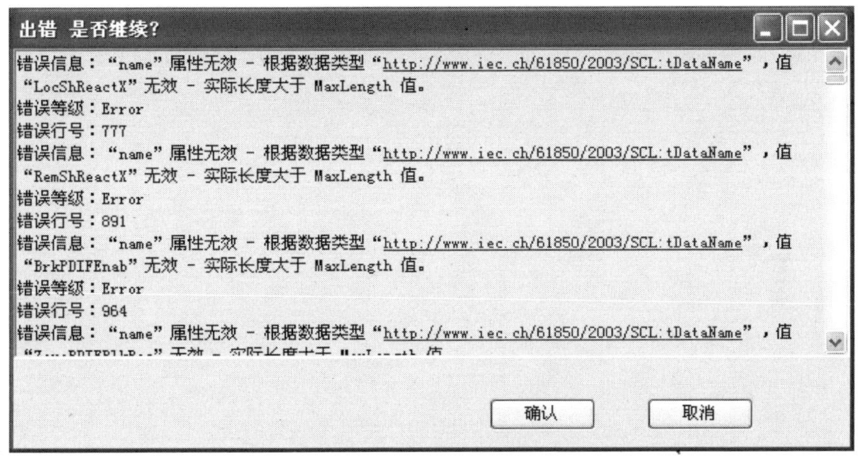

图 7-25　出错信息界面

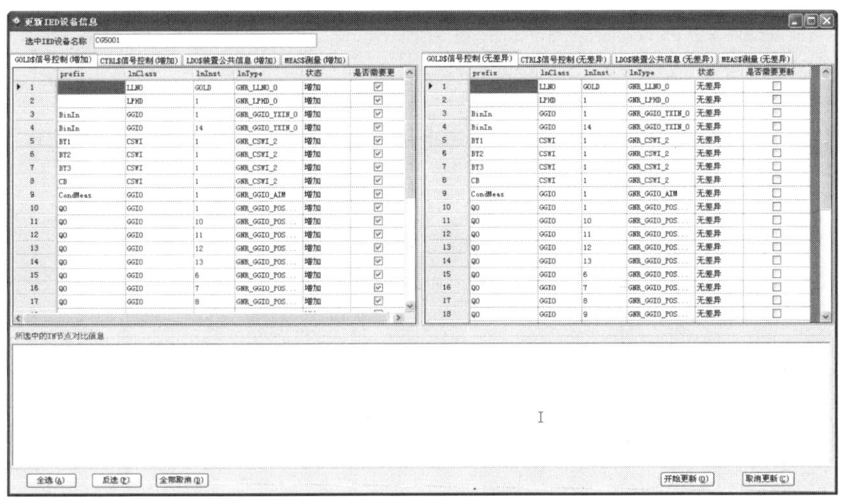

图 7-26　IED 更新界面

（2）LN 信息界面。该界面提供了智能电子设备下的 LN 信息，并且可以对相应的条目进行编辑。可以保存修改，LN 信息界面如图 7-27 所示。

（3）LD 信息界面。该界面提供了智能电子设备下的所有 LD 信息，以列表形式显示，并在相应权限下，可对 LD 的 desc 项进行编辑，LD 信息界面如图 7-28 所示。

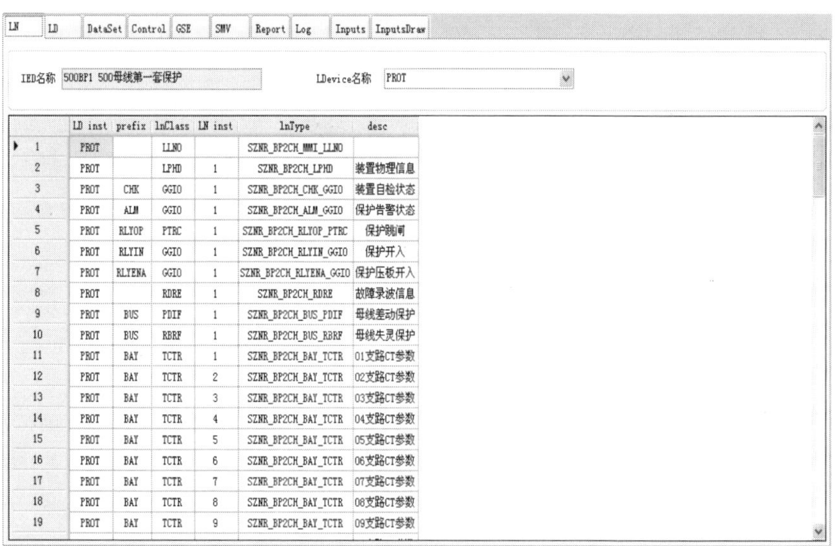

	LD inst	prefix	lnClass	LN inst	lnType	desc
1	PROT		LLN0		SZNR_BP2CH_MMI_LLN0	
2	PROT		LPHD	1	SZNR_BP2CH_LPHD	装置物理信息
3	PROT	CHK	GGIO	1	SZNR_BP2CH_CHK_GGIO	装置自检状态
4	PROT	ALM	GGIO	1	SZNR_BP2CH_ALM_GGIO	保护告警状态
5	PROT	RLYOP	PTRC	1	SZNR_BP2CH_RLYOP_PTRC	保护跳闸
6	PROT	RLYIN	GGIO	1	SZNR_BP2CH_RLYIN_GGIO	保护开入
7	PROT	RLYENA	GGIO	1	SZNR_BP2CH_RLYENA_GGIO	保护压板开入
8	PROT		RDRE	1	SZNR_BP2CH_RDRE	故障录波信息
9	PROT	BUS	PDIF	1	SZNR_BP2CH_BUS_PDIF	母线差动保护
10	PROT	BUS	RBRF	1	SZNR_BP2CH_BUS_RBRF	母线失灵保护
11	PROT	BAY	TCTR	1	SZNR_BP2CH_BAY_TCTR	01支路CT参数
12	PROT	BAY	TCTR	2	SZNR_BP2CH_BAY_TCTR	02支路CT参数
13	PROT	BAY	TCTR	3	SZNR_BP2CH_BAY_TCTR	03支路CT参数
14	PROT	BAY	TCTR	4	SZNR_BP2CH_BAY_TCTR	04支路CT参数
15	PROT	BAY	TCTR	5	SZNR_BP2CH_BAY_TCTR	05支路CT参数
16	PROT	BAY	TCTR	6	SZNR_BP2CH_BAY_TCTR	06支路CT参数
17	PROT	BAY	TCTR	7	SZNR_BP2CH_BAY_TCTR	07支路CT参数
18	PROT	BAY	TCTR	8	SZNR_BP2CH_BAY_TCTR	08支路CT参数
19	PROT	BAY	TCTR	9	SZNR_BP2CH_BAY_TCTR	09支路CT参数

图 7-27　LN 信息界面

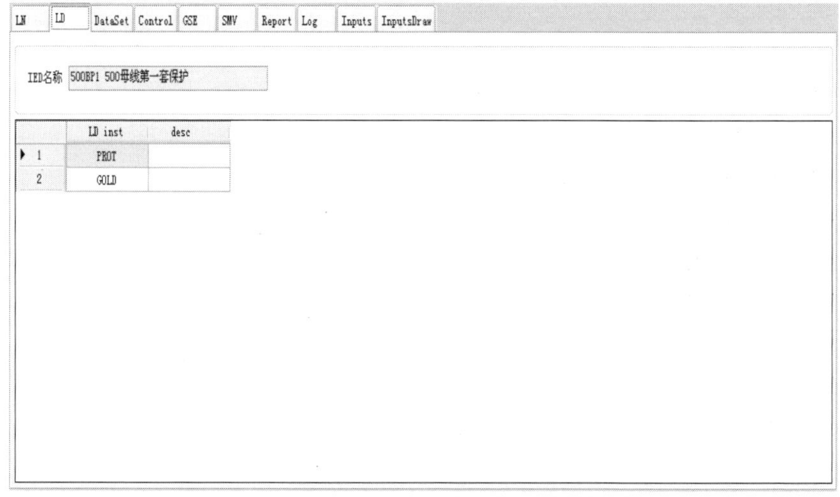

	LD inst	desc
1	PROT	
2	GOLD	

图 7-28　LD 信息界面

（4）DataSet 信息页面。该页面提供了智能电子设备下的 DataSet 信息，并且可以对相应的条目进行编辑，可以保存修改，DataSet 信息界面如图 7-29 所示。

选择相应的 Ldevice 名称，对其进行数据集操作。

增加数据集：在 DataSet 下增加一个数据集。需要填写 DataSet 名称后才可以确认增加，增加数据集界面如图 7-30 所示。

图 7-29　DataSet 信息界面

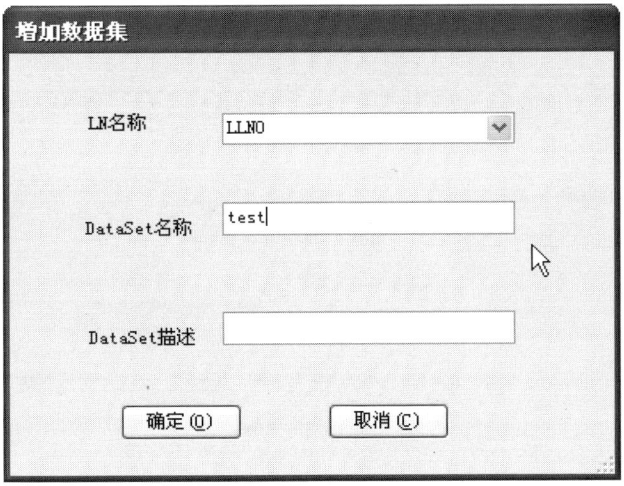

增加数据集

LN名称　LLN0

DataSet名称　test

DataSet描述

确定(O)　取消(C)

图 7-30　增加数据集界面

编辑数据集：可对当前所有的数据集进行编辑，修改其 name、desc 两项，如图 7-31 所示。

删除数据集：删除当前选中的数据集，并显示出数据集的部分信息，用以确认。

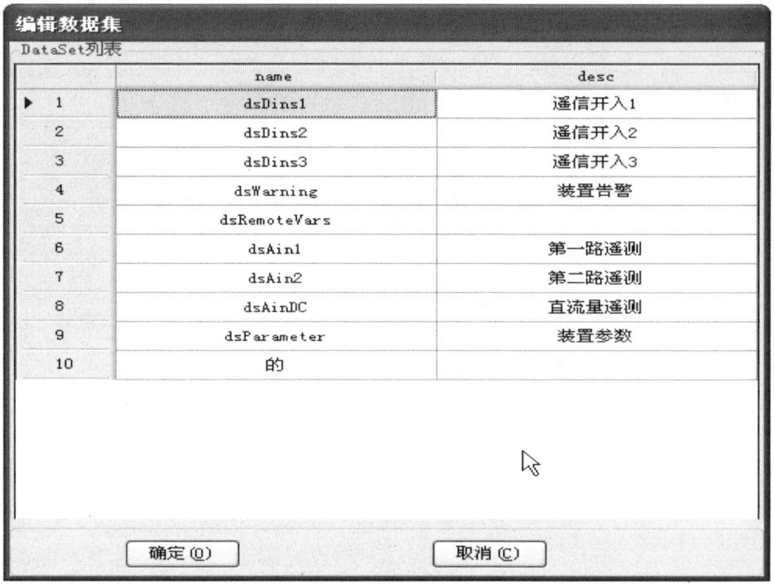

编辑数据集
DataSet列表
name
desc
1 dsDins1 遥信开入1
2 dsDins2 遥信开入2
3 dsDins3 遥信开入3
4 dsWarning 装置告警
5 dsRemoteVars
6 dsAin1 第一路遥测
7 dsAin2 第二路遥测
8 dsAinDC 直流量遥测
9 dsParameter 装置参数
10 的
确定 (O)
取消 (C)

图 7-31 编辑数据集界面

（5）GSE 信息界面。该界面提供了智能电子设备下的 GSE 信息，并且可以对相应的条目进行编辑，可以保存修改，GSE 信息界面如图 7-32 所示。

智能电子设备信息
通信系统
LN
LD
DataSet
Control
GSE
SMV
Report
Log
Inputs
InputsDraw
IED名称
500BP1 500母线第一套保护
LDevice名称
PROT
增加(C)
删除(D)
GSEControl列表
name desc subnetwork confRev type dataSet gooseID MAC-Address APPID VLAN-ID VLAN-PRIORITY MinTime MaxTime

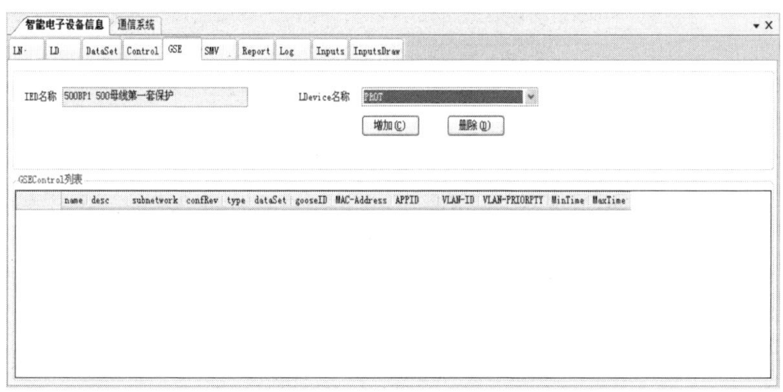

图 7-32 GSE 信息界面

在 GSE 页面下可选择相应的 LDevice 名称，在 GSEControl 列表中显示信息。增加 GSEControl：单击“添加”按钮，则会弹窗提示，填写相应的信息后确定在页面中将增加新加的记录，信息与自行填写的相同。删除记录，则单击“删除”按钮，将会删除当前选中的记录。若为选中记录，则不会进行操作。

（6）SMV 信息界面。该界面提供了智能电子设备下的 SMV 信息，并且可以对相应的条目进行编辑。可以保存修改，SMV 信息界面如图 7-33 所示。

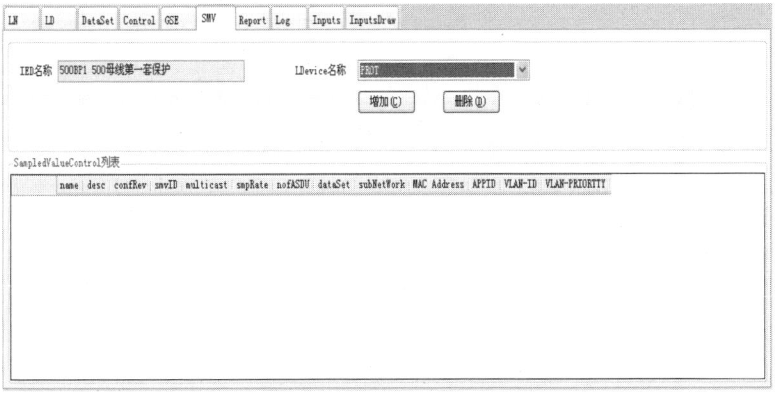

图 7-33 SMV 信息界面

在 SMV 下，选择不同的 LDvice 名称，将会在列表中显示相应的信息。单击“添加”按钮，提示添加记录，可以自行修改其中的部分条目。单击“删除”按钮，可以删除当前选中的记录。若未选中，则不进行操作。

（7）Report 信息界面。该界面提供了智能电子设备下的 Report 信息，并且可以对相应的条目进行编辑。可以保存修改，Report 信息界面如图 7-34 所示。

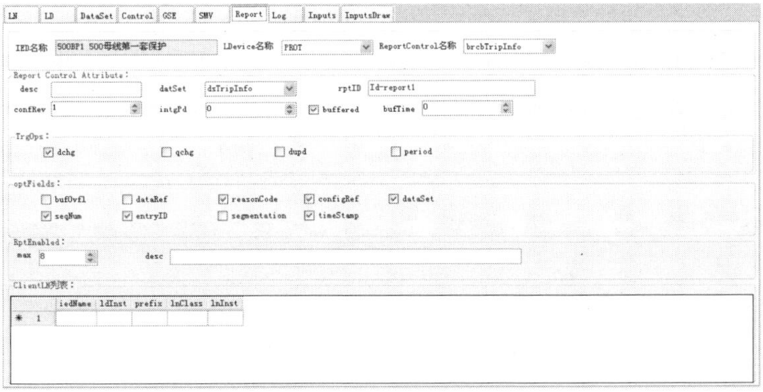

图 7-34 Report 信息界面

在 Report 页面下，选中不同的 Ldevice 名称 和 ReportControl 名称，会在下述条目中显示相应的信息。不同的名称下所含信息可能不同。Report Control Attribute 下各项显示了相应的名称下的信息，可对其做自行修改，在关闭时会提示是否保存到项目文件中。OptFields 中以选择方式提供了信息，可以选中或不选中，最后可以保存到项目文件中。RptEnabled 下的 desc 可以自行手工输入信息。ClientLN 列表以列表的形式显示具体信息。

（8）Log 信息界面。该界面提供了智能电子设备下的 Log 信息，并且可以对相应的条目进行编辑，可以保存修改，Log 信息界面如图 7-35 所示。

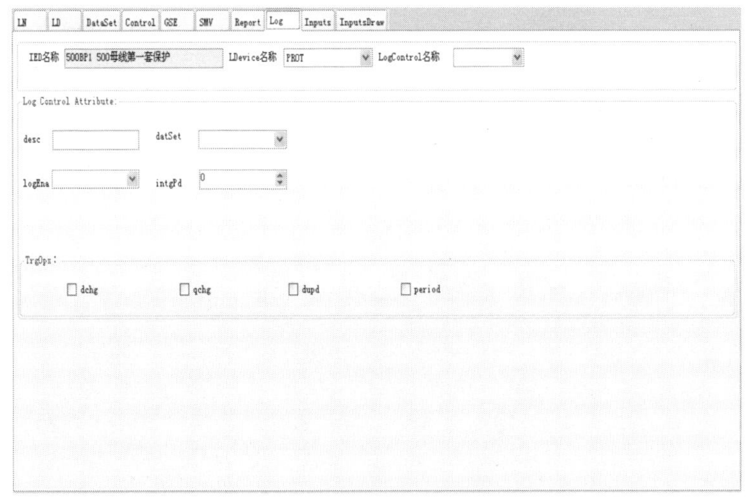

图 7-35 Log 信息界面

需要选择相应的 LDevice 名称以及 LogControl 名称才会显示信息。desc 可以自行输入，其他都是选择形式修改信息，可保存到项目文件中。

（9）Inputs 信息界面。该界面提供了智能电子设备下的 Inputs 信息，并且可以对相应的条目进行编辑，可以保存修改，Inputs 信息界面如图 7-36 所示。

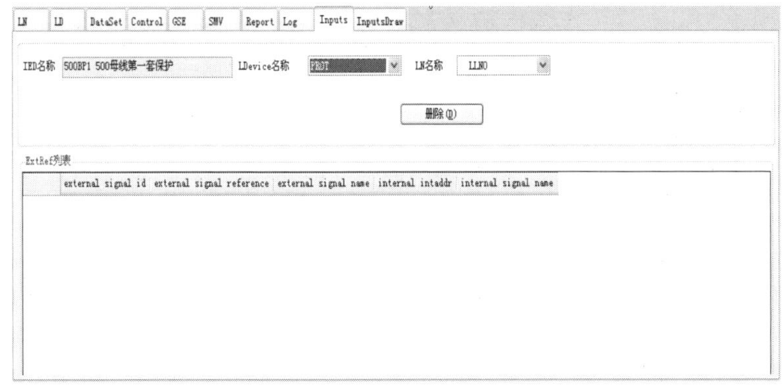

图 7-36 Inputs 信息界面

在 Inputs 页面下，可从右侧的信号搜索中，鼠标选中某设备条目，拖入页面中，会在 LN 名称以及 ExRef 列表中显示信息。

（10）InputsDraw 信息界面。该界面提供了智能电子设备下的 InputsDraw 信息，并且可以对相应的条目进行编辑，可以保存修改，InputsDraw 信息界面如图 7-37 所示。

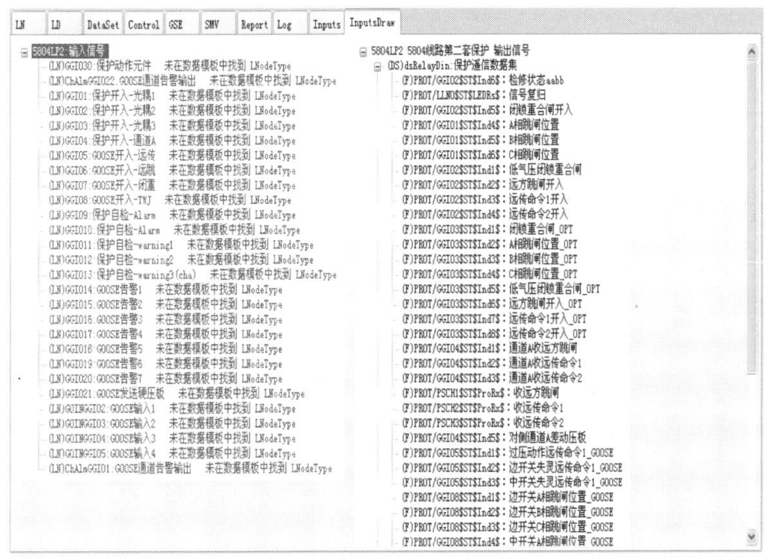

图 7-37　InputsDraw 信息界面

在 InputsDraw 界面下可以使用连线方式进行关联：连线只可以是从输入信号连接到输出信号，不支持反向连接。最后一条所连的线以绿色显示，之前所连的线以红色表示。当选中某条线时，该线以绿色表示，先前为绿色的线条改为红色显示，InputsDraw 操作界面如图 7-38 所示。

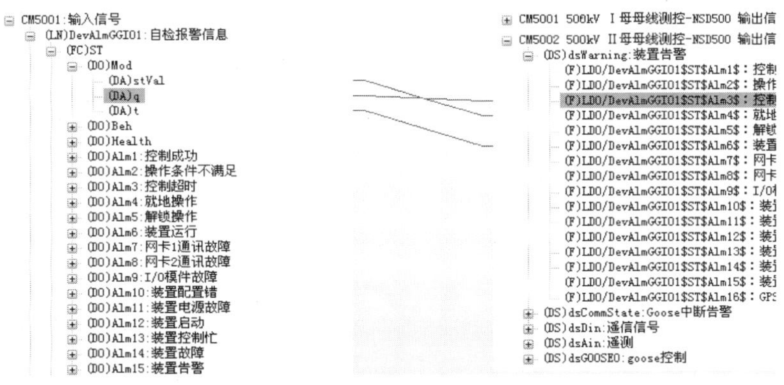

图 7-38　InputsDraw 操作界面

信号拖入：可从软件右侧的信号搜索窗口中的外部或内部信号，选择需要的信号，选中鼠标拖拽入本界面中，进行操作。

第二节　模 型 检 测 工 具

IEC 61850 标准体系庞大而复杂，另外，我国还针对工程应用的特点制定了详细的工程应用模型。然而实际工程中，由于模型细节过于复杂，内容太多，厂商不一定严格执行，必须依靠检测保证。但同样的原因，应用模型复杂必然导致检测工作量大，检测工作复杂。因此检测必须依赖工具进行。

国际权威机构荷兰 KEMA 公司为此开发了模型检测工具“UniCA SCL checker”对装置进行一致性检测。然而一致性测试是对通信以及为了通信而组成系统的 IED 有关系统的型式试验。作为全面性的通信标准，IEC 61850 标准包括标准的一致性测试，以保证所有设备供应商遵守应用需求。型式试验和一致性测试不能完全保证所有功能和性能的要求被满足。但是，正确进行型式试验和一致性测试可以明显地减少在工厂和现场集成系统时出现问题的风险。

IEC 61850 标准第 10 部分主要规定了服务器端的数据模型和服务模型一致性测试用例，包含以下内容：配置文件测试用例，数据模型测试用例，ACSI 服务模型测试用例，包含应用关联（Ass）、服务器/逻辑设备/逻辑节点/数据/数据属性模型（Srv）、数据集模型（Dset）、定值组模型（Sg）、报告模型（Br 与 Rp）、日志模型（log）、GOOSE 模型（Goo）、控制模型（Ctl）、取代模型（Sub）、采样值传输模型（Sv）、时钟与时钟同步模型（Tm）、文件传输模型（Ft）。

此外，IEC 61850 标准第 10 部分还规定一些性能测试，主要包括不同服务的通信延时测试和时钟同步及精度测试。

一、一致性测试现状

在不同厂家互操作的实际工程中，即使都通过了 61850 一致性测试，有的甚至通过国际权威机构 KEMA 一致性测试仍然不能保证工程中的良好的互操作，基于国内外八个厂家互操作的 220kV 外陈变电站工程就是一个典型的例子，最终该工程通过在工厂集中测试阶段制定一些规范（这些规范大部分被国内工程实施标准采纳，广泛用于国内实际工程中）确保工程投产。国外著名的互操作工程，美国田纳西河流管理局（TVA）的 500kV Bradley 变电站的漫长工程经验也证明了 IEC 61850 标准一致性测试并不总能保证互操作。

IEC 61850 标准一致性测试的不足主要有两个原因：

（一）标准本身的不足

标准第 10 部分仅规范了服务器端数据模型和服务模型测试，但不规范客户端服务测试。实际工程中，往往存在客户端访问不标准或不合理导致服务器端死机等现象。

标准第 10 部分服务器端数据模型测试用例为基本规则测试，但不检验模型应用的正确性。标准数据模型测试主要包含“每个 LN 中强制数据对象是否存在”、“检验有条件的数据对象是否存在、是否正确”、“检验来自设备的数据属性值是否在特定范围内”等规则方面检测，不包含模型应用是否符合标准方面的检测。根据 IEC 61850 标准第 7-3、7-4 部分，标准定义了广泛的逻辑节点及其数据类和公用数据类，这些模型定义在实际工程中并没有严格执行，尤其是逻辑节点及其数据类涉及具体模型的语意，实际工程中应用比较混乱。

标准第 10 部分服务器端服务模型测试用例为基本服务测试，服务模型应用一致性测试用例不足，不能保证工程应用时所有服务在各种情况下一致，存在通信隐患。

IEC 61850 标准基于 XML（可扩展标记语言）建立一种 SCL（变电站配置描述语言），在第 6 部分采用 SCL 语言定义了四种配置文件（ICD、SSD、SCD、CID）及配置流程，但很多厂家并没有友好可靠的 IED 配置工具对装置进行配置下装，工程中有的还需要手动修改或编写 SCL 文件，容易出错导致装置不能正常运行。有的厂家开发了配置工具，但缺乏必要的测试，经常出现导入导出出错、导出文件不合法、不正确等情况。对于我国出台的 61850 相关标准，一些厂家也不能很好地支持。这些问题影响了工程调试和投运的进度，降低了工程调试的质量，给智能变电站的运行维护带来较大隐患，因此有必要对各厂家 IED 配置工具进行全面的测试。

（二）缺少区域或用户规范检验

由于考虑前瞻性和兼容性，IEC 61850 标准有很大的灵活余地，每个公司或区域必须在标准没有明确规定的方面做很多规范才能够做到实际工程的实施。我国电力行业、国家电网公司和中国南方电网有限责任公司都出台了 IEC 61850 标准工程实施规范，它们都遵循 IEC 61850 标准，但比标准本身规定得更细，而这方面的规范测试自然不在标准范围内，但实际工程中，一些厂家却没有按照这些国内规范执行，影响了工程互操作，往往需要在工程中做两两互操作试验，花费额外人力物力做一些特殊版本的程序，而且不能保证工程按时投产。

智能变电站工厂联调和现场实施过程中，系统配置工具需将每个型号的保护、测控、录波、智能终端、合并单元等的模型文件（ICD 文件）导入，配置 GOOSE、SV 逻辑连接线、通信参数、IED 名称等信息。由于模型文件存在的数据类型模板冲突、配置的数据集和装置设计不匹配、语法问题、短地址的格式不正确、配置的变量名不存在等系列问题，导致设备开发和工程实施进度受到严重影响。在开发和工程实施阶段，使用此模型检测工具检测要使用的模型文件，保持模型文件的一致性、正确性和稳定性，可以减少系统配置工具的冲突次数，提示出添加和更改的功能，减少使用标准模型检测工具测出的错误个数，缩短智能变电站的实施周期，减少工程的重复劳动。

二、一致性测试内容

IEC 61850 标准工程应用模型测试的目标是保持模型文件的一致性、正确性和稳定性。为了达成此一目标，IEC 61850 静态模型（ICD 文件）测试应从以下几个方面展开。

（一）模型文件格式及语法的检查

根据 IEC 61850 标准，模型文件拥有正确语法，可以形成良好的 xml，并且可以通过 IEC 61850-6 规定的 schema 有效性检查。

（二）信息语义约定及一致性要素检查

IEC 61850 不但规定了信息模型层次结构，还对信息的语义进行了一致性的约定和规范。譬如保护元件的语义由 LN 承载，保护行为的语义由 DO 约定，LDevice 必须包含 LLN0 和 LPHD 逻辑节点等。

（三）数据有效性测试

包括数据模板的正确性和冗余性测试、实例化数据（DOI、DAI 等）的有效性测试、功能约束数据属性 FCDA 的正确性测试。

（四）Q/GDW 1396—2012 规范性测试

根据 Q/GDW 1396—2012《IEC 61850 工程继电保护应用模型》进行模板文件的工程规范性测试，保证智能变电站的实施符合国家电网公司的基本技术规范。

检测软件读入 IEC 61850 静态模型文件（ICD 文件），以文本方式和树形结构图的方式展现 IEC 61850 的模型框架；同时载入符合 IEC 61850 系列标准和 Q/GDW 1396—2012 规范的规则模板；在对 ICD 文件进行文法和语法检查的基础上，对模型的模板冲突、逻辑错误和功能配置等进行检测；对于检测结果以重要等级（错误、警告）进行归类，标出其在文档中所处的位置，并给出修改建议，保证 ICD 文件的正确性、一致性和稳定性。ICD 检测软件界面如图 7-39 所示。

为了保持 ICD 文件模型的一致性、正确性和稳定性，缩短智能变电站的实施周期，提高工程的实施效率，ICD 文件检测软件采用一种创新性的 IEC 61850 继电保护模型校验方法，可以对 ICD 文件的继电保护模型正确性进行校验，并申请通过发明专利“IEC 61850 继电保护模型校验方法”。该发明采用如下的技术方案：读入 ICD 文件，通过 ICD 文件解析模块从 ICD 文件中读出应用模型数据，对应用模型数据进行语法语义处理后，提交给校验模块；通过规则模板模块将生成的校验规则模板提供给校验模块使用；校验模块得到 ICD 文件解析模块提供的数据和规则模板模块提供的校验规则模板后，开始进行校验，并将校验结果送至文件

图 7-39　ICD 检测软件界面

管理模块；文件管理模块负责管理及维护校验过程中所产生的结果文件，并遍历所有结果文件，并将校验结果保存为不同格式的输出文件。该发明的原理为：读入 IEC 61850 标准静态模型文件（ICD 文件），以文本方式和树形结构图的方式展现 IEC 61850 标准的模型框架；同时载入符合 IEC 61850 系列标准和 Q/GDW 1396—2012 规范的规则模板；在对 ICD 文件进行文法和语法检查的基础上，对模型的模板冲突、逻辑错误和功能配置等进行检测；对于检测结果以重要等级（错误、警告）进行归类，标出其在文档中所处的位置，并给出修改建议，保证 ICD 文件的正确性、一致性和稳定性。

以上所述的 IEC 61850 继电保护模型校验方法，ICD 文件解析模块负责 ICD 文件的导入、文法和语法解析、语义转换和校验，以文本方式和树形结构图的方式展现 IEC 61850 的模型框架。上述的 IEC 61850 继电保护模型校验方法、规则模板模块作为应用模型静态检测的基础，为应用模型检测提供规则、方法和模板；所述的校验规则模板符合 IEC 61850 系列标准和 Q/GDW 1396—2012 规范。上述的 IEC 61850 继电保护模型校验方法，校验模块负责对 ICD 文件的正确性、一致性、稳定性和冗余性进行检测和验证，对校验的结果给出提示和修改的建议。

下面以浙江 500kV 兰溪变电站 220kV 游埠 I 线测控.ICD 文件为校验对象。该文件包含以下两个不正确片段：

(1)
```
<IED name="CL2216" desc="220kV 游埠 I 线测控" type="PCS9705A"
manufacturer=" " configVersion="1.00">
    <Private type="NR_Board">Type:NR4102, Slot:B01, Fiber:1</Private>
    <Private type="NR_Board">Type:NR4136, Slot:B03, Fiber:6</Private>
    <Private type="NR_Board">Type:NR4126, Slot:B09, Fiber:2</Private>
    <Services>
    ……
```

利用模型校验方法解析 ICD 文件，根据规则模板中的规则：“ICD 文件中，IED 的 name（名称）必须为 Template（依据 IEC 61850 标准）”，而在上述片段的第一行：<IED name="CL2216"，不符合 IEC 61850 标准。校验工具提示出错信息。

(2)
```
<DOType id="CN_SPC_EX" cdc="SPC">
<DA name="SBOw" bType="Struct" type="CN_SBOw_Oper_SDPC" fc="CO"/>
<DA name="Oper" bType="Struct" type="CN_SBOw_Oper_SDPC" fc="CO"/>
<DA name="Cancel" bType="Struct" type="CN_Cancel_SDPC" fc="CO"/>
<DA name="ctlVal" bType="BOOLEAN" fc="CO"/>
<DA name="stVal" bType="BOOLEAN" dchg="true" fc="ST"/>
<DA name="q" bType="Quality" qchg="true" fc="ST"/>
<DA name="t" bType="Timestamp" fc="ST"/>
<DA name="subEna" bType="BOOLEAN" fc="SV"/>
<DA name="subVal" bType="BOOLEAN" fc="SV"/>
<DA name="subQ" bType="Quality" fc="SV"/>
<DA name="subID" bType="VisString64" fc="SV"/>
<DA name="pulseConfig" bType="Struct" type="CN_PulseConfig" fc="CF"/>
<DA name="ctlModel" bType="Enum" type="ctlModel" fc="CF"/>
<DA name="sboTimeout" bType="INT32U" fc="CF"/>
<DA name="sboClass" bType="Enum" type="sboClass" fc="CF"/>
<DA name="dU" bType="Unicode255" fc="DC">
<Val>SGCC MODEL:2009</Val>
</DA>
<DA name="dataNs" bType="VisString255" fc="EX"/>
</DOType>
```

利用模型校验方法解析 ICD 文件，根据规则模板中的规则：“国家电网规范（Q/GDW 396—2009），关于 DOType 的定义”，上述片段的第五行：<DA bType="BOOLEAN" name="ctlVal" fc="CO"/>，不符合规范，正确的语句为“<DA bType="BOOLEAN" name="stVal" fc="ST" dchg="true"/>”。

第三节 手持式测试仪

智能变电站采用了根据 IEC 61850 标准设计和制造的数字化继电保护及自动

化装置，电气及信号量的传输由原来的电气模拟量传输转变为数字量传输。因此，新型的保护校验装置是不需要传统电气量发生部件的，随之带来的改变是测试装置体积、重量大幅减小，出现了更易随身携带，能够较长时间脱离电源使用的测试仪器，称之为手持式测试仪。本节以 DM-5000E 型手持光数字测试仪为例，主要介绍其数字报文测试功能在工程集成测试中的应用。

DM-5000E 手持光数字测试仪是基于 IEC 61850 标准开发的，支持 SV、GOOSE 发送测试及接收监测，可应用于智能变电站/数字化变电站合并单元、保护、测控、计量、智能终端等 IED 设备的快速简捷测试、遥信/遥测对点、光纤链路检查。DM-5000E 手持光数字测试仪的外观及测试主界面如图 7-40 所示，共有 12 个功能模块：电压电流、状态序列、SMV 接收、GOOSE 接收、核相、极性、对时、网络报文、智能终端、串接侦听、MU 同步性、光功率。

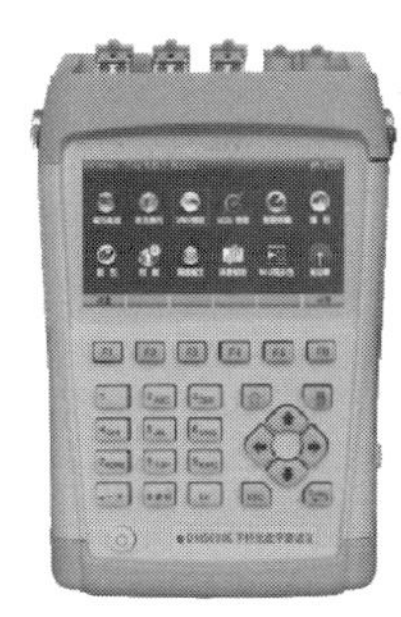

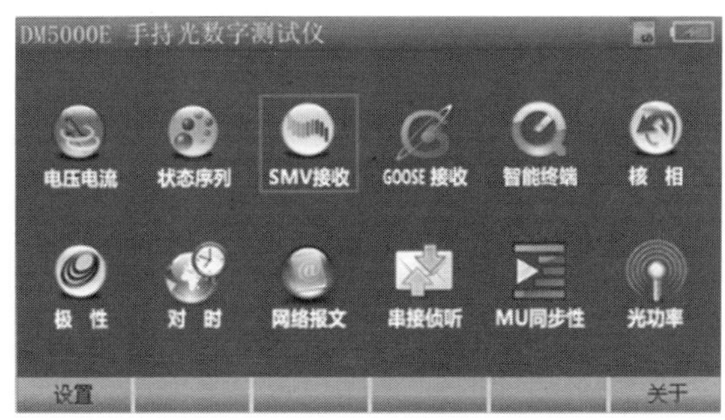

图 7-40　DM-5000E 手持光数字测试仪的外观及测试主界面

一、测试设置

（一）基本设置

基本设置主要设置全站配置文件、电压/电流通道一次/二次值的缺省值（每个 SMV 控制块通道一次/二次额定值可在该控制块监测界面更改）。全站配置文件为经专用配置文件转换工具将 SCD 文件转换成后缀为 kscd 的文件。

全站配置文件中包含了所配置的 SMV 控制块及 GOOSE 控制块信息，选中全站配置文件，可对配置文件中包含的 SMV 控制块及 GOOSE 控制块信息进行快速浏览。

在基本设置页面下按 F2 进入导入 IED 页面，IED 列表及关联信息如图 7-41 所示。通过导入 IED 进行配置，会极大地方便 SMV 及 GOOSE 的发送/接收设置。

可通过页面下查找功能，选择 IED 设备，双击选择的 IED 设备，进入 IED 连线图页面。在该页下可对 IED 关联图进行放大、缩小及图片保存。按 F6 导入本

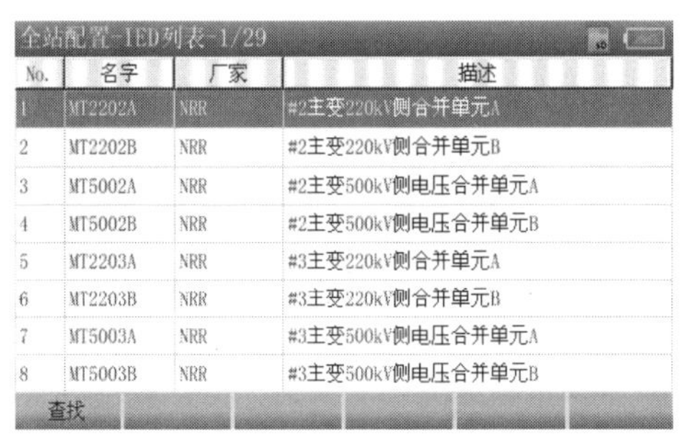

（a）

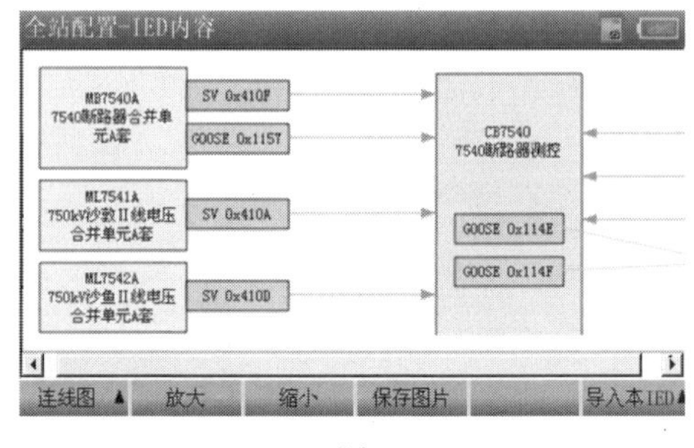

（b）

图 7-41　IED 列表及关联信息

IED，可选择将本 IED 作为被测对象导入还是作为模拟对象导入，对于保护装置，一般作为被测对象导入，对于 MU 一般作为模拟对象导入。选择完成后，将自动配置好测试仪的 SMV 发送、SMV 接收、GOOSE 发送、GOOSE 接收等信息。配置好的信息可通过按 F1 进行 SMV 发送、SMV 接收、GOOSE 发送、GOOSE 接收来进行信息查看。

（二）SMV 发送设置

DM-5000E 内置 12 路电压、12 路电流，分为 3 组。12 路电压、12 路电流可根据需要映射到多个 SMV 采样值控制块同时输出。

SMV 发送设置主要设置采样值报文发送选项，可设置 SMV 类型、采样频率、ASDU 数目、SMV 报文采样通道交直流属性、拟发送的 SMV 选择等，最大支持每个光以太网口同时发送 4 组 SMV 报文。

主界面下按 F1 进入基本设置，再次按 F1 选择“SMV 发送设置”，如图 7-42 所示，图中 SMV 发送 1、SMV 发送 2……等是根据发送需要设置添加的 SMV。

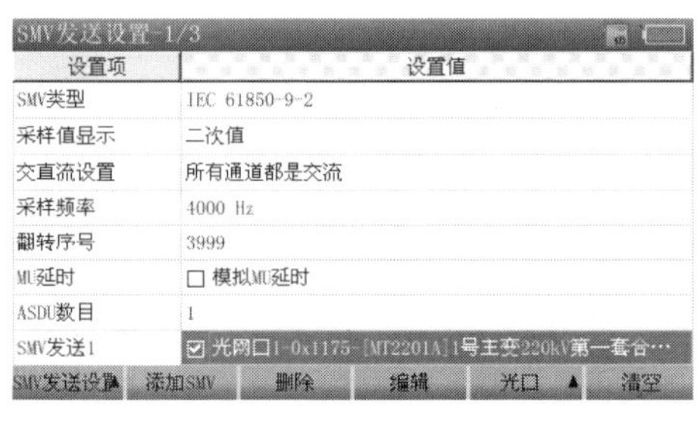

（a）

（b）

图 7-42　SMV 发送设置界面

1. 添加 SMV

添加发送的 SMV 采样值控制块，支持 3 种方式添加 SMV：从全站配置中选择添加 SMV、从扫描列表中选择添加 SMV、手动添加 SMV。

2. 从全站配置中选择 SMV

从基本设置的全站配置文件中选择 SMV。选中“从全站配置中选择 SMV”，按 Enter 后自动显示全站配置文件中的 SMV 控制块，按 F1 选择/取消当前高亮 SMV 控制块。根据需要选择好 SMV 后按 Esc 返回，可看到所选择的 SMV 发送列表。

3. 从扫描列表中选择 SMV

从实时扫描的采样值报文列表中选择添加 SMV。选中“从扫描列表中选择 SMV”，按 Enter 后显示实时侦听到的采样值控制块列表。按 F1 选择/取消当前高亮采样值控制块 SMV。根据需要选择好 SMV 后按 Esc 返回，可看到所选择的 SMV 发送列表。

4. 手动添加 SMV

手动添加 SMV 发送采样值控制块。

（三）GOOSE 发送设置

主界面下按 F1 进入基本设置，再次按 F1 选择“GOOSE 发送设置”，进入 GOOSE 发送设置界面，GOOSE 发送设置如图 7-43 所示，图中 GOOSE 发送 1、GOOSE 发送 2……等是根据发送需要设置添加的 GOOSE。GOOSE 发送参数说明如下：

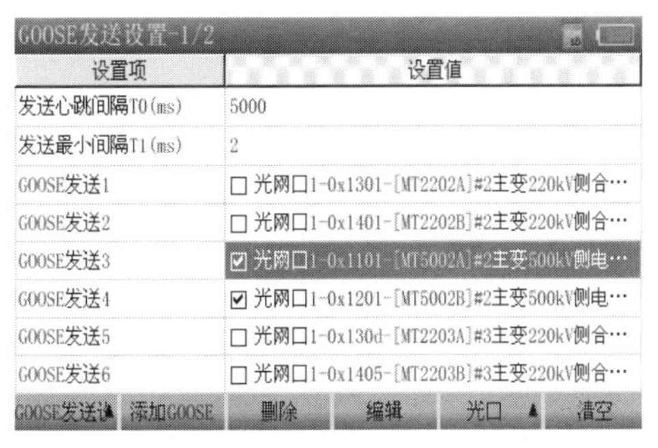

图 7-43 GOOSE 发送设置

1. 发送心跳间隔 T0（ms）

设置 GOOSE 心跳报文间隔时间 T0，单位为 ms，缺省值为 5000。

2. 发送最小间隔 T1（ms）

设置 GOOSE 变位发送间隔时间 T1，单位为 ms，缺省值为 2。

3. 添加 GOOSE

添加发送 GOOSE 控制块，支持 3 种方式添加：从全站配置中选择添加 GOOSE、从扫描列表中选择添加 GOOSE、手动添加 GOOSE，DM-5000E 最大支持添加 20 个发送 GOOSE 控制块。

（1）从全站配置中选择 GOOSE。从全站配置文件中选择添加 GOOSE。选中“从全站配置中选择 GOOSE”，按 Enter 后自动显示全站配置文件中的 GOOSE 控制块，按 F1 选择/取消当前高亮 GOOSE 控制块。根据需要选择好 GOOSE 后按

Esc 返回，可看到所选择的 GOOSE 发送列表。

（2）从扫描列表中选择 GOOSE。从实时扫描的 GOOSE 报文列表中选择添加 GOOSE。选中“从扫描列表中选择 GOOSE”，按 Enter 后显示实时侦听到的 GOOSE 控制块列表。按 F1 选择/取消当前高亮 GOOSE 控制块。根据需要选择好 GOOSE 控制块后按 Esc 返回，可看到所选择的 GOOSE 发送列表。

（3）手动添加 GOOSE。手动添加发送 GOOSE 控制块。

按上述三种方式添加设置好 GOOSE 发送参数后，得到 GOOSE 发送列表。发送列表可最多添加 20 个 GOOSE，按 F3 删除 GOOSE，按 F4 编辑 GOOSE。DM5000E 最大支持同时发送 4 组 GOOSE 报文，在 GOOSE 发送列表中只有选中的 GOOSE 才会按设置好的控制块参数及通道类型发送，按 Enter 可选中/取消 GOOSE，按 F5 可进行 GOOSE 发送光口的设置。

GOOSE 开出映射：测试仪设有 6 个 GOOSE 开出，DO1～DO6，在状态序列功能模块中可设置每一状态的 DO1～DO6 的状态，在开关测试中，可用于测试 GOOSE 开出转 GOOSE 开入或 GOOSE 开出转硬接点的传输延时。光标移至映射栏，设置 GOOSE 条目需要映射的 GOOSE 开出，GOOSE 开出映射如图 7-44 所示。

GOOSE发送通道参数-1/2

序号	通道描述	类型	映射
1	通道#1-stVal	单点	---- ▼ (DO1 DO2 DO3 DO4 DO5 DO6)
2	通道#2-q	品质	
3	通道#3-t	时间	
4	通道#4-stVal	单点	
5	通道#5-q	品质	
6	通道#6-t	时间	
7	通道#7-stVal	单点	----
8	通道#8-q	品质	

控　通　添加　删除　通道模板▲

图 7-44　GOOSE 开出映射

（四）GOOSE 接收设置

GOOSE 接收设置主要设置“电压电流”、“状态序列”功能模块测试中开关量反馈输入 GOOSE 通道与 DM5000E 内置的 8 个数字 DI 通道的映射关系，便于直观地了解测试结果。GOOSE 接收设置不影响“GOOSE”报文监测功能。

主界面下按 F1 进入基本设置，再次按 F1 选择“GOOSE 接收设置”，进入 GOOSE 接收设置界面，GOOSE 控制块添加界面如图 7-45 所示。按“添加”功能菜单对应的 F2 键可选择从实时扫描列表或全站配置文件中添加 GOOSE 控制块，最多可添加 20 个 GOOSE 控制块。

移动上下方向键选择 GOOSE 控制块，按“选择（OK）”对应的功能键 F5 或 Enter，可选中该 GOOSE 控制块。按“通道选择”对应的功能键 F4，可选择 GOOSE 通道，如图 7-45（a）所示。移动上下方向键可选择 GOOSE 通道，按 Enter 选中/取消该通道。

选择好 GOOSE 通道，按 Esc 返回，按“开入映射表”对应的功能键 F6，显示设置好的开入映射关系，GOOSE 控制块添加及选择如图 7-46 所示。

GOOSE接收设置-1/2

设置项	设置值
GOOSE接收1	☑ 0x0362-[CG000C62]公用测控1
GOOSE接收2	☐ 0x0362-[CG000C62]公用测控1
GOOSE接收3	☐ 0x0863-[CG000C63]公共测控2
GOOSE接收4	☐ 0x0363-[CG000C63]公共测控2
GOOSE接收5	☐ 0x0244-[IT601A43]PCS922T-主变本体…
GOOSE接收6	☐ 0x0245-[IT601A43]PCS922T-主变本体…
GOOSE接收7	☐ 0x0237-[PT601B37]XJ801-#1主变保护2
GOOSE接收8	☐ 0x0277-[MT600B77]DMU811K-公共绕组…

GOOSE接收▲　添加　删除　通道选择　选择(OK)　开入映射表

（a）

GOOSE接收设置-1/2

设置项	设置值
GOOSE接收1	☑ 0x0362-[CG000C62]公用测控1
GOOSE接收2	
GOOSE接收3	
GOOSE接收4	
GOOSE接收5	主变本体…
GOOSE接收6	主变本体…
GOOSE接收7	☐ 0x0237-[PT601B37]XJ801-#1主变保护2
GOOSE接收8	☐ 0x0277-[MT600B77]DMU811K-公共绕组…

从扫描列表中选择GOOSE

从全站配置中选择GOOSE

GOOSE接收▲　添加　删除　通道选择　选择(OK)　开入映射表

（b）

图 7-45　GOOSE 控制块添加界面

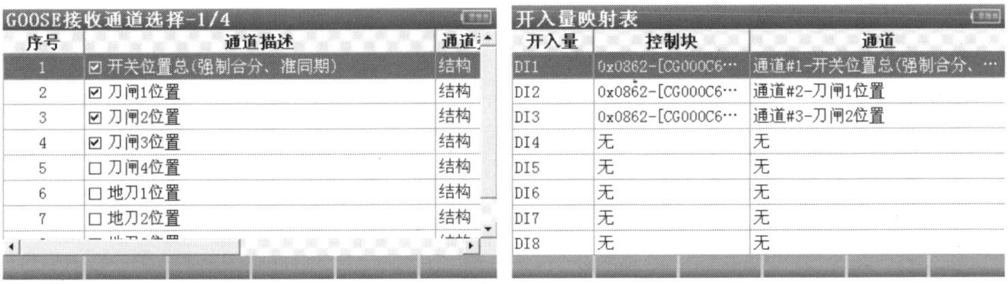

GOOSE接收通道选择-1/4

序号	通道描述	通道
1	☑ 开关位置总(强制合分、准同期)	结构
2	☑ 刀闸1位置	结构
3	☑ 刀闸2位置	结构
4	☑ 刀闸3位置	结构
5	☐ 刀闸4位置	结构
6	☐ 地刀1位置	结构
7	☐ 地刀2位置	结构

（a）

开入量映射表

开入量	控制块	通道
DI1	0x0862-[CG000C6…	通道#1-开关位置总(强制合分、…
DI2	0x0862-[CG000C6…	通道#2-刀闸1位置
DI3	0x0862-[CG000C6…	通道#3-刀闸2位置
DI4	无	无
DI5	无	无
DI6	无	无
DI7	无	无
DI8	无	无

（b）

图 7-46　GOOSE 控制块添加及选择

开入映射表按选中的 GOOSE 控制块列表顺序和选中的通道顺序自动形成，建议先选择并选中 GOOSE 控制块，再选择需要的 GOOSE 通道。DM5000E 手持光数字测试仪“电压电流”、“状态序列”功能模块测试中，最大支持 8 个 GOOSE 通道映射。

二、功能介绍

（一）电压电流

“电压电流”功能模块按设置好的 SMV 控制块及通道映射发送 SMV 报文，按设置好的 GOOSE 控制块及通道属性发送 GOOSE 报文。在主界面选择“电压电流”，按 Enter 经密码权限检查后进入电压电流界面，如图 7-47 所示。按 F1 可在 SMV 和 GOOSE 发送界面之间切换，GOOSE 发送界面如图 7-47 所示。模块中电压、电流幅值、相位、频率均可手动输入修改，也可按设置的步长变化。

（二）状态序列

“状态序列”功能模块需检查密码权限，支持 SMV 多个状态按预先设定序列输出测试，最大状态数可达 10 个，并具有短路故障计算功能，状态切换

电压电流				
通道	幅值	相角	频率	步长
Ua1	55.000V	0.000°	50.001Hz	1.000V
Ub1	55.000V	-120.000°	50.000Hz	1.000V
Uc1	55.000V	120.000°	50.000Hz	1.000V
Ux1	57.735V	0.000°	50.000Hz	1.000V
Ia1	10.000A	0.000°	50.000Hz	0.167A
Ib1	5.000A	-120.000°	50.000Hz	0.167A
Ic1	5.000A	120.000°	50.000Hz	0.167A
Ix1	5.000A	0.000°	50.000Hz	0.167A

SMV GSE 发送SMV 加 减 扩展菜单

(a)

GOOSE发送(1-0x0862)-1/3		
通道	通道类型	通道值
1-开关位置总(强制合分、准同期)-1-stVal	单点	off
2-刀闸1位置	单点	on
3-刀闸2位置	单点	off
4-刀闸3位置	单点	on
5-刀闸4位置	双点	on
6-地刀1位置	双点	init
7-地刀2位置	双点	off
8-地刀3位置	双点	on / bad

SMV GSE 发送GOOSE 上一控制块 下一控制块 扩展菜单

(b)

图 7-47 电压电流界面与 GOOSE 发送界面

可按设定的时间切换、手动切换或者按设定的开入量变位切换。与“电压电流”功能模块类似，按 SMV 发送设置好的 SMV 控制块及通道映射发送 SMV 报文，按GOOSE接收设置的内置DI开入和接收GOOSE通道的映射关系反映试验结果。在 DM5000E 主界面选择“状态序列”，按 Enter 可进入状态序列列表界面，如图 7-48 所示，状态序列中的状态可勾选，勾选的状态为有效状态。

状态切换方式可选“限时切换”、”手动切换”和“开入量切换”。每个状态的数据均可以设置，状态数据界面下方功能菜单除“故障计算”外，其他功能菜单含义和状态设置界面类似。“故障计算”可按短路计算公式自动修改状态数据。按状态数据界面下方的功能菜单“故障计算”对应的功能键 F6，进入故障计算窗口，如图 7-49 所示。

状态序列-1/2			
序号	选择	状态设置	状态数据
1	☑	限时切换：1.00…	Ia1=5.000A, Ib1=5.000A, Ic1=5.000A, U…
2	☑	限时切换：1.00…	Ia1=5.000A, Ib1=5.000A, Ic1=5.000A, U…
3	☑	限时切换：1.00…	Ia1=5.000A, Ib1=5.000A, Ic1=5.000A, U…
4	☑	手动切换	Ia1=5.000A, Ib1=5.000A, Ic1=5.000A, U…
5	☑	限时切换：1.00…	Ia1=5.000A, Ib1=5.000A, Ic1=5.000A, U…
6	☑	手动切换	Ia1=5.000A, Ib1=5.000A, Ic1=5.000A, U…

DI1 DI2 DI3 DI4 DI5 DI6 DI7 DI8 DO1 DO2 DO3 DO4 DO5 DO6

开始试验 添加 删除 开关量 数据(OK) 扩展菜单

图 7-48 状态序列列表

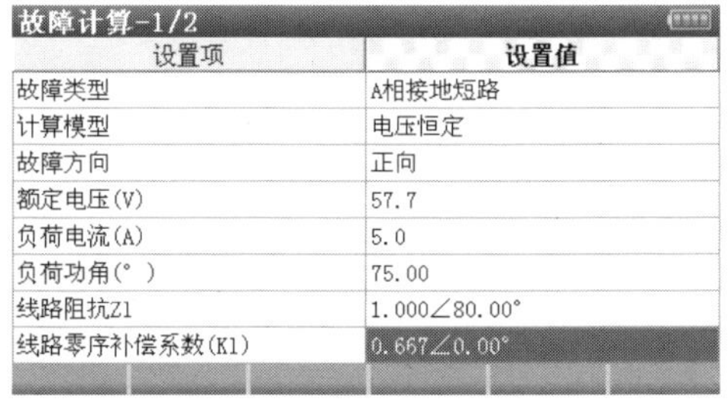

故障计算-1/2	
设置项	设置值
故障类型	A相接地短路
计算模型	电压恒定
故障方向	正向
额定电压(V)	57.7
负荷电流(A)	5.0
负荷功角(°)	75.00
线路阻抗Z1	1.000∠80.00°
线路零序补偿系数(K1)	0.667∠0.00°

图 7-49 故障计算

（三）SMV 接收

扫描侦听 SMV 报文，实现 SMV 报文电气量有效值、波形、序量、相量、功率、谐波等多种方式监测以及 SMV 采样值报文中双 AD 信息、报文详细信息显示及报文统计。在 DM5000E 主界面选择“SMV 接收”，按 Enter 显示实时扫描的 SMV 报文列表，显示信息包含报文类型、APPID 及报文描述信息。在 SMV 报文列表选中某 SMV 报文条目，按 Enter 进入监测界面，可以观察 SMV 有效值、波形图、相量图、序量、功率、谐波、双 AD、报文监测、报文统计、MU 延时、报文异常等。

（四）GOOSE 接收

扫描侦听 GOOSE 报文，显示 GOOSE 通道值、GOOSE 通道变位信息以及 GOOSE 报文帧信息。在 DM5000E 主界面选择“GOOSE 接收”，按 Enter 显示实时扫描的 GOOSE 报文列表。按功能菜单“重新扫描”对应的功能键 F1 可重新扫描刷新 GOOSE 报文列表。在 GOOSE 报文列表选中某 GOOSE 报文条目，按 Enter 进入 GOOSE 监测界面，可显示该 GOOSE 报文各通道值，按方向键可翻页显示其他通道值。按功能键 F1，可切换监测实时值、变位列表、报文结构、GOOSE 间隔参数、报文异常。

（五）核相

DM5000E 利用 2 个待核相的合并单元数据实现二次核相。任选一路电压作为基准，显示待核相电压组别的幅值、相位、频率及幅值差、相位差等信息作为核相参考，可检验同侧电压相序、有效值是否正确，不同侧电压有效值、相位关系是否正确。

（六）极性

“极性”功能模块主要用于光数字电压（电抗型）、电流互感器、变压器进行直流法极性测试。

（七）对时

“对时”功能模块显示 IEEE 1588 报文及光 B 码报文对时时间。

（八）网络报文

“网络报文”功能模块扫描侦听 IEEE 1588 报文及 GMRP 组播报文，显示报文详细帧信息。在 DM5000E 主界面选择“网络报文”，按 Enter 显示实时扫描的 1588 及 GMRP 网络报文列表，缺省进入 IEEE 1588 报文扫描列表。

（九）智能终端

测试智能终端响应时间，可测试 GOOSE 转硬接点、硬接点转 GOOSE、GOOSE 跳合闸开出转位置开入等响应延时。

（十）串接侦听

测试仪的 1 口及 2 口可串接在两个 IED 之间对 SV、GOOSE 报文进行实时侦听，例如将测试仪串接在继电保护装置与合智单元之间，串接侦听连接图如图 7-50 所示。

（十一）MU 同步性

可测量不同接收口接收 IEC 61850-9-2 SMV 报文的时间差及相角差，并可计算由此时间差而产生的差流及制动电流。

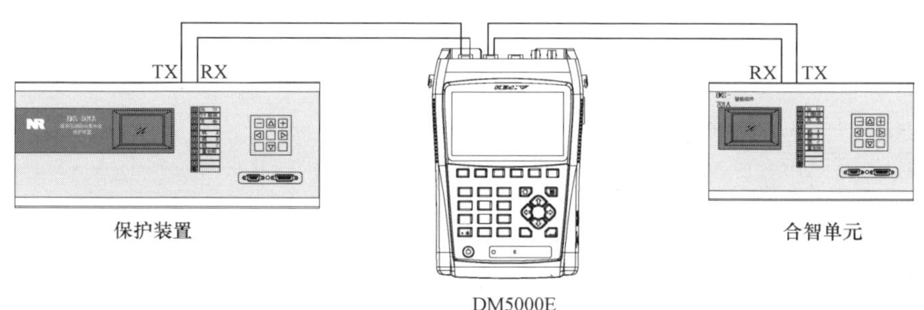

图 7-50　串接侦听连接图

（十二）光功率测试

在任何页面下，点“光功率及帮助”键 ，选择“光功率”模块即可进入光功率测试页面，在该页面下可进行 1～3 光以太网口的光发送及接收功率测试。

三、具体应用举例

（一）保护、测控、计量等 IED 装置加量，采样值检查

场合：现场调试、系统联调、故障检修。

测试目的：测试保护/测控 IED 报文解析、通道配置、通信配置是否正确。

具体测试方法：根据 SCD 文件，选择相应的 MU，采用“电压电流”模块给保护、测控、计量等装置施加电压、电流，检查保护、测控各电压、电流通道采样值有效值及相位正确性，并做好记录。电流通道施加 1A/5A；电压通道施加 57.7V/100V。

（二）双 AD 不一致检查

场合：出厂试验和现场调试。

测试目的：测试保护在双 AD 通道信息不一致时保护闭锁行为是否正确。

具体测试方法：采用 DM5000E 模拟双 AD 通道采样值不一致，检测保护闭锁行为。

（三）保护功能调试

场合：出厂试验、系统联调、现场试验。

测试目的：测试保护功能、逻辑是否正确。

具体测试方法：采用“电压电流”测试过量保护行为；采用“状态序列”测试线路距离、阻抗、差动等保护行为。

（四）串接侦听实现故障查找及原因分析

场合：出厂试验、系统联调、现场调试。

测试目的：在某些不确定场合，验证合并信号、继电保护测试仪输出报文格式和信号是否正确，接线是否正确，可串接于合并单元与保护之间，保护与智能终端之间，进行信号同步对比分析。

具体测试方法：将 DM5000E 串接于待测信号发送端与接收端之间；选择配置正确的 SCD 文件；进入“串接侦听”模块；选择待测 SV、GOOSE 信号进行同步对比分析，检查品质位、检修位、同步位、采样率、MU 延时等信息，通过比较波形、有效值、相位等信息，确定故障原因。

（五）光纤链路检查

场合：系统联调、现场调试、故障检修。

测试目的：确认光纤链路连接正常，如保护/测控至 MU，保护/测控至智能终端，MU 至交换机，交换机至网络记录分析装置等。

具体测试方法：在光纤链路的发送端，采用本测试仪接收检验有无相应的信号；在光纤链路的接收端，采用本测试仪发送相应的 SV 采样值或者 GOOSE；测量光信号光功率，定位光纤链路故障。

（六）合并单元 MU 输出信号检查

场合：出厂试验、现场调试、故障查找。

测试目的：检查 MU 输出报文格式及采样值/GOOSE 信号正常，MU 延时测试，MU 输出 SV 报文时间均匀性分析。

具体测试方法：采用本测试仪接入 MU 输出口，监测 MU 输出 SV 采样值信号有无及有效值、相位等是否正确；监测 MU 输出 SV 报文是否存在丢帧、失步、品质位异常等现象。

（七）全站遥测、遥信信号检查

场合：现场调试、故障检修。

测试目的：按电压等级逐一检查间隔保护/测控、变压器测控等遥测量、遥信是否在监控后台正确反映，遥测相位及功率因素等是否正确。

具体测试方法：根据 SCD 配置文件，采用本测试仪逐一给不同间隔保护/测控施加电气量，注意各电压等级电压变比、电流变比是否设置正确；采用本测试仪逐一给不同间隔保护/测控施加 GOOSE 变位；通过通信设备与后台监控核对遥测量、遥信量信息。

（八）智能终端检查

场合：现场调试、故障检修。

测试目的：测试保护/测控与智能终端之间的跳闸回路正常，智能终端 GOOSE 接收及发送是否正常，动作行为是否正常，GOOSE 发送机制是否正确，测试 GOOSE 通道延时；测试智能终端响应时间，测试智能终端 GOOSE 报文转硬接点开出、开关位置变位至 GOOSE 变位报文输出以及智能终端接收 GOOSE 跳、合闸报文至开关变位后 GOOSE 报文输出的响应时间。

具体测试方法：根据 SCD 配置文件，采用 DM-5000E“电压电流”模块从保护/

测控处施加 SV 信号，开放保护跳闸及压板，根据保护定值施加故障信号，验证智能终端是否正确接收和动作；根据 SCD 配置文件，采用 DM5000E“智能终端”模块，选择好对应的 GOOSE 控制块和通道，采用 DM-5000E 施加 GOOSE 跳、合闸信号，接入智能终端相应开出硬接点，验证智能终端是否正确接收和动作，以及 GOOSE 转硬接点响应时间，要求小于 7ms；根据 SCD 配置文件，采用 DM-5000E“智能终端”模块，DM-5000E 硬接点开出模拟开关位置变位，接收相应的 GOOSE 变位报文，验证智能终端是否正确发送变位 GOOSE 报文，测试硬接点转 GOOSE 报文响应时间；根据 SCD 配置文件，采用 DM-5000E“智能终端”模块，选择好对应的 GOOSE 控制块和通道，采用 DM-5000E 施加 GOOSE 跳、合闸信号，接收相应的 GOOSE 变位报文，验证智能终端是否正确接收和动作以及是否正确发送变位 GOOSE 报文，测试智能终端与开关整组传动响应时间；测试智能终端 GOOSE 信号发送间隔是否正确，测试 GOOSE T0、T1、T2 等间隔参数；测试智能终端 GOOSE 报文 st、sq 值变化是否正确。

（九）智能变电站核相测试

场合：现场调试、送电、故障检修。

测试目的：测试存在并列可能的两路电源核对相序、相位，线路送电对端带电时核相，或进行电压、电流相位比对。

具体测试方法：SV 组网模式下，DM5000E 一个光网口接入交换机；SV 点对点模式下，待核相合并单元信号接入 DM5000E 不同光网口。选择“核相”模块，选择待核相 SV 控制块相应电压组别进行核相。

（十）时间同步系统信号检查

场合：系统联调、现场调试、故障检修。

测试目的：测试时间同步系统是否工作正常，光纤链路是否正常，输出时间报文是否正确。

具体测试方法：对于 IEEE 1588 对时方式，采用 DM-5000E 接入交换机或对时系统输出口，测试对时信息是否正确；对于光 IRIG-B 码对时，采用 DM-5000E 接入时间同步系统或者其他接入对时的 IED 对时输入，测试对时信息是否正确。

（十一）SCD 配置文件检查与完善

场合：系统联调、现场调试。

测试目的：检查全站 SCD 配置文件是否正确，协助修改完善 SCD 配置文件。

具体测试方法：在采用本测试仪对保护/测控/MU/智能终端连接测试过程中，信号收发是否正常，如不正常，在排除接线问题后，需要核对 SCD 文件配置的正确性；DM5000E 对报文关键字段进行 SCD 对比检查，如实际接收报文与 SCD 文件不一致，在报文监测部分以红色条目标记显示。

第四节　通信仿真调试工具

SSimulator 装置仿真调试软件是实现智能变电站 IED 实时仿真和虚拟调试的一套解决方案。该软件可非常方便地导入全站或 IED 的 IEC 61850 标准化模型和配置，对模型进行有效性校验，模拟 IED 作为 IEC 61850/MMS 服务器的通信行为，模拟 IED 的 GOOSE 收发通信行为，模拟 IED 的简易功能逻辑，从而为整个变电站自动化系统的调试、仿真和测试提供了便捷有效的技术工具。仿真调试软件主界面如图 7-51 所示。

图 7-51　仿真调试软件主界面

一、SCL 模型校验功能

SCL 模型静态校验是指对变电站中的模型文件进行分析、检查、验证，检查模型格式是否正确，模型数据是否有效、是否满足一致性要求，验证模型是否符合 IEC 61850 标准、是否符合国家电网模型应用规范等，诊断出模型文件中的所有问题，并准确定位每一处问题的位置，最终形成完整性模型静态检查报告，用于指导模型的校正、改进和完善。

SCL 模型静态校验的操作步骤如下：

（1）选择待检查的 SCL 模型文件。方法：点击图 7-52 区域①中的“选择 SCL 文件”按钮，然后，在弹出的选择文件对话框中选择待检查的模型文件即可。

（2）选择模板文件。方法：点击图 7-52 区域②中的“模板文件”下拉框，选择相应的模版文件即可。

（3）选择规则文件。方法：点击图 7-52 区域③中的“规则文件”下拉框，选择相应的规则文件即可。

（4）勾选模型检查的范围。方法：根据需要检查的范围勾选图 7-52 区域④中的单个或多个选项。

（5）选择模型校验报告类型。方法：在图 7-52 区域⑤中，选择合适的报告类型，可选择普通的文本类型，也可选择支持着色的网页类型。

（6）开始执行静态检查。方法：完成上述设置后，在图 7-52 区域⑥中，点击“静态检查”按钮。

（7）监视检查进度。方法：当执行步骤（6）后，正常情况下会在图 7-52 区域⑦的位置提示模型检查的进度和提示信息。

（8）静态检查完成后，会自动弹出并打开模型静态校验结果报告，区域⑦的进度指示框也将自动消失。

图 7-52　IEDCheck 软件主界面

二、GOOSE 仿真功能

（一）打开一个 SCL 模型文件

仿真时，首先打开一个 SCL 模型文件，选择“文件”菜单，单击“打开 SCL 模型文件”菜单项，此时弹出选择文件对话框，然后选择仿真 IED 的模型文件即可，如图 7-53 所示。

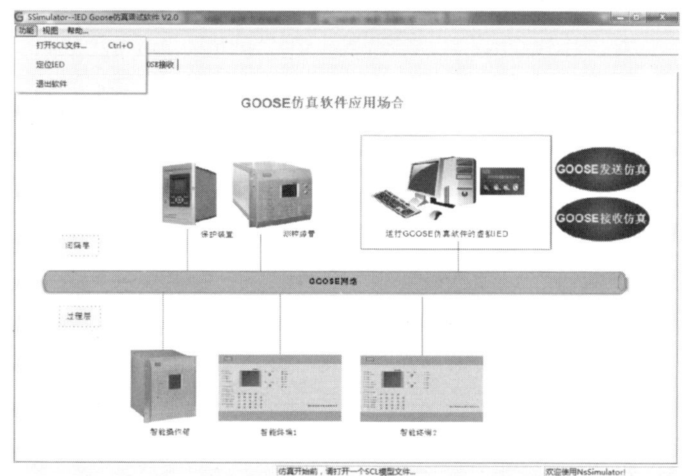

图 7-53　GOOSE 仿真打开 SCL 模型文件

（二）选择有关的 IED

当打开 SCL 文件后，在 SCL 视图会显示出所包含的 IED 的树状信息。在 SCL 视图中在欲仿真的 IED 节点上打勾。就可以切换到其他功能标签面板执行相应的操作。GOOSE 仿真选择 IED 如图 7-54 所示。

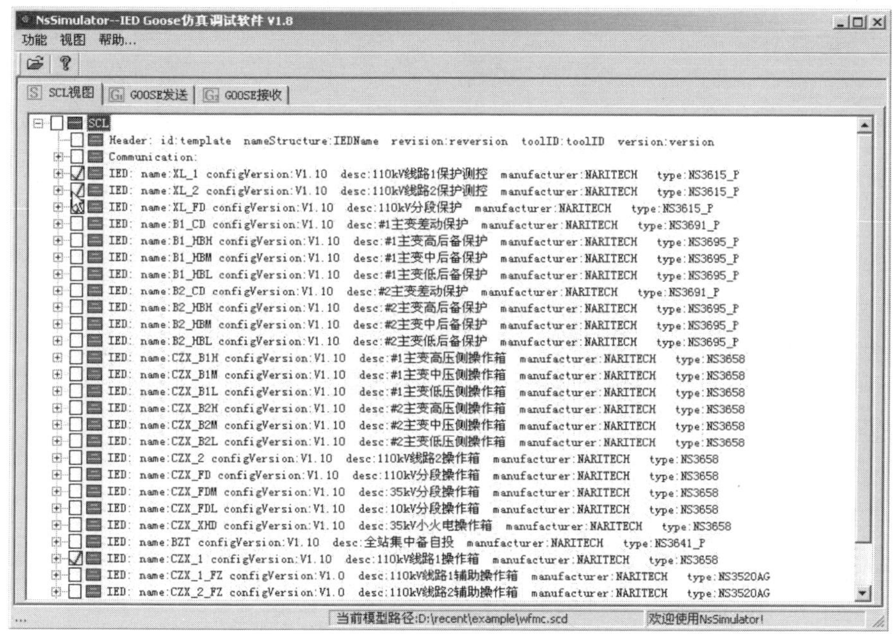

图 7-54　GOOSE 仿真选择 IED

（三）GOOSE 发送仿真

用鼠标单击“GOOSE 发送”标签即可切换到 GOOSE 发送标签面板。此时，树视图中会列出选中 IED 有关的 GOOSE 发送控制块的树状信息。双击某一 GOOSE 控制块，会弹出一个 GOOSE 发送对话框，即可对该控制块进行 GOOSE 发送的仿真。

（四）实时状态 GOOSE 发送

进入 GOOSE 发送对话框后，若要进行实时 GOOSE 信号发送仿真（默认），点击“实时状态”标签。

根据需要设定 GOOSE 发送参数，并选择 GOOSE 发送关联的网卡。

在仿真开始之前，预先设定每个 GOOSE 信号的初始值，设定第一次的运行值。

点击“开始仿真”按钮，仿真启动。

改变 GOOSE 信号的运行值，一旦变位，即可触发变位信号的 GOOSE 发送。实时状态 GOOSE 发送示意如图 7-55 所示。

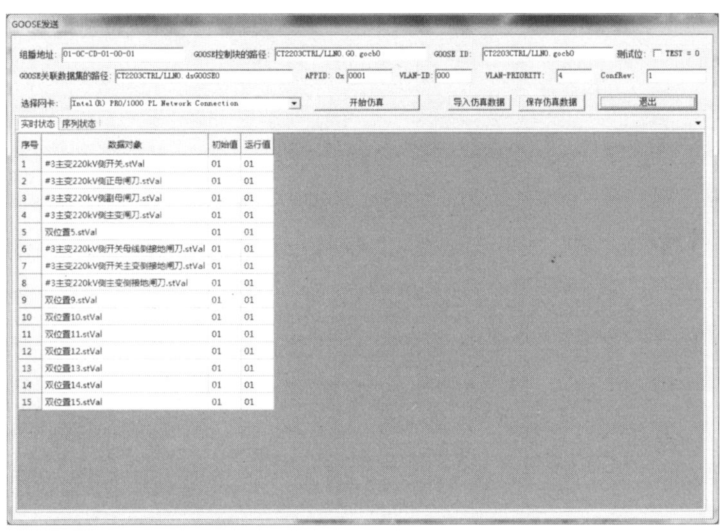

图 7-55　实时状态 GOOSE 发送示意

（五）MMS 服务器仿真功能

1. 打开一个 SCL 模型文件

仿真时，首先打开一个 SCL 模型文件，选择“文件”菜单，单击“打开 SCL 模型文件”菜单项，此时弹出选择文件对话框，然后选择仿真 IED 的模型文件即可，打开 SCL 模型文件如图 7-56 所示。

图 7-56　打开 SCL 模型文件

2. 选择 IED

当打开一个特定的 SCL 模型文件后，SCL 模型视图中会显示出 IED 模型树信息，在欲仿真的 IED 树节点前打勾。如果需要仿真多个 IED 的运行，则应对多个 IED 树节点打勾，如图 7-57 所示。

图 7-57　选择仿真的 IED

软件支持批量勾选功能，见图中所示的工具栏按钮，在鼠标选中某一个 IED 树节点的基础上，点击工具栏的这两个按钮，可批量勾选多个 IED。若按住 Shift 键同时点击工具栏按钮，可批量取消勾选多个 IED。

选择 IED 完成之后，可以切换到第二或第三个功能标签面板执行相应的操作。

3. 仿真信号管理视图

当打开 IED 模型并选择相应的 IED 后，点击“仿真信号管理视图”标签，可以进行仿真信号的预览和管理。列表中的仿真信号主要是从 SCL 模型中的数据集中提取出来的，并按照 IED 名称、数据集名称进行信号的归类。在这个界面下，软件默认自动将主要信号值设为仿真数据，如果需要将一些额外的信号如品质、时间等设为仿真数据，则只需在列表中相应信号的“支持仿真”单元格内打勾即可。仿真信号管理界面如图 7-58 所示。

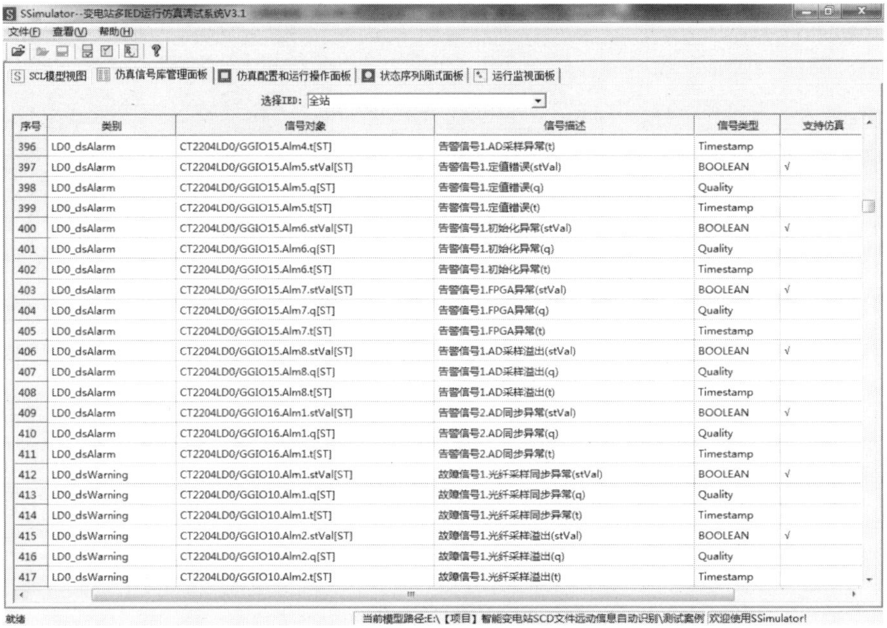

SSimulator--变电站多IED运行仿真调试系统V3.1

文件(F) 查看(V) 帮助(H)

SCL模型视图 | 仿真信号库管理面板 | 仿真配置和运行操作面板 | 状态序列调试面板 | 运行监视面板

选择IED：全站

序号	类别	信号对象	信号描述	信号类型	支持仿真
396	LD0_dsAlarm	CT2204LD0/GGIO15.Alm4.t[ST]	告警信号1.AD采样异常(t)	Timestamp	
397	LD0_dsAlarm	CT2204LD0/GGIO15.Alm5.stVal[ST]	告警信号1.定值错误(stVal)	BOOLEAN	√
398	LD0_dsAlarm	CT2204LD0/GGIO15.Alm5.q[ST]	告警信号1.定值错误(q)	Quality	
399	LD0_dsAlarm	CT2204LD0/GGIO15.Alm5.t[ST]	告警信号1.定值错误(t)	Timestamp	
400	LD0_dsAlarm	CT2204LD0/GGIO15.Alm6.stVal[ST]	告警信号1.初始化异常(stVal)	BOOLEAN	√
401	LD0_dsAlarm	CT2204LD0/GGIO15.Alm6.q[ST]	告警信号1.初始化异常(q)	Quality	
402	LD0_dsAlarm	CT2204LD0/GGIO15.Alm6.t[ST]	告警信号1.初始化异常(t)	Timestamp	
403	LD0_dsAlarm	CT2204LD0/GGIO15.Alm7.stVal[ST]	告警信号1.FPGA异常(stVal)	BOOLEAN	√
404	LD0_dsAlarm	CT2204LD0/GGIO15.Alm7.q[ST]	告警信号1.FPGA异常(q)	Quality	
405	LD0_dsAlarm	CT2204LD0/GGIO15.Alm7.t[ST]	告警信号1.FPGA异常(t)	Timestamp	
406	LD0_dsAlarm	CT2204LD0/GGIO15.Alm8.stVal[ST]	告警信号1.AD采样溢出(stVal)	BOOLEAN	√
407	LD0_dsAlarm	CT2204LD0/GGIO15.Alm8.q[ST]	告警信号1.AD采样溢出(q)	Quality	
408	LD0_dsAlarm	CT2204LD0/GGIO15.Alm8.t[ST]	告警信号1.AD采样溢出(t)	Timestamp	
409	LD0_dsAlarm	CT2204LD0/GGIO16.Alm1.stVal[ST]	告警信号2.AD同步异常(stVal)	BOOLEAN	√
410	LD0_dsAlarm	CT2204LD0/GGIO16.Alm1.q[ST]	告警信号2.AD同步异常(q)	Quality	
411	LD0_dsAlarm	CT2204LD0/GGIO16.Alm1.t[ST]	告警信号2.AD同步异常(t)	Timestamp	
412	LD0_dsWarning	CT2204LD0/GGIO10.Alm1.stVal[ST]	故障信号1.光纤采样同步异常(stVal)	BOOLEAN	√
413	LD0_dsWarning	CT2204LD0/GGIO10.Alm1.q[ST]	故障信号1.光纤采样同步异常(q)	Quality	
414	LD0_dsWarning	CT2204LD0/GGIO10.Alm1.t[ST]	故障信号1.光纤采样同步异常(t)	Timestamp	
415	LD0_dsWarning	CT2204LD0/GGIO10.Alm2.stVal[ST]	故障信号1.光纤采样溢出(stVal)	BOOLEAN	√
416	LD0_dsWarning	CT2204LD0/GGIO10.Alm2.q[ST]	故障信号1.光纤采样溢出(q)	Quality	
417	LD0_dsWarning	CT2204LD0/GGIO10.Alm2.t[ST]	故障信号1.光纤采样溢出(t)	Timestamp	

就绪　当前模型路径:E:\【项目】智能变电站SCD文件远动信息自动识别\测试案例　欢迎使用SSimulator!

图 7-58　仿真信号管理界面

4. 浏览仿真信号

仿真信号管理视图的主列表里列出了装置所有可用的仿真信号。每一仿真信号包括所处装置、信号类别、信号对象索引、信号描述、信号的数据类型、信号是否支持仿真等信息。

调整仿真信号在仿真信号管理视图的主列表里，双击对应信号的“支持仿真”单元格，勾选后表示该信号支持仿真，取消勾选表示该信号不支持仿真。

5. IED 运行态手动调试仿真

当打开 IED 模型并选择相应的 IED 后，点击“仿真配置和运行仿真面板”标签，可以对仿真涉及的参数进行配置并启动仿真 IED 运行，对运行的信号进行调试实验，如信号变位、遥测变化、定值修改、控制等。

6. 仿真步骤

普通信号变位仿真步骤：

（1）初始态设置。用于仿真实际 IED 启动时的初始状态信号值。初始状态操作界面如图 7-59 所示，操作方法如下：首先，双击右侧的可选信号列表中相应的信号，将信号加入到左侧列表中，然后，在左侧列表的信号值输入各个信号的初始值。须注意初始状态值必须在开始仿真之前设定。

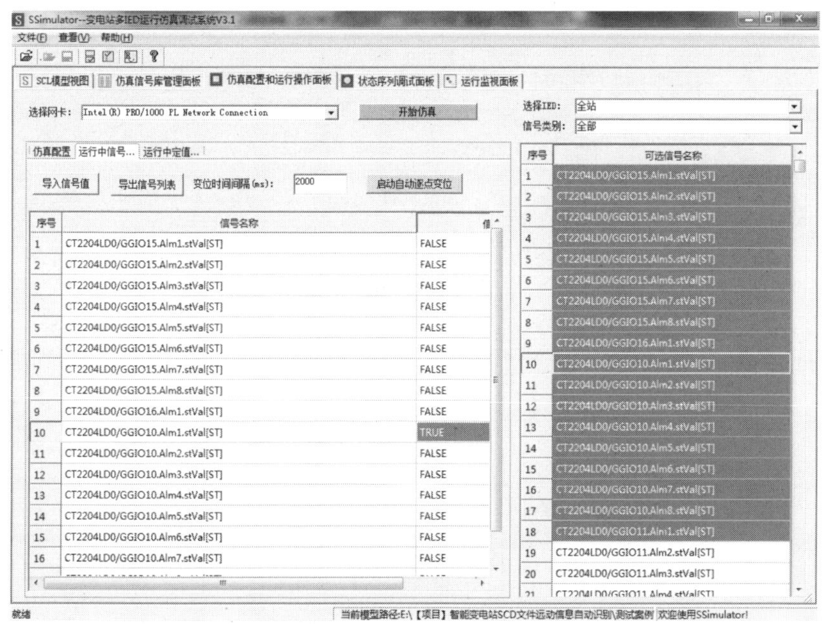

图 7-59　初始状态操作界面

（2）开始仿真。仿真前，先选择装置 IEC 61850/MMS 通信依赖的网卡，并确保此网卡处于物理联网正常的状态下。启动仿真时，点击左侧列表正上方的“开始仿真”按钮，即可开始仿真，如图 7-60 所示。

图 7-60　开始仿真

仿真启动成功后，可以通过以下几种方式来查看运行的实时状态：

1）在本机运行“telnet *.*.*.* 2300 ”命令可查看 MMS 服务器仿真运行的情况，其中，*.*.*.*为仿真装置的 ip 地址。

2）在仿真软件界面上，切换到“运行监视面板”，该视图下左侧列表显示了目前已仿真运行的 IED 信息，右侧显示了仿真运行 IED 的实时状态信息。运行监视界面如图 7-61 所示。

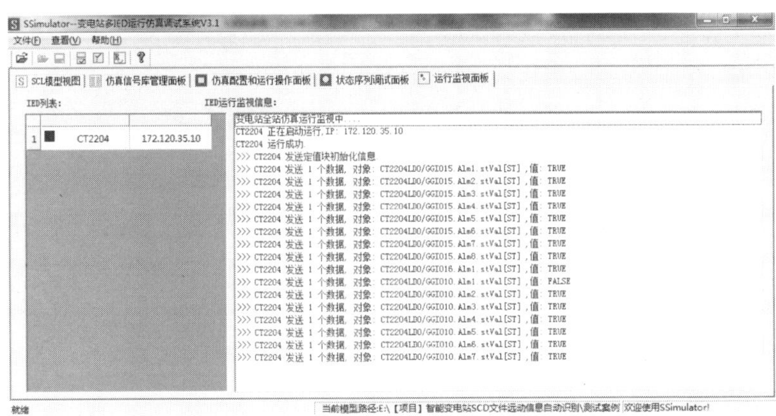

图 7-61　运行监视界面

3）通过 IEC 61850/MMS 客户端软件，可以连接并查看 MMS 仿真运行服务器的实时状态。

（3）运行信号仿真。用于仿真实际 IED 运行时的信号值。运行中信号操作界面如图 7-62 所示，操作方法如下：

图 7-62　运行中信号操作界面

1）首先，双击右侧的可选信号列表中相应的信号，将信号加入到左侧列表中，作为运行中仿真的信号。

2）然后，在左侧列表的信号值输入各个信号的运行值。输入完毕，运行值立即生效。

第五节　网络性能测试工具

一、概述

智能变电站是由智能化一次设备（电子式互感器、智能化开关等）和网络化二次设备分层（过程层、间隔层、站控层）构建，建立在IEC 61850标准和通信规范基础上，能够实现变电站内智能电气设备间信息共享和互操作的现代化变电站。IEC 61850标准采用以太网作为变电站自动化系统的基本通信网络，以太网络的可靠性、稳定性和性能指标对智能变电站的运行至关重要。因此对智能变电站以太网络的测试必不可少。

从物理信道而非逻辑通信链路的角度来看，智能变电站以太网络主要由以太网交换机和网络传输介质组成。其中网络介质主要是光纤或5类（6类）八芯双绞线，市场上有成熟可靠的标准产品供应；而作为网络关键核心部件的以太网交换机，必须满足智能变电站对网络功能和各项性能指标的特殊要求，尤其是过程层网络用交换机，对大负荷数据连续吞吐能力、传输时延等要求是相当苛刻的，因此对智能变电站网络性能的测试对象主要体现为对以太网交换机的性能测试。

二、测试依据

为保证数据传输和交换的实时性，智能变电站以太网络没有采用具备路由功能的三层交换机，而全部采用了传统的二层以太网交换机。二层交换机工作于OSI模型的第2层（数据链路层），属于数据链路层设备，可以识别数据包中的MAC地址信息，根据MAC地址进行转发，并将这些MAC地址与对应的端口记录在自己内部的一个地址表中。因此对智能变电站以太网交换机的测试项目也都针对数据链路层。

目前对二层以太网交换机进行测试的主要依据是IETF（因特网工程任务组）制定的RFC2544标准。RFC2544标准对RFC1242中定义的性能测试指标提出了具体的测试方法，并对测试报告的格式作了详细的规定。主要包括下列性能指标:

（1）吞吐量（Throughput）：该指标是测试交换机的数据转发能力，指交换机在不丢包条件下每秒转发的数据的极限值，即交换机能够无丢失地传送和接收到的帧信号的最大速率。对于一个以太网系统，绝对的最大吞吐率应该等于接口速率，实际上由于不同的帧长度具有不同的传输速率，这些绝对的吞吐率无法达到，越小的帧由于前导码和帧间隔的原因，其传输效率就越低，如1000Mbps以太网，对于64byte的帧，其最大数据吞吐率是761.9Mbps，每秒可传输1488095帧，对于1518byte的帧，其分别是986.9Mbps和8172帧/s。

（2）时延（Latency）：该指标是测试交换机在吞吐量范围内从收到数据包到转发出该包的时间间隔。对于存储转发设备来说，当输入帧的最后一位到达输入端口时，开始计时。当输出帧的第一位到达输出端口上可见时，计时结束。延迟越大说明交换机处理帧的速度越慢。

（3）丢包率（Packet Loss Rate）：该指标是测试交换机在不同负荷下弃包占收到包的比例。不同负荷指吞吐量从 0 到线速（线路上传输包的最高速率），步长一般为线速的 10%。丢包率的计算公式为：

$$接收方没有的包的个数/发包方的总发包数\times 100\% \tag{7-1}$$

（4）背靠背帧（ Back to Back Frame）：该指标是测试交换机在接收到以最小包间隔传输时不丢包条件下所能处理的最大包数，实际上是考验交换机的缓存能力。使用最小的内部帧间隔发送一串帧序列到被测交换机，记录被测试设备转发的帧数量。如果记录的发送帧数量与转发的帧数量相同，帧流量串的长度被增加，测试返回；如果转发的帧数量少于发送的帧数量，帧流量串的长度被减少，测试也返回。需要说明的是，RFC2544 测试标准要求对不同帧长［64，128，256，512，1024，1280，1518（VLAN 为 1522）字节］的数据包分别进行测试。

三、测试方法

目前用于网络性能测试的仪器和工具基本被国外少数几家大公司垄断，如 IXIA（易达康）、思博伦、安捷伦等。测试仪器的硬件配置都非常强，必须高于被测试对象的各项性能指标，否则测试仪自身就成为测试瓶颈。此外每家公司的网络测试软件都是与各自测试仪硬件相配套，不具有通用性。网络测试软件的开发一般都基于一个统一的软件基础平台，不同测试内容以软件模块的形式运行于该基础平台上，通过该平台调用测试仪硬件资源进行测试。为方便客户使用，很多测试软件都以打包形式将要测试项目合在一起。本节以 IXIA 公司的 XM2 网络测试仪和 IxAutomate 网络测试软件为例，对基于 RFC2544 标准的智能变电站二层交换机网络性能测试做简单介绍。其他厂家的测试工具基本差不多，软件界面上可能有些差别，但测试拓扑和参数配置选项大同小异。测试拓扑如图 7-63 所示。

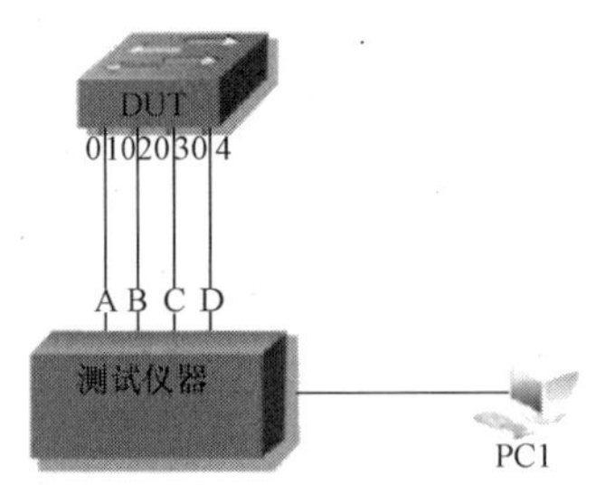

图 7-63 测试拓扑

（一）测试步骤

1. IXIA 的连接步骤

（1）在 PC 电脑上打开 IxAutomate 软件，如图 7-64 所示。

（2）单击右边 configuration 中“Base Templates”菜单，打开 RFC2544 功能列表，configuration 菜单界面如图 7-65 所示。

（3）选择 Throughput 右击新建 test，Test 菜单界面如图 7-66 所示。

（4）在右下角出现 Throughput 后对其单击。

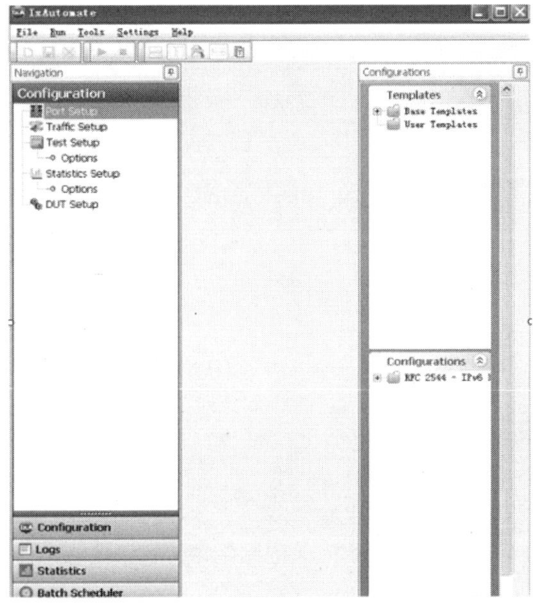

图 7-64　IxAutomate 软件界面

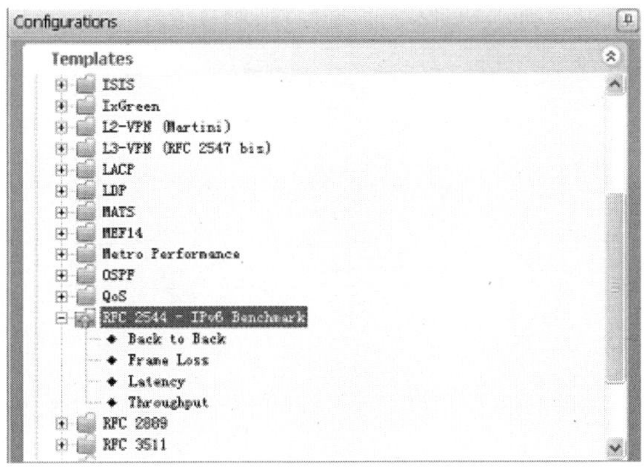

图 7-65　Configuration 菜单界面

（5）点击 add 与 IXIA 建立连接输入 IXIA 的 IP 地址，IP 地址输入界面如图 7-67 所示。

（6）可选择测试端口速率，现测试选择千兆环境，测试端口速率选择界面如图 7-68 所示。

2. Traffic setup 基本配置

（1）测试所需的配置有流配置、协议配置、测试参数设置，参数配置界面如

图 7-69 所示。

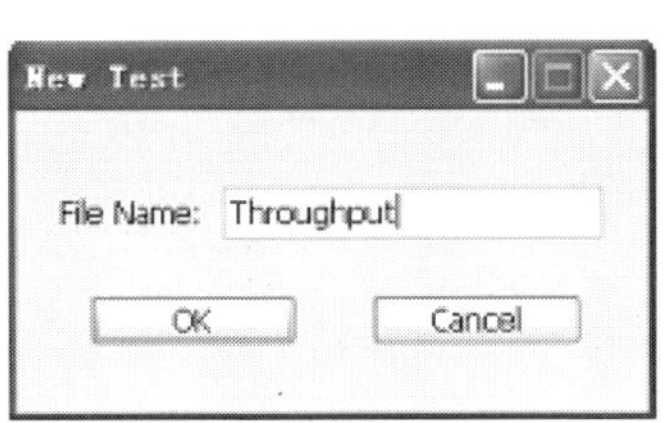

图 7-66　Test 菜单界面

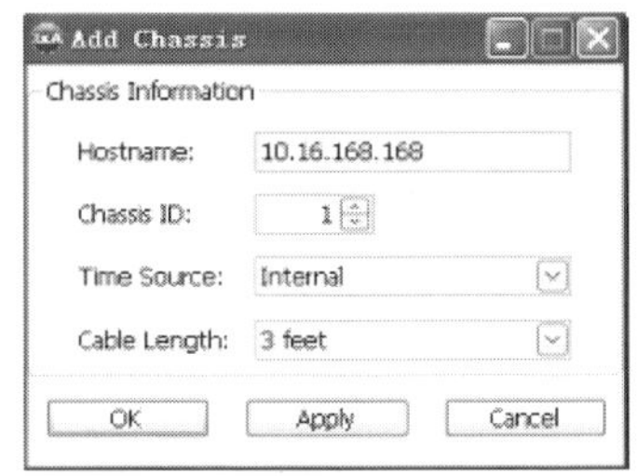

图 7-67　IP 地址输入界面

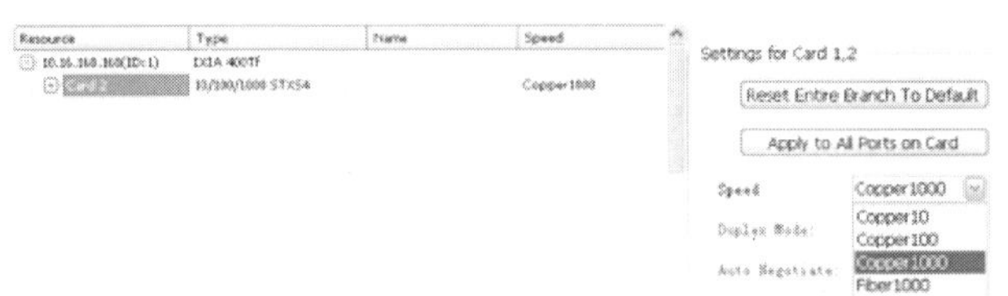

图 7-68　测试端口速率选择界面

（2）第一步设置测试帧的大小和方式，可以选择发送不同发送帧的大小格式，测试帧设置界面如图 7-70 所示。

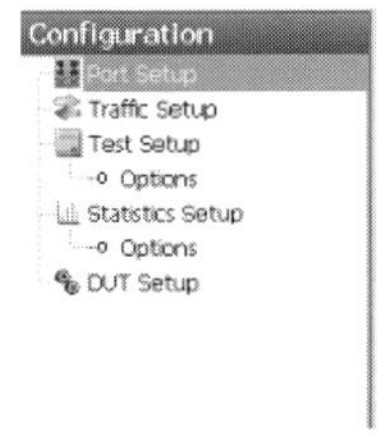

图 7-69　参数配置界面

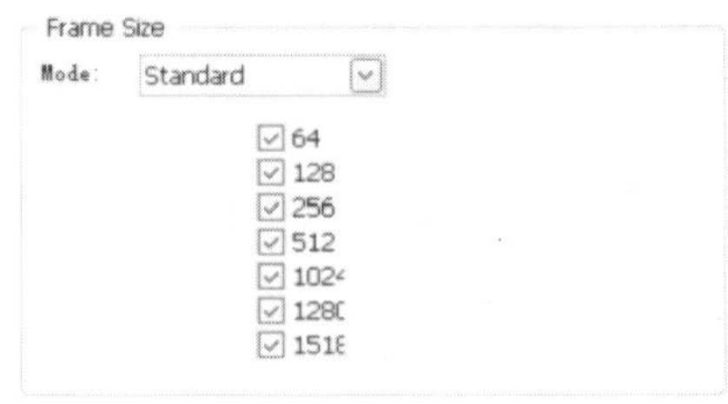

图 7-70　测试帧设置界面

（3）第二步在 Frame data 根据测试对象的不同，选择不同的协议，一般二层测试选择“mac”，三层测试选择“ip”，测试 IPv6 选择“IPv6”等，协议选择界面如图 7-71 所示。

（4）第三步设置测试帧的发送模式，发送模式设置界面如图 7-72 所示。

（5）第四步设置流量 map，流量设置界面如图 7-73 所示。

3. 在“Test setup”中设置测试运行的参数

在“Duration”中设置每个帧长的帧发送时间，在 address per Rx port 中可以设置每个端口仿真多少个主机，需要进行 Sequence，运行参数设置界面如图 7-74 所示。

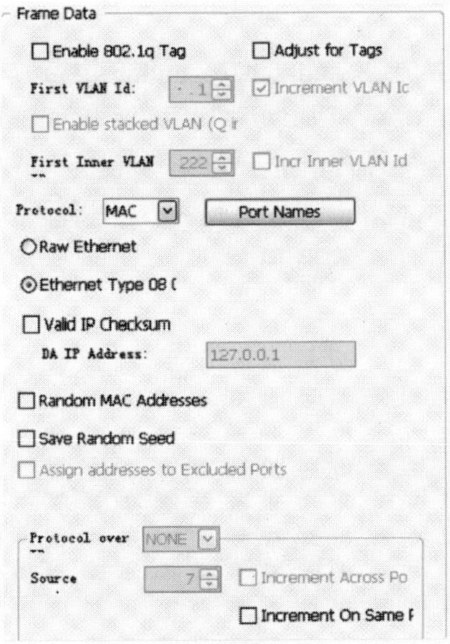

图 7-71　协议选择界面

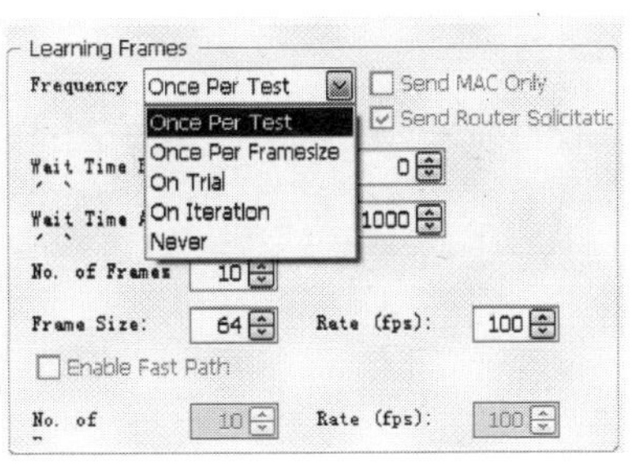

图 7-72　发送模式设置界面

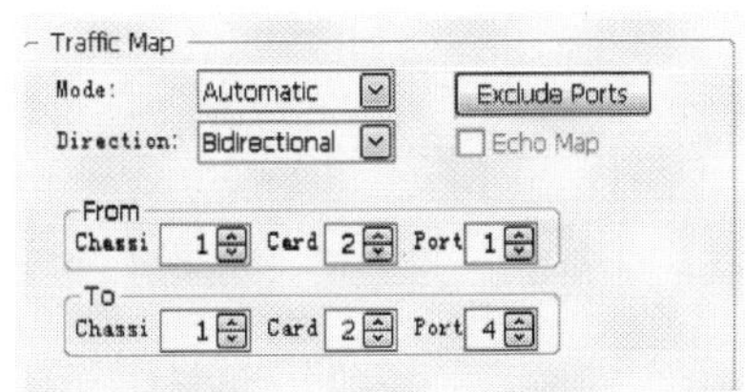

图 7-73　流量设置界面

图 7-74　运行参数设置界面

4. Option 设置

（1）在缺省情况下不需要对 Option 进行设置。在“basci Test option”中可以设置被测设备的名字、序列号、版本等信息，以便信息显示在测试报告中。在“Output Setting”中可以设置测试结果的保存目录和测试结果的处理方式。在“Port Ownership”中可以设置 IxAutomate 进行测试时所用端口的名字，Option 设置界面如图 7-75 所示。

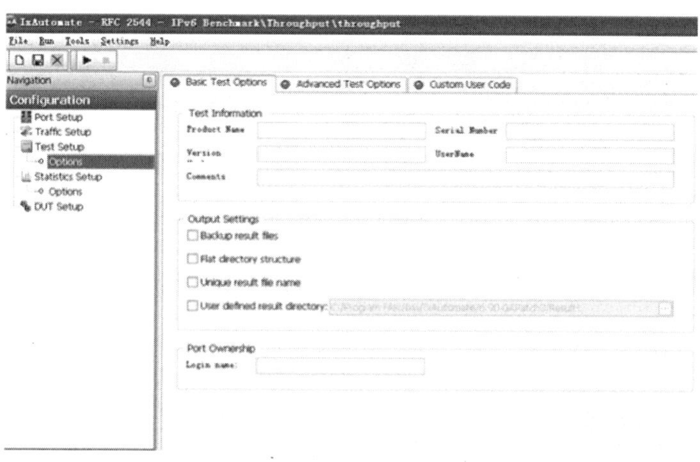

图 7-75　Option 设置界面

（2）在“advanced Test option”中可以设置一些高级属性，比如修改 TTL 的长度、Streams 类型等，高级属性设置界面如图 7-76 所示。

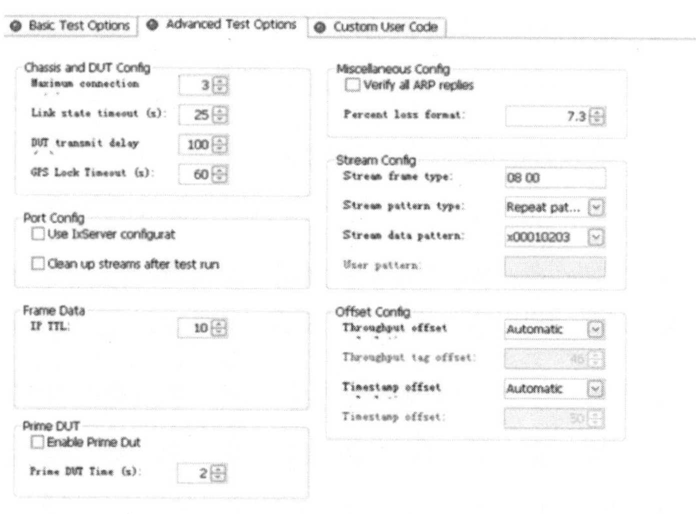

图 7-76　高级属性设置界面

（3）在 IxAutomate 中不支持的设置可以通过“Custom User Code”中添加 Tcl 脚本对测试进行配置，脚本设置界面如图 7-77 所示。

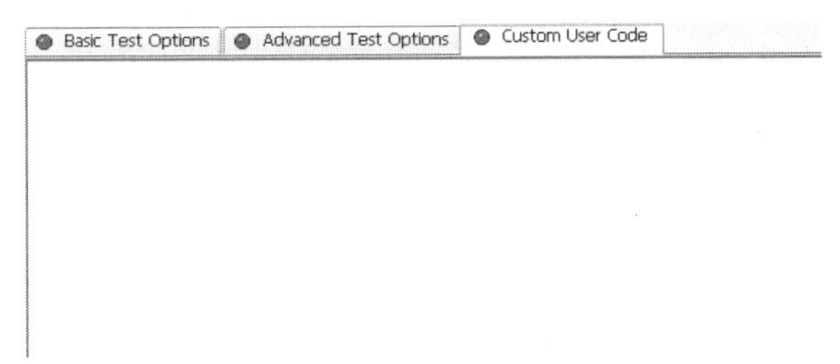

图 7-77　脚本设置界面

（4）“Statistics”和“DUT”设置一般测试不需进行配置。

5．执行测试

（1）点击按钮。开始界面如图 7-78 所示。

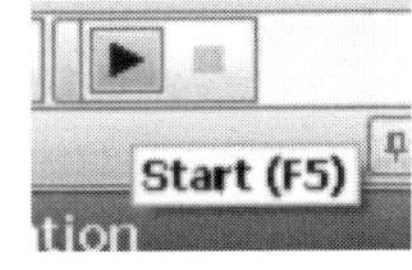

图 7-78　开始界面

（2）在“Logs”中可以看到整个测试过程中信息，包括测试结果、测试过程、配置信息等，Log 界面如图 7-79 所示。

（3）在“Data miner”中会保存每次测试的测试结果和 Log，选取测试结果，右击可以生成 pdf 格式的测试报告，输出界面如图 7-80 所示。

6．补充

在“Batch scheduler”中可同时执行多个测试脚本，Batch Sheduler 界面如图 7-81 所示。

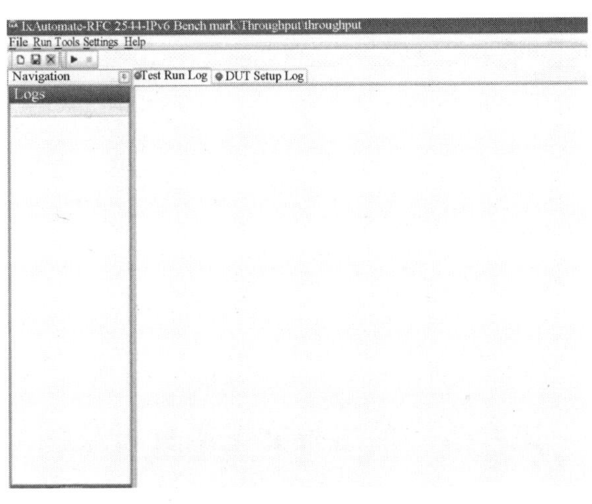

图 7-79　Log 界面

TestSuite	TestType	TestName	RunName	RunStarte...	RunStoppedOn
RFC 2544 ...	Back to Back	back to ba			2/22/2011 11:17 AM
RFC 2544 ...	Back to Back	back to ba			2/22/2011 10:13 AM
RFC 2544 ...	Back to Back	back to ba			
RFC 2544 ...	Back to Back	back to ba			2/21/2011 4:50 PM
RFC 2544 ...	Frame Loss	franme loss			2/21/2011 4:42 PM
RFC 2544 ...	Latency	latency			2/21/2011 4:37 PM
RFC 2544 ...	Throughput	throughpu			2/21/2011 4:21 PM
RFC 2544 ...	Back to Back	back to ba			2/21/2011 4:07 PM
RFC 2544 ...	Frame Loss	franme loss			2/21/2011 3:59 PM
RFC 2544 ...	Latency	latency			2/21/2011 3:54 PM
RFC 2544 ...	Throughput	throughput	Run0003	2/21/2011 3...	2/21/2011 3:38 PM
RFC 2544 ...	Throughput	throughput	Run0002	2/21/2011 3...	2/21/2011 3:27 PM

Explore Results Folder
Delete Runs
Generate Report (Wizard)
Manage Reports
Modify Report Options
Reload Configuration
Re-Run Test

图 7-80 输出界面

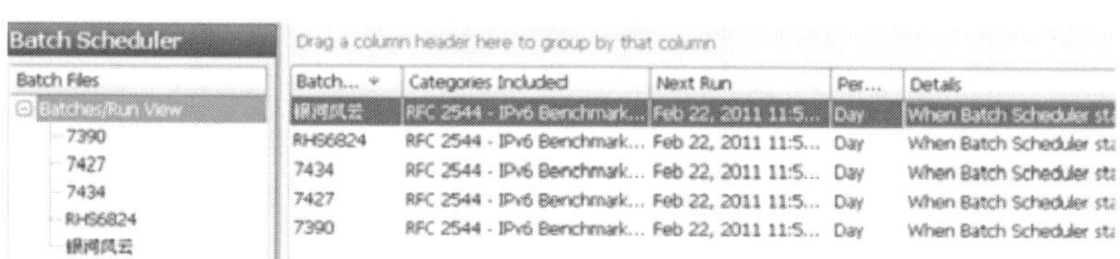

图 7-81 Batch Sheduler 界面

（二）吞吐量测试配置

吞吐量测试配置流 map，使其端口对应于拓扑结构，其他配置即可保持默认。须注意，测试吞吐量时应把流控功能关掉，如果开了流控有可能达不到线速，这种结果就没有意义。

（三）latency 测试配置

（1）时延测试配置流 map，使其端口对应于拓扑结构，其他配置即可保持默认。

（2）发送速率设置限速。须注意，延迟测试要求重复 20 次以上，然后取平均值。

（四）丢包率测试设置

丢包率测试配置流 map，使其端口对应于拓扑结构，其他配置即可保持默认。须注意，对于智能变电站以太网交换机，要求丢包率测试结果必须为 0，即无任何丢包现象出现，否则就是不合格。

（五）back to back 测试配置

丢包率测试配置流 map，使其端口对应于拓扑结构，其他配置即可保持默认。须注意，该测试调整发包的数量是通过调整测试时间 duration 来实现的，且测试时间要求不少于 60s。

第六节 网络报文记录分析系统

智能变电站中，继电保护及自动化设备之间的网络通信已经代替传统的电气量传输成为了信息交互和共享的主要方式。电力系统出现故障或站内系统设备间的通信出现异常，都会对智能电网的安全稳定运行产生影响，因此，对这些网络通信进行监视、记录、分析就显得尤为重要。网络报文记录分析系统能不间断地对站内通信进行稳态记录，当发生故障或异常时，运行检修人员能通过该系统很快地定位故障类型、故障地点，从而为正确全面地分析故障创造必要的条件。

本节将以 ZH-5N 网络报文分析仪为例，介绍报文分析仪的使用方法及常用用途。ZH-5N 网络报文分析装置由过程层报文记录子系统、站控层报文记录子系统、暂态录波子系统、就地管理分析子系统以及远端管理分析子系统组成。过程层报文记录子系统主要记录智能变电站过程层的 SV 报文、GOOSE 报文以及 PTP 报文；站控层报文记录子系统记录站控层网络中 MMS 报文、GOOSE 报文（五防闭锁用）。暂态录波子系统以 COMTRADE 格式记录一次系统故障波形（包括电压、电流、开关量）。就地管理分析子系统和远端管理分析子系统实现就地和远方的人机交互管理，可以设置系统运行参数，调阅、查询、分析原始记录报文和暂态录波文件等。

一、报文文件查询

进入软件后，右栏“报文查询”输入查询时间段，点击“查询”，弹出查询结果，或者直接点击“最近”进行查询，ZH-5N 报文查询界面如图 7-82 所示。

图 7-82 ZH-5N 报文查询界面

二、下载文件

双击相应的文件条目就会自动进行下载，并弹出“ZHNPA 报文分析程序”窗口，ZH-5N 报文下载界面如图 7-83 所示。

三、同时打开多个文件

ZH-5N 报文分析仪每隔 10s 就会记录一个报文文件，如果同时打开多个报文文件，可以双击多条报文文件进行下载，在“ZHNPA 报文分析程序”窗口中“文件”下拉菜单中点“同时打开多个文件”即可。打开文件界面如图 7-84 所示。

图 7-83 ZH-5N 报文下载界面

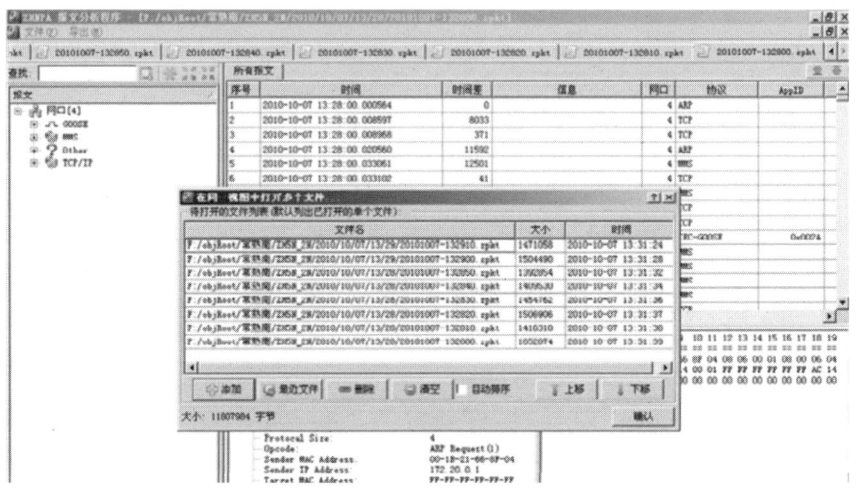

图 7-84 打开文件界面

四、查找报文

在“查找”框中输入设备 IP 地址的某一字段可以快速找到 IP 地址中包含该字段的所有设备，查找报文界面如图 7-85 所示。

五、查看报文

在查找报文结束后，双击想要查看的报文进行查看，如图 7-86 所示。

图 7-85　查找报文界面

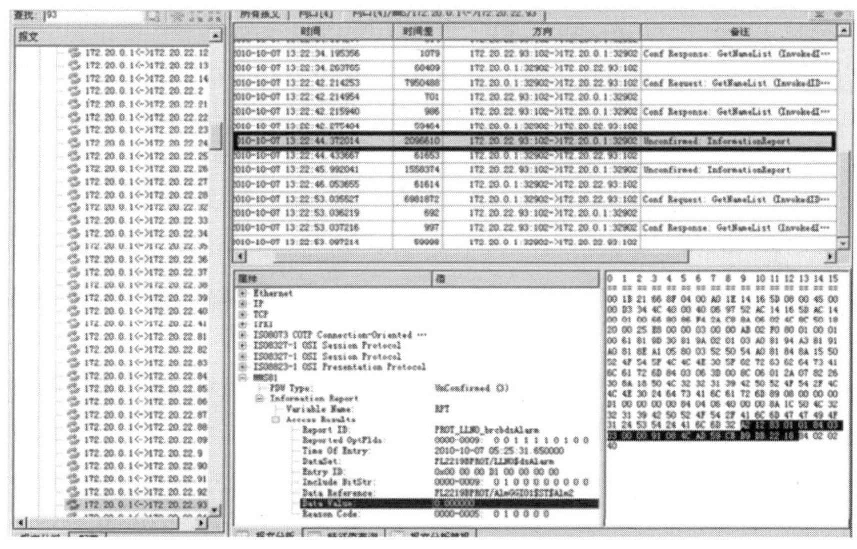

图 7-86　报文查看界面

第七节　网络抓包软件

在智能变电站自动化系统集成测试中，常常会遇到各种类型的问题，智能变电站的网络信息传输特性决定了不能像以往常规变电站一样使用万用表对回路进行检查。那么如何知道报文的接收方有没有收到信息，报文的发送方又是否按照 CID 文件的配置进行报文的发送呢？这就需要用到网络抓包软件。在本节中，将以 Ethereal 和 Wireshark 两个软件为例，介绍网络抓包过程和分析方法。

一、Ethereal

Ethereal 是一个开放源码的网络分析系统，也是目前最好的开放源码的网络协议分析器，支持 Linux 和 Windows 平台。Ethereal 起初由 Gerald Combs 开发，随后由一个松散的 Etheral 团队组织进行维护开发。它目前所提供的强大的协议分析功能完全可以媲美商业的网络分析系统，自从 1998 年发布最早的 0.2 版本至今，大量的志愿者为 Ethereal 添加新的协议解析器，如今 Ethereal 已经支持五百多种协议解析。

（一）软件界面

Ethereal 软件界面如图 7-87 所示，先选择“capture options”进行抓包配置，然后点击“start a new live capture”开始一个新的实时抓包。其中的“Filter”空白框可以输入公式进行报文过滤。

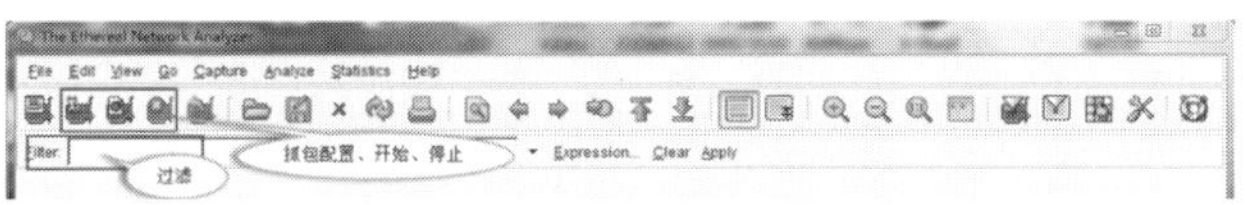

图 7-87　Ethereal 软件界面

在“Filter”空白框中输入过滤条件，按回车键或者点击“Apply”进行报文显示过滤，点击“Expression”可以查看公式语法。须注意，“Filter”栏中输入的过滤条件为小写字母，如果过滤条件输入正确，则“Filter”栏底色为绿色，否则底色为红色提醒用户过滤条件输入错误。常用过滤条件及说明如表 7-1 所示。

表 7-1　常用过滤条件及说明

显示过滤语法	说　明	显示过滤语法	说　明
mms	只显示 MMS 报文	ip.dst==	以目的地址为条件进行过滤
iecgoose	只显示 GOOSE 报文	eth.addr==	以 MAC 地址为条件进行过滤
tcp	只显示 tcp 报文	eth.src==	以源地址的 MAC 地址为条件进行过滤
udp	只显示 udp 报文	eth.dst ==	以目的地址的 MAC 地址为条件进行过滤
ip.addr==	以 ip 地址为条件进行过滤	&&	逻辑与
ip.src==	以源地址为条件进行过滤	||	逻辑或

（二）“Capture Options”抓包配置

1. “Interface”

在该选项中能选择电脑的某块网卡，用以进行接下来的抓包程序，对多网卡的电脑而言，选择不正确的网卡会造成抓包无法正确进行。

2. “Display Options”

针对流量较大的抓包场合，如SMV报文等，建议选中“Update list of packets in realtime（实时更新抓包列表）”、“Automatic scrolling in living capture（自动滚屏）”、“Hide capture info dialog（隐藏抓包信息对话框）”。

3. “Capture packets in promiscuous mode”

“混杂模式抓包”是指捕捉所有的报文，若不选中则只捕捉本机收发的报文；若选中“Limit each packet to（限制每个包的大小）”项，则只捕捉小于该限制的包。

Ethereal抓包配置界面如图7-88所示。

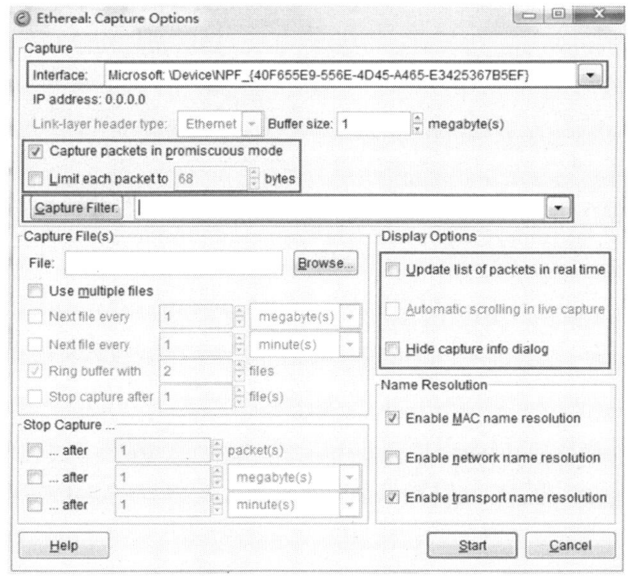

图7-88　Ethereal抓包配置界面

4. “Capture Filter”

当网络报文流量很大时，如果只想捕捉特定的报文，可在抓包配置中进行抓包过滤设置。设置后，抓包程序在捕捉报文时就会进行报文筛选，符合条件的报文才进行捕捉。

常用的捕捉过滤语法如表7-2所示。

表7-2　　捕捉过滤语法表

捕捉过滤语法	说　明
tcp	只捕捉tcp报文

续表

捕捉过滤语法	说　明
udp	只捕捉 udp 报文
Host ×	只捕捉 ip 地址为×的报文
ether host ×	只捕捉 MAC 地址为×的报文

二、Wireshark

Wireshark 也是开源的网络协议分析软件，支持 Windows/Unix/Linux，前身是前面介绍过的 Ethereal。由于 Wireshark 对 SV 采样值报文解析得较好，所以在智能变电站集中集成测试中一般用 Wireshark 来对过程层的 9-2 采样值报文进行抓包解析。本章已在之前的篇幅中对 Ethereal 进行了较详细的介绍，Wireshark 与 Ethereal 工具使用方法非常类似，故在此小节中将对 Wireshark 进行简略的说明。

（一）软件主界面

抓包软件照例在执行程序之前要进行网卡的选择，在抓取设置上 Wireshark 和 Ethereal 基本相似，这里就不再赘述。图 7-89 所示为 Wireshark 软件主界面。

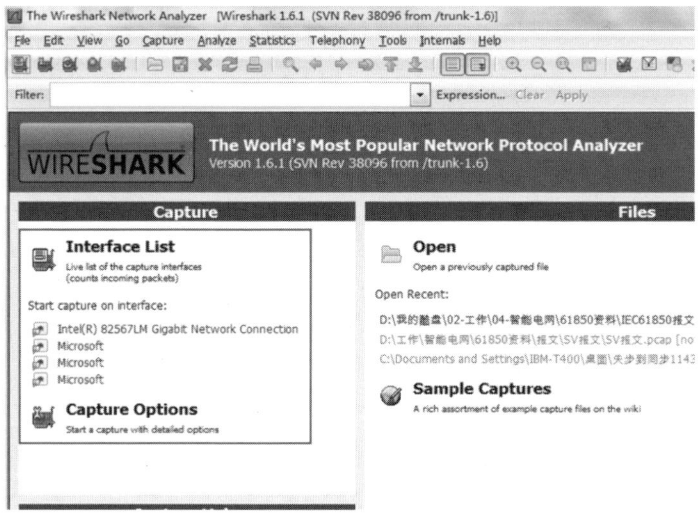

图 7-89　Wireshark 软件主界面

（二）报文过滤规则

Wireshark 的报文过滤规则和 Ethereal 稍有不同，表 7-3 为 Wireshark 的报文过滤规则。

表 7-3　　**Wireshark 的报文过滤规则**

显示过滤语法	说　　明
sv	9-2 采样值报文
goose	GOOSE 报文
Host *	只捕捉 ip 地址为*的报文
ether host *	只捕捉 MAC 地址为*的报文

第八节　客 户 端 工 具

IEDScout 是由 OMICRON 公司开发的一款 IEC 61850 客户端软件。它作为 IEC 61850 服务器的通用客户端，提供诸如数据模型查看、数据读写以及 GOOSE 订阅/仿真等多种功能，为工程调试及实验室测试提供了有力的支持，IEDScout3.0 主界面如图 7-90 所示。

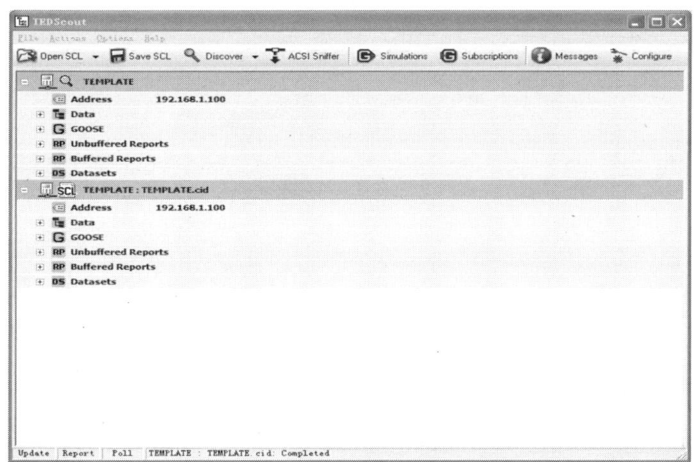

图 7-90　IEDScout3.0 主界面

一、建立连接

IEDScout 提供了两种方式用于与 IEC 61850 服务器建立连接，分别是动态连接方式及静态连接方式。

（一）动态连接方式

动态连接方式，在连接过程中会读取服务器的数据模型，包括服务器的数据结构及数据值。数据模型的大小决定了连接过程的耗时。建立动态连接：

（1）首先需要对目标服务器的参数进行配置，点击工具栏中的“Configure”

标签开始配置。“Configure”标签如图 7-91 所示。

图 7-91 “Configure”标签

（2）在弹出的配置窗口中选择“Servers”选项，点击“NEW”新建一个 server，并在新服务器定义窗口中指定服务器名以及 IP 地址。设置完成后，点击“OK”确认并退出配置页面，服务器配置界面如图 7-92 所示。

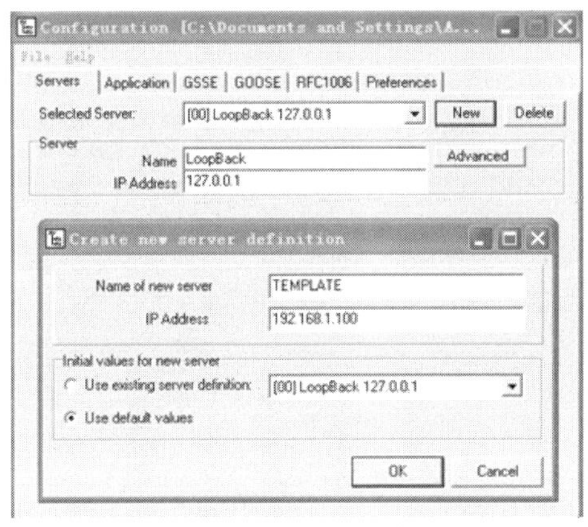

图 7-92 服务器配置界面

（3）在完成上述的服务器配置后，就可以通过 “Discover”功能，建立与服务器的动态连接，“Discover”标签如图 7-93 所示。

图 7-93 “Discover”标签

（4）点击工具栏中的“Discover”标签，并在弹出的下拉列表中选择先前配置的服务器，点击“Connect”进行连接，服务器连接界面如图 7-94 所示。

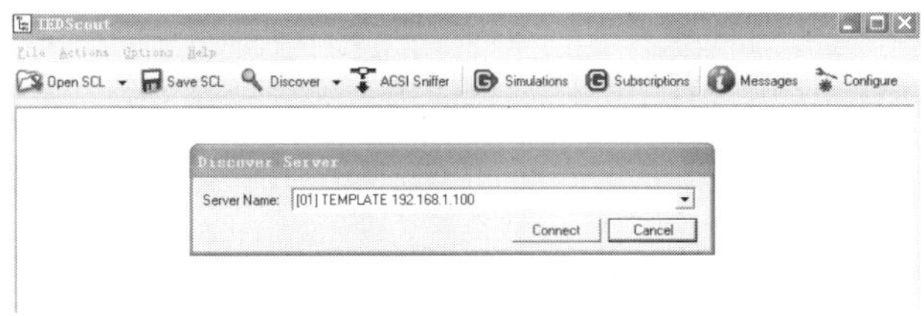

图 7-94 服务器连接界面

点击“Connect”后，IEDScout 开始读取服务器模型。整个读取过程可在“Messages”窗口中进行监视（通过点击工具栏中的“Message” 图标调出）。在该窗口中可以查看到 IEDScout 向服务器发起的每一步请求操作，以及相应的诊断及错误信息等，“Message”窗口如图 7-95 所示。

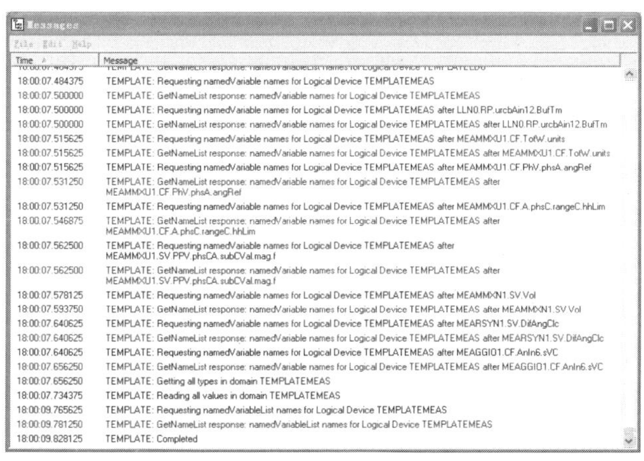

图 7-95　“Message”窗口

连接成功后，程序主界面中将会出现相应的服务器图标。双击服务器名，将给出当前服务器的基本信息，如“Address”栏目给出的服务器的 IP 地址信息、“Data”栏目给出的服务器的数据信息，此外还列出了全部的控制块及数据集。双击相应栏目可以查看更多的细节信息，并可对数据进行进一步的操作。IEDScout 支持同时与多个服务器建立连接，动态连接建立如图 7-96 所示。

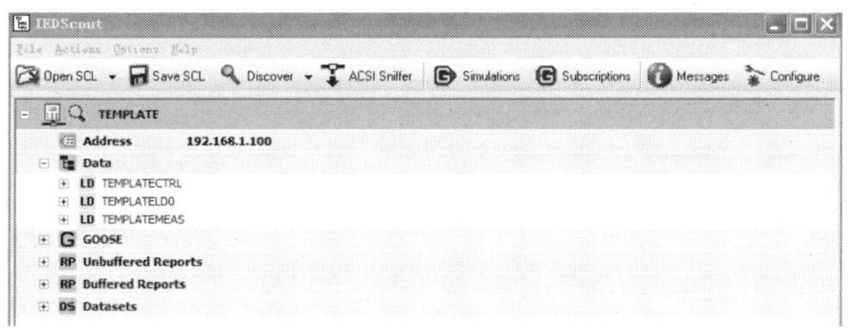

图 7-96　动态连接建立

（二）静态连接

静态连接是指通过服务器的模型文件（.icd，.cid，.scd）建立连接的方式。这种连接方式由于已从模型文件中获得了服务器的数据目录结构，因此省去了相应的动态获取过程，连接过程非常迅速。在配置好服务器 IP 后，仅需发起一个关联操作即可建立连接。建立静态连接：

（1）进行静态连接，首先需要导入服务器的模型文件，导入过程可以通过“Drag/Drop”方式将模型文件直接拖入程序主界面的空白处，也可通过工具栏中的“OpenSCL”标签导入。在导入过程中，IEDScout 还会对模型文件进行一个初步的校验，以验证模型是否符合 IEC 61850Ed1 标准，校验信息可在“Message”窗口中查看，“OpenSCL”标签界面如图 7-97 所示。

图 7-97 “OpenSCL”标签界面

（2）模型文件导入后，若模型文件中的服务器 IP 地址与实际装置不一致，则需对“Address”栏目进行编辑，修改 IP 地址信息。若一致则可跳过该步，修改 IP 地址界面如图 7-98 所示。

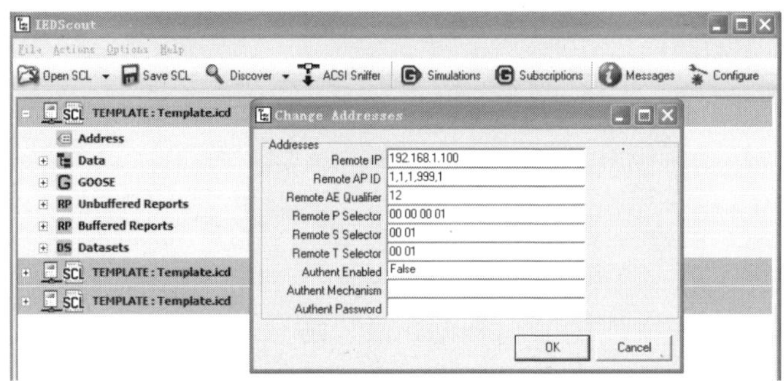

图 7-98 修改 IP 地址界面

（3）完成上述操作后，在程序主界面的服务器名处点击鼠标右键，并选择“Connect”即可实现与服务器的连接，静态连接建立界面如图 7-99 所示。

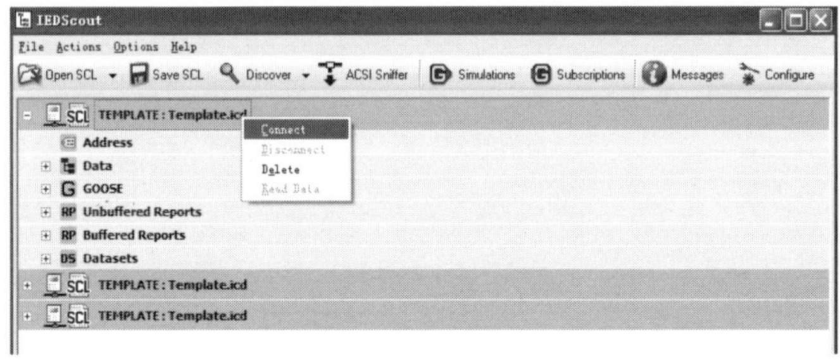

图 7-99 静态连接建立界面

二、数据操作

在建立与目标服务器的连接后，就可以进行诸如数据读写、控制块配置、遥控等数据操作。数据操作需通过双击主界面的“Data”栏目，并在展开的数据视图（Data View）中进行，数据视图界面如图 7-100 所示。

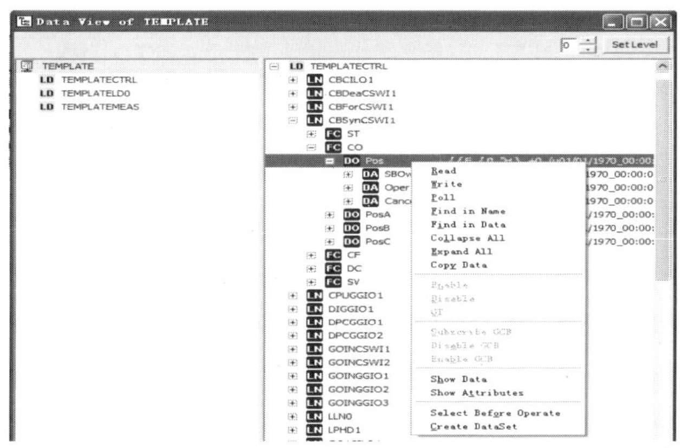

图 7-100　数据视图界面

数据视图中展示了目标服务器提供的所有数据目录结构，并按照 Sever（服务器）至 DA（数据属性）的树状结构进行分类组织。通过在数据节点上点击鼠标右键，即可激活数据操作菜单，进行单次读操作（Read）、写操作（Write）、定期读（Poll）、查看数据值（Show data）、查看数据属性（Show Attributes）、查找数据节点（Find）等基本操作。此外 IEDScout 还为报告服务及控制服务提供了相应的快捷操作方式，如对于报告控制块可在其数据操作菜单中，对控制块进行使能（Enable）、非使能（Disable）、总招（GI）等操作，对于可控对象则提供了选择（Select Before Operate）、执行（Operate）等操作。

对于数据查询，IEDScout 除支持通过“Read”、“Poll”等操作读取数据节点的当前值外，还支持通过报告方式主动刷新数据（若目标服务器支持报告服务）。用户只要根据需要配置并使能相应的报告控制块，那么控制块关联数据集中的数据就会通过报告服务进行更新。与此相应的 IEDScout 也提供了多种颜色策略用于指示不同的数据状态及数据来源，数据状态指示如图 7-101 所示。

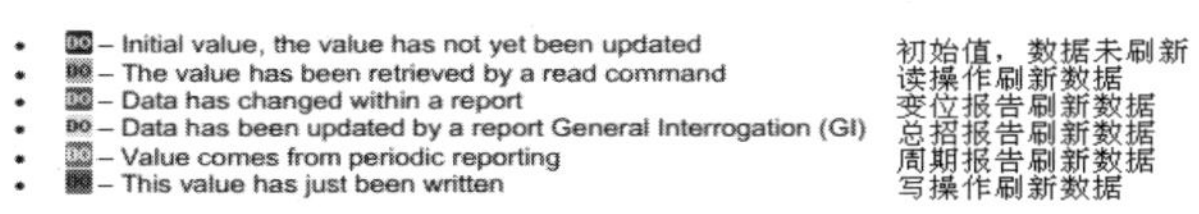

图 7-101　数据状态指示

（一）GOOSE 的订阅与仿真

1. GOOSE 订阅功能

IEDScout 提供了四种方式来订阅 GOOSE。

（1）通过程序主页面中的 GOOSE 控制块列表订阅，如图 7-102 所示。

订阅方法：从程序主页面列出的 GOOSE 控制块列表中，选取需订阅的 GOOSE 控制块并双击，接着在弹出的控制块细节信息窗口中点击“Subscribe”订阅标签，即可完成订阅。

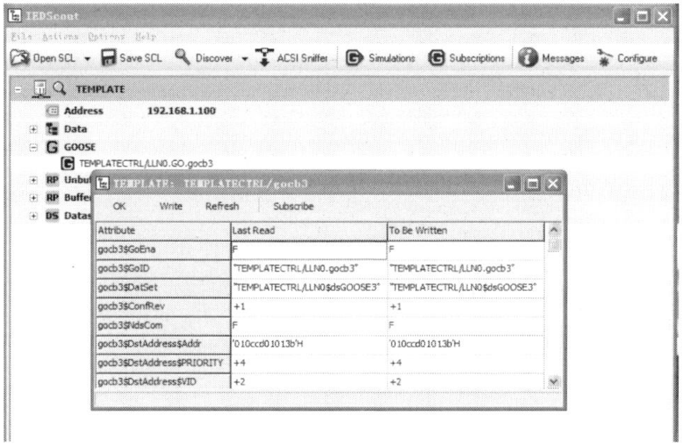

图 7-102　通过主页面 GOOSE 控制块列表订阅

（2）通过数据视窗中的 GOOSE 控制块列表订阅，如图 7-103 所示。

订阅方法：从数据视窗中找到需订阅的 GOOSE 控制块，在其数据操作菜单中选择“Subscribe GCB”进行订阅。

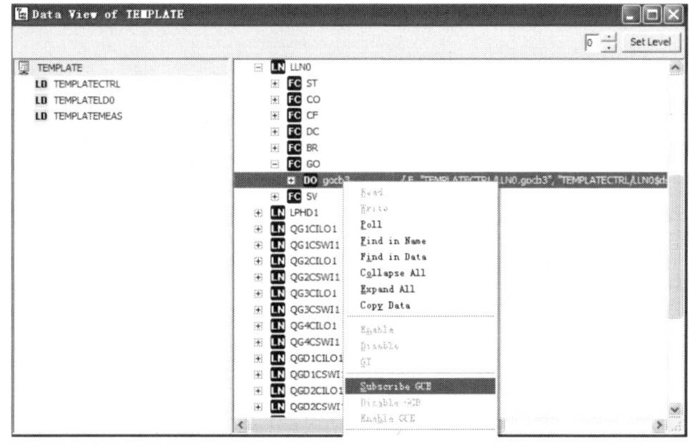

图 7-103　通过数据视窗中的操作菜单订阅

（3）通过 GOOSE Sinffing 功能订阅。IEDScout 提供了 GOOSE 探测（Sniffer）功能，即能够抓取当前 GOOSE 网卡上所有的 GOOSE 报文，用户仅需从中选取期望的 GOOSE 控制块进行订阅即可。

订阅方法：首先在“Configure” 窗口中的“GOOSE”标签下配置所使用的 GOOSE 网卡，网卡配置如图 7-104 所示。

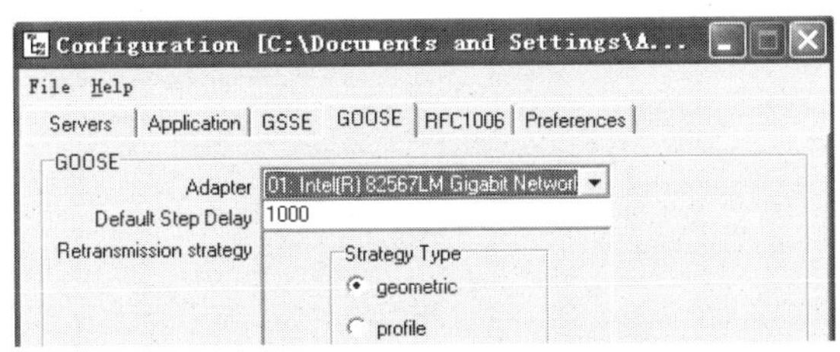

图 7-104　网卡配置

网卡配置完成后，在程序主界面工具栏中选择“Subscriptions”标签，激活 GOOSE 订阅窗口，Subscription 图标如图 7-105 所示。

图 7-105　Subscription 图标

在 GOOSE 订阅窗口中选择“Sniffer”标签，此时当前网卡上获取的所有 GOOSE 信息均会显示在 GOOSE Sniffer 窗口中，用户只需从中选择所需的控制块进行“Subscribe”订阅操作即可，“GOOSE Sniffer”功能界面如图 7-106 所示。

图 7-106　“GOOSE Sniffer”功能界面

（4）通过输入 GOOSE 控制块参数的方式订阅，如图 7-107 所示。

订阅方法：在 GOOSE 订阅窗口中，点击“Subscribe”标签，再输入需订阅的 GOOSE 控制块参数，完成订阅，手动订阅 GOOSE 如图 7-107 所示。

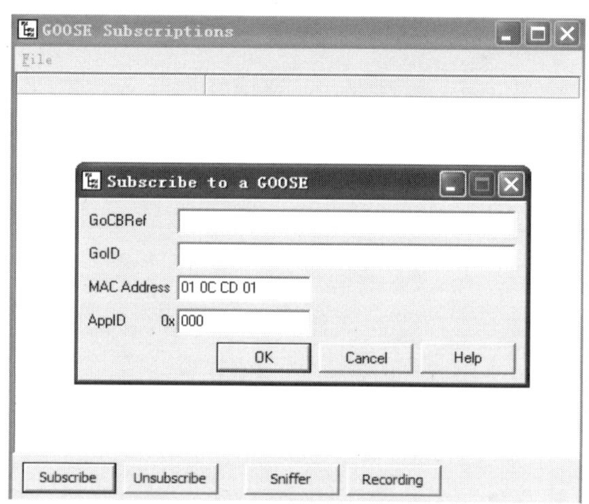

图 7-107 手动订阅 GOOSE

完成订阅后，相应的 GOOSE 信息可在 GOOSE 订阅窗口（通过工具栏中的“Subscriptions”图标激活）中进行查看，GOOSE 订阅窗口如图 7-108 所示。

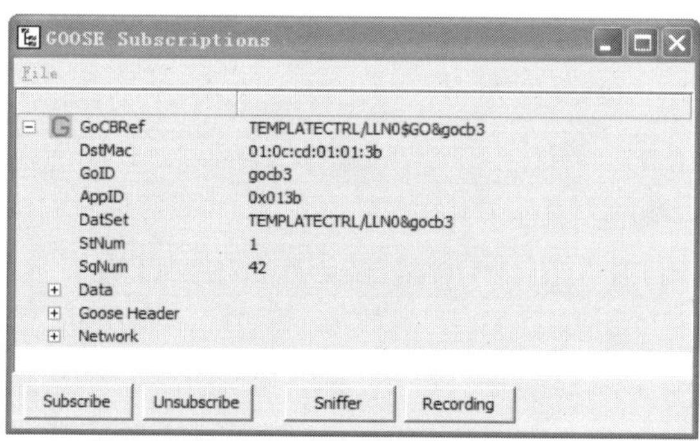

图 7-108 GOOSE 订阅窗口

IEDScout 在提供上述基本的 GOOSE 订阅功能外，还提供了对订阅 GOOSE 的录制（Recording）功能，录制结果以 COMTRADE 文件格式保存，可以用波形分析工具进行查看。

GOOSE 录制方法：GOOSE 录制功能通过 GOOSE 订阅窗口中的“Recording”标签激活。在弹出的 GOOSE 订阅窗口中，用户已订阅的 GOOSE 控制块将会出现在数据属性（Data Atrributes）栏目中。展开控制块，可以选择期望录制的数据属性，被选择的数据属性将作为一个数据通道出现在录制的 COMTRADE 文件中。此外用户还可根据需要在“Recording with Trigger”栏目中对触发选项进行设置。需要指出的是，在默认条件下仅记录 GOOSE 的变位信息，仅当选择了（Sqnum）项目时，重发的信息才会被记录，GOOSE 录制窗口如图 7-109 所示。

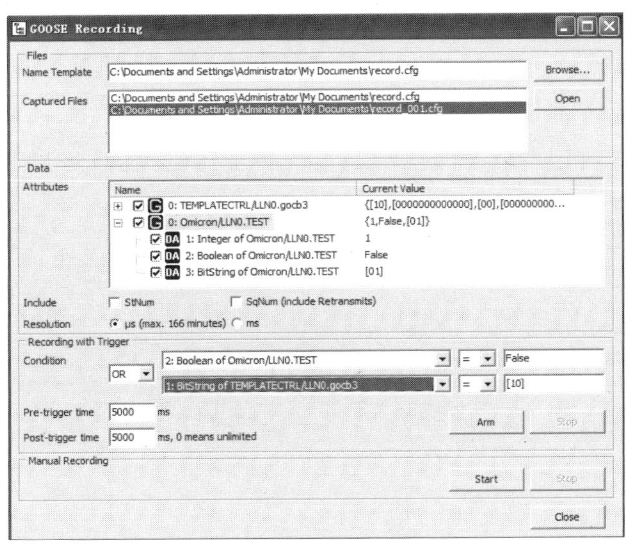

图 7-109 GOOSE 录制窗口

2. GOOSE 仿真功能

GOOSE 的仿真功能可以通过主页面工具栏中的“Simulations”标签激活，Simulations 标签如图 7-110 所示。

图 7-110 Simulations 标签

在弹出的 GOOSE 仿真窗口中，选择“Add GOOSE”标签，即可加入一个空白的 GOOSE 控制块，用户需要对该 GOOSE 控制块的参数进行编辑，以实现 GOOSE 的仿真。

在 GOOSE 编辑窗口中用户可以对 Test（试验标志位）、MAC（组播地址）、CnfRev（版本号）、NdsCom（配置标志位）、Data（GOOSE 发送的初始数据）、GcRef（GOOSE 控制块引用名）、DatSet（GOOSE 数据集名）等参数进行配置，Vlan 参数如 APPID、VLANID、优先级等需在“Advanced”标签下配置，GOOSE 的重发策略则需在 Strategy 标签下配置。IEDScout 提供了两种重发策略可供选择，一种是几何级数增长方式，即由用户指定最小发送间隔（T1）、最大发送间隔（T0）以及乘数（Multiplier），发送间隔以乘数的几何级数方式增长。另一种方式则可由用户自行定义每一个重发间隔。

此外 IEDScout 还提供了 GOOSE 序列仿真功能，用户可通过 GOOSE 编辑窗口 Insert Step 标签插入各个状态。

完成 GOOSE 参数编辑后，点击窗口中的 OK 标签，所仿真的 GOOSE 就会发布，此时 GOOSE 以 Data 栏目中指定的初始数据状态进行发送，GOOSE 编辑窗口如图 7-111 所示。

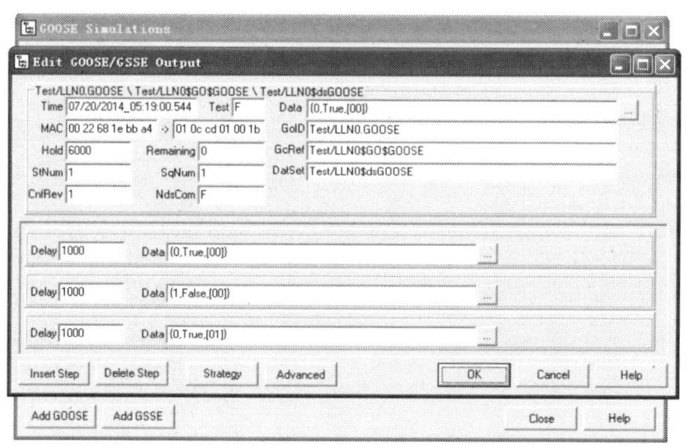

图 7-111　GOOSE 编辑窗口

用户可在 GOOSE 仿真窗口中查看当前仿真的 GOOSE 状态。点击仿真窗口中的 RUN 标签，即可激活 GOOSE 序列的发送。此时 GOOSE 按照所定义的状态序列循环发送，直至点击 Stop 标签。IEDScout 支持同时对多个 GOOSE 进行仿真，GOOSE 仿真窗口如图 7-112 所示。

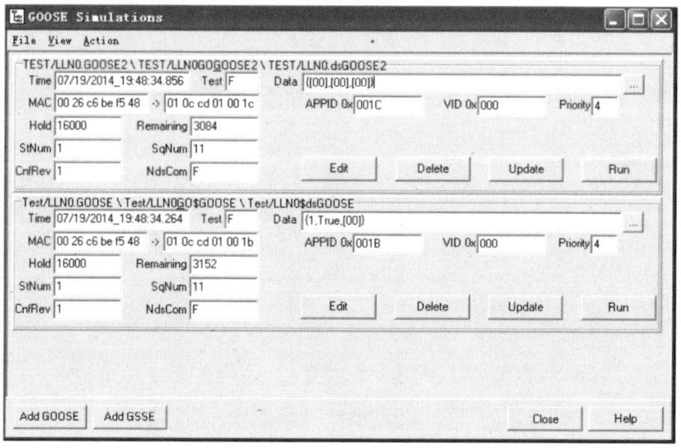

图 7-112　GOOSE 仿真窗口

（二）报文抓取及分析功能

IEDSCout 支持对 MMS 及 GOOSE 报文的抓取与分析。本项功能通过工具栏中的 ACSI Sniffer 标签激活，“ACSI Sniffer”标签如图 7-113 所示。

图 7-113　“ACSI Sniffer”标签

用户通过点击 ACSI Sniffer 窗口中的 Start capture 开始报文的抓取。所抓取的报文按照筛选条件显示在窗口中，“ACSI Sniffer”窗口如图 7-114 所示。

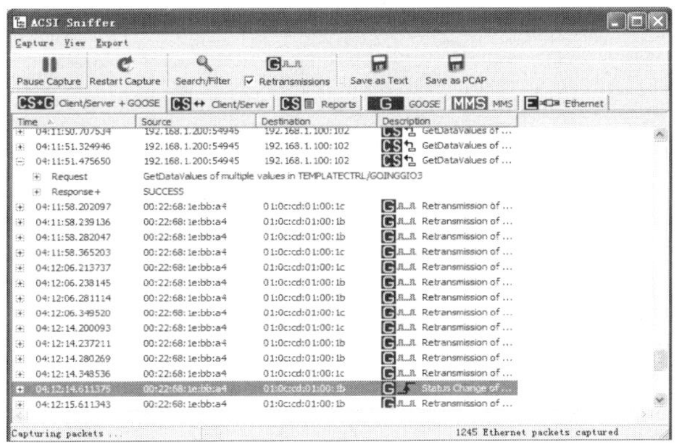

图 7-114　“ACSI Sniffer”窗口

三、新版本功能简介

目前 IEDScout 已更新至 4.0 版本，IEDScout 4.0 程序主界面如图 7-115 和图 7-116 所示。这个版本的软件采用了全新的用户界面，相较之前的 3.0 版本，主要做了以下几方面的改进。

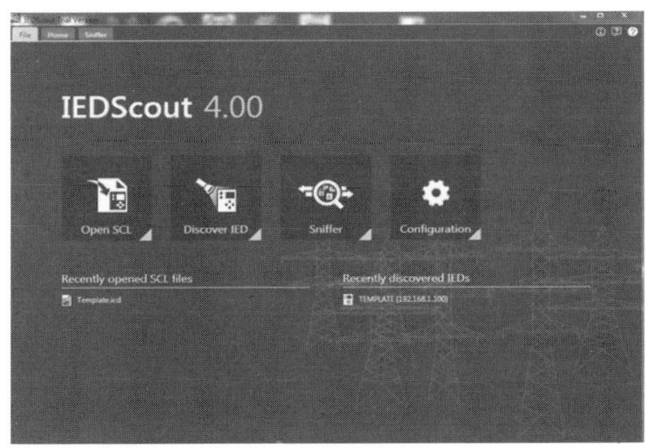

图 7-115　IEDScout 4.0 程序主界面 1

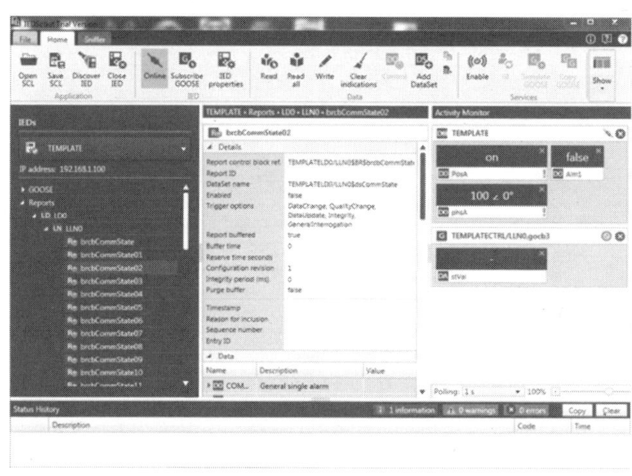

图 7-116　IEDScout 4.0 程序主界面 2

（一）行为监视（Activity Monitor）

支持通过拖动数据节点至行为监视窗口的方式来实时监视数据。程序通过定期读（Polling）、报告、订阅 GOOSE 的方式来更新监视窗口中的数据，行为监视（Activity Monitor）窗口如图 7-117 所示。

（二）报告使能

使用快捷操作使能报告时，支持对触发选项（Trigger option）、可选域（Optional fields）进行配置，并且每一位均有注释，报告使能快捷操作界面如图 7-118 所示。

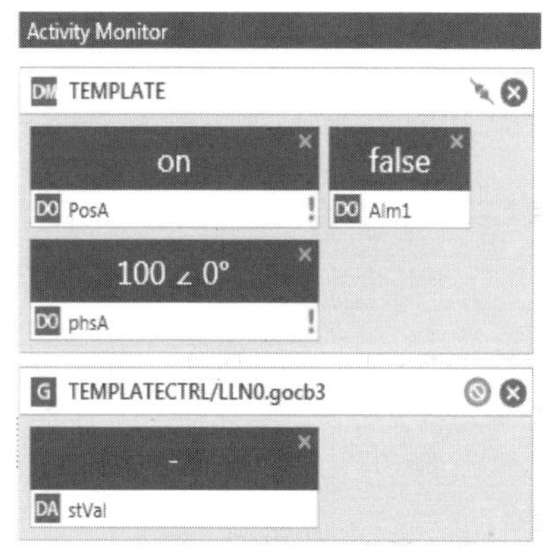

图 7-117　行为监视（Activity Monitor）窗口

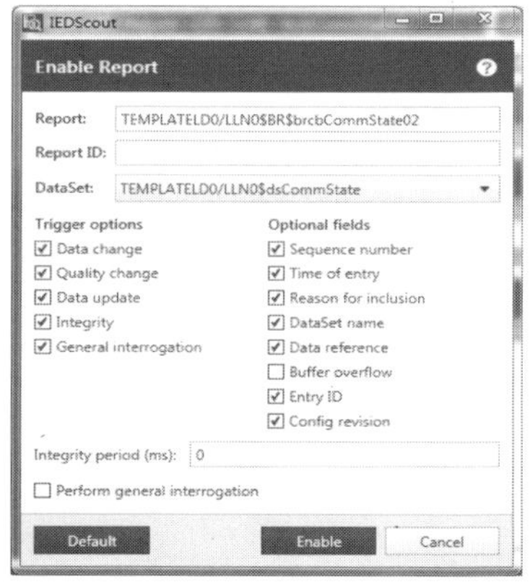

图 7-118　报告使能快捷操作界面

（三）GOOSE 仿真

支持通过 SCL 文件自动导入 GOOSE 配置，而不局限于手工配置，从 SCL 文件导入 GOOSE 仿真配置界面如图 7-119 所示。

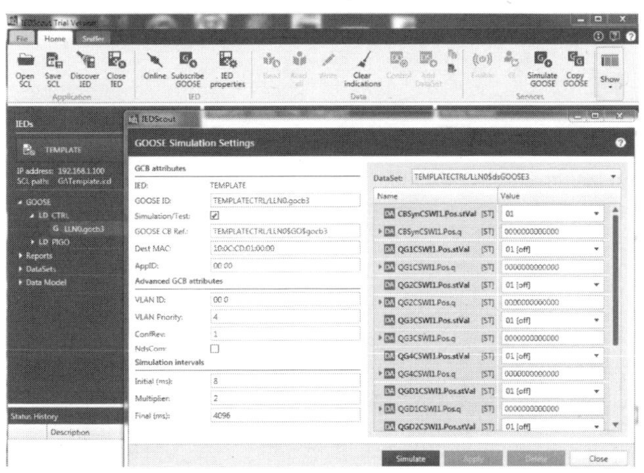

图 7-119 从 SCL 文件导入 GOOSE 仿真配置界面

（四）建立连接

简化了建立动态连接的步骤，仅需在 Discover IED 窗口中直接配置目标服务器信息，再点击 Discover 图标即可，建立动态连接如图 7-120 所示。

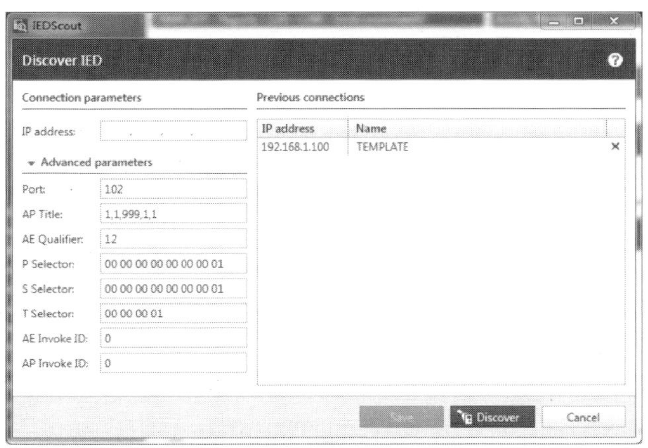

图 7-120 建立动态连接

集成测试实践案例

开展集成测试工作，除了具备智能变电站相关的知识和技能外，还须有一定的作业平台、管理流程等来支撑。本章将针对集成测试工作的特点和要求，介绍开展集成测试工作所需的场地、机制等要素。最后讨论虚拟设备、系统动模等新试验手段的应用。

第一节　调试基地的建设

开展集成测试需要一定的物质和人员条件。对于将大量开展集成测试作业的单位，一般可考虑建设联调基地来提供持续、可靠的环境支持。联调基地提供以下要素：

（1）调试场地、测试设备；

（2）站内二次设备运行环境仿真；

（3）测试技术及服务；

（4）试验管理。

考虑到联调基地中设备、服务要求的复杂性，可安排专职或兼职的联调基地管理负责人。联调基地的建设可主要分为硬件建设和软件建设两大块。

一、硬件建设

硬件建设主要负责完成场地、布线方式、网络连接、测试试备等完成屏柜放置及连接所必备的条件。

（一）场地

调试工作需要有一个集中的空间来摆放屏柜。一座 500kV 智能站有近 180～200 面各类二次系统屏柜。标准屏柜的尺寸为 800×600×2260mm。另外需考虑合理的工作走廊、操作台等空间要求，大体需要近 600m^2 的空间。场地里应该有足够容量的交直流电源和可靠的接地点。另外需配套考虑会议室、办公场地等。

（二）布线方式

二次系统的构建中有大量的通信、交直流电源、对时等线缆需要布置。其中有相对固定的，也有小部分需要临时搭接。这部分线缆一般有三种布置方法：桥架式、地板式、槽式。具体采用哪种方式可依据场地特点和投资情况进行选择。

桥架式：将线缆布置于屏柜上方的桥架中，相应的接口也将上置或从上方垂挂下来。须安装桥架，对场地净空的要求高。

地板式：将场地用架空地板抬高，线缆布置于地板下的空间内。由于屏柜的进出比较频繁，对地板的质量要求较高。

槽式：在地面上放置适当高度和宽度的槽，工作人员可以在槽的顶面行走。所需的线缆布置在槽内，并在槽的侧面安装接口。将试验屏柜背部紧贴于槽放置。为节约用地，可在槽的两侧均布置屏柜。该方式需要将屏柜的后门拆除，临时布线也比较麻烦。

（三）网络连接

智能化变电站信息交互的基础是网络。在实验室中必须完成网络的连接，使其按设计要求形成运行系统。虽然运用通信技术，设备的连接简化了，但在目前的技术模式下，点对点传输方式仍大量存在，尤其在保护应用上，通信光缆的数量还是比较多的。网线标示清晰、有序是基本要求。

在工程准备阶段，工作人员往往要花几天的时间来完成各类光缆和五类线的放置和连接。当工程结束时，对这些线缆的收拾也是一项费力的工作。因此必须考虑减少每个工程的重复工作量。网络连接面临的另一个变数是每个工程的规模、通信连接方式和数量都不同。在具体布置屏柜时，方式可以多种多样，如按间隔、电压等级布置和功能布置等，不同的方式会带来不同的网络连接需求。采用“预制线缆，集中跳线”的方式能较好的应对，减少作业量。具体方式为：

1. 网络接线盒

为每块屏柜安排一个网络接线盒，装置所需的网络接入只需用尾纤或网线直接连接装置出口与接线盒相应的网络接口即完成，异常方便快捷。

2. MMS 类组网

MMS 全站共网，只需通过交换机分级集中，最后汇集于主 MMS 交换机。分级 MMS 交换机可预先安放连接好。

3. GOOSE、SV 类组网

GOOSE、SV 的通信连接较 MMS 复杂，有通过交换机连成网络（网络可独立为数个）的，也有装置间直接连接的。在每个屏柜位预先布置的通信光缆，分区域集中接入一侧的一级 ODF 柜中。设置独立的二级 ODF 柜，用于交换机接入。一级、二级 ODF 柜间用光缆预先连接。由此，GOOSE 类或 SV 类通信的接入，无论经由交换机或装置间直联，均可在一级 ODF 柜中用跳线自由实现，GOOSE、SV 通信连接示意图如图 8-1 所示。

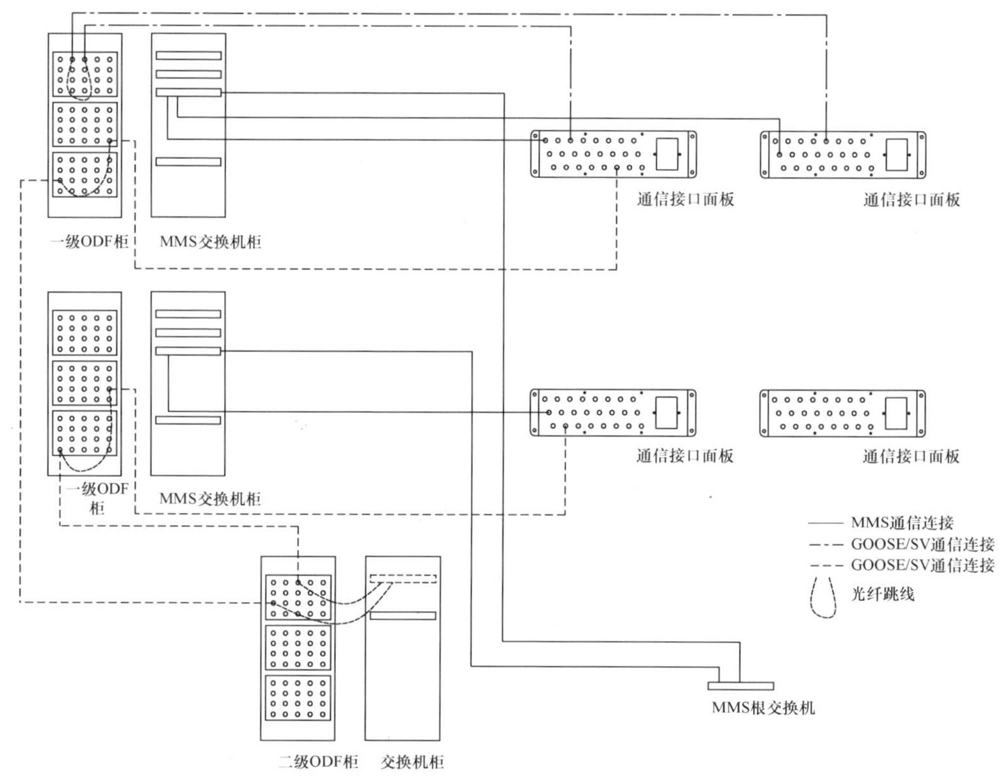

图 8-1 GOOSE、SV 通信连接示意图

（四）测试设备

测试中所用到的各类设备，包括数字式继电保护测试仪、网络测试仪、各类仿真装置等在本书的其他章节有详细描述。

二、软件建设

为完成调试任务，基地的软件建设同样非常重要。软件建设包括各类辅助开展测试工作的技术人员、工作流程、规章制度、试验大纲、作业管理系统等，用于明确工作开展的方式、要求并有效保障工作的顺利开展。由于流程、制度等不同的调试单位各有特色，在此重点介绍作业信息系统。

（一）作业信息系统的意义

集成测试工作和一般的实验室工作相类似，其工作对象是各个二次系统的装置；其出站产品是各项试验报告和配置文件。实验室信息管理系统（Laboratory

Information Management System，LIMS）是实验室管理科学与现代信息技术结合的产物，是利用计算机网络技术、数据存储技术、快速数据处理技术等，对实验室进行全方位管理的计算机软件和硬件系统。作业信息系统就是一种面向工程应用的实验室信息管理系统。

调试工作涉及到人员、调试设备、调试任务、调试报告、缺陷信息、工程资料、出入库过程等众多的对象和过程。作业信息系统将把这些要素综合在一起，并串接形成几条任务主线，实现对调试期间发生的各项中间成果的记录、查询和分享。对应于集成测试工作的特点和需要，该系统的重点是在信息管理而不是流程管理。

作业信息系统有以下方面具体作用：

（1）提高调试工作效率：测试人员可以随时在 LIMS 上查询自己所需的信息；分析结果自动存入 LIMS，自动汇总生成最终的分析报告。

（2）协调实验室各类资源：管理人员可以通过 LIMS 平台，实时了解实验室内各台设备和人员的工作状态、不同岗位待测试设备数量等信息，能及时协调有关方面的力量化解试验流程出现“瓶颈”环节，缩短工程调试周期；对基地配置的调试仪器设备进行管理和优化配置，最大程度地减少资源的浪费。

（3）提高对复杂分析问题的处理能力：LIMS 将整个实验室的各类资源有机地整合在一起，工作人员可以方便地对实验室曾经做过的工程、设备和及试验结果进行查询。因此，通过对 LIMS 存储的历史数据的检错，有可能得到一些对实际问题处理有价值的信息。

（4）实现过程管理：能有效纪录试验过程中，功能及其配置演化的过程。保障各类信息的同步性。

（5）提高自动化水平：LIMS 提供的数据自动上传功能、特定的计算和自检功能，消除了人为因素，以保证试验记录和试验结果的可靠性。到开发应用的高级阶段，可逐步融入自动检测功能，实现工程管理与工程试验更广泛的结合，提高应用水平。

（二）功能方案介绍

信息管理系统的功能方案，主要分为前台业务管理和后台系统管理，整个系统功能模块内容包括工程登记、工程安排、设备配置、系统配置、分析测试、报告编制、问题管理、查询统计、组织结构、业务配置、模版配置、界面配置、系统管理等。其中，对工程登记、工程安排、设备配置、系统配置、分析测试、报告编制、问题管理作详细说明。

1. 系统结构

系统主要分为前台业务管理和后台系统管理。前台主要面向调试过程中的各项业务管理，后台主要是对管理系统、人员组织及其权限的配置，软件系统功能结构如图 8-2 所示。

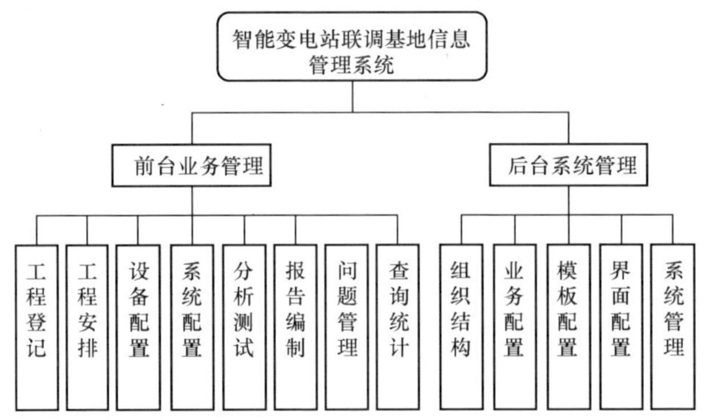

图 8-2　软件系统功能结构图

2. 功能模块

前台功能模块内容主要见表 8-1。

表 8-1　　前台功能模块内容表

工程登记		
1	工程登记	登记工程基本信息，并指定工程的项目负责人
2	收货登记	屏柜到位后的收货登记
3	发货登记	屏柜发出后的发货登记
4	仪器归还	测试仪器归还后的登记操作
工程安排		
1	工程安排	安排工程相关信息，如：登记与工程相关的屏柜、设备、系统，并设置屏柜位置、上传工程资料，设置测试小组并指定小组成员，指定与工程或设备相关的试验模板等
设备配置		
1	设备配置	上传与设备相关的 ICD、CID 文件，可下载工程资料或 SCD 文件
系统配置		
1	系统配置	上传与系统相关的 SCD 文件，可下载工程资料或 ICD 文件
分析测试		
1	仪器领用	测试仪器领用时的登记操作
2	分析测试	填写试验表单、设置试验表单状态、锁定试验表单，提交填写完成的试验表单等操作

续表

报 告 编 制		
1	报告编制	查看已提交（已完成填写）的试验表单，锁定试验表单，设置试验表单状态。设置工程相关试验表单顺序，并合成最终报告
问 题 管 理		
1	问题登记	登记工程测试过程中发现的问题及处理等信息
查 询 统 计		
1	信息查询	综合信息查询功能
2	数据统计	综合数据统计功能
3	业务报表	业务报表统计功能
文 件 管 理		
1	文件管理	文件分类管理，文件权限控制，如：上传、下载、查看、共享等权限设置等
我 的 工 作 台		
1	公告管理	系统公告发布、查看等管理功能
2	邮件管理	内部邮件发放管理功能

以下对各主要功能模块进行具体分析。

（1）工程登记模块。工程登记功能模块主要涉及与工程管理人员相关的工作内容。该模块设计功能内容如图 8-3 所示。

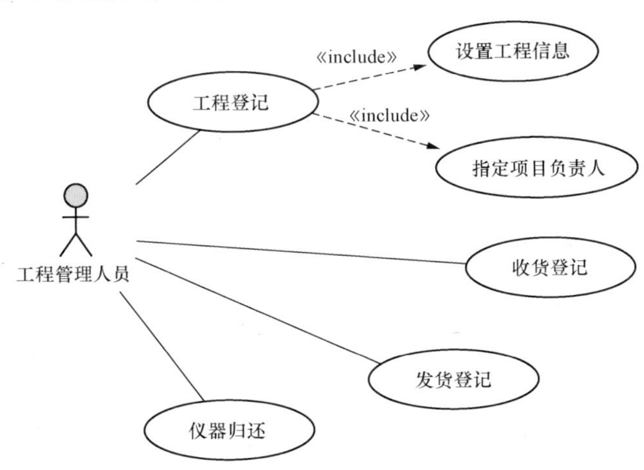

图 8-3 工程登记模块设计图

1）工程登记。工程登记模块内容如表 8-2 所示。

表 8-2　　工程登记模块内容表

功能名称	工　程　登　记
功能目标	完成工程相关的信息登记工作
执行者	工程管理人员
前置条件	执行者已经掌握工程项目的相关信息及要求
后置条件	系统成功保存执行者登记的工程信息
基本操作过程	1. 执行者进入工程登记界面。 2. 系统显示工程登记界面信息。 3. 执行者依次完成工程信息的输入。（详细信息见特殊说明） 3.1　设置工程信息。 3.2　指定项目负责人。 4. 执行者完成信息输入后，选择提交操作。 5. 系统保存提交的工程相关信息
异常操作处理	1. 执行者选择提交操作，当登记界面中“必填项”未填写时，系统给出提示：请输入“必填项”。 2. 系统自动将光标定位到未填写的“必填项”处
特殊说明	登记界面信息如下： 1. 工程信息：工程编号、工程名称等。 2. 指定项目负责人：从组织结构中选择

2）收货登记。

收货登记功能：当屏柜到达指定的位置后，工程管理人员进行收货登记，表明屏柜已收到。

前置条件：工程已完成了工作安排，设置了屏柜对应的位置。

系统保存信息：收货备注、登记人、登记时间。

3）发货登记。

发货登记功能：当分析测试完成、报告已编制完成后，工程管理人员发出屏柜时进行发货登记。

前置条件：工程已完成分析测试、报告编制。

系统保存信息：发货备注、登记人、登记时间。

4）仪器归还。

仪器归还功能：当分析测试完成、报告已编制完成后，试验人员归还测试仪器时，工程管理人员进行登记，表明仪器已归还。

前置条件：工程管理人员收到试验人员归还的测试仪器。

系统保存信息：归还备注、登记人、登记时间。

（2）工程安排。工程安排功能模块由项目负责人进行相关内容操作，主要包括设置屏柜位置、上传工程资料、设置测试小组并指定小组成员、指定与工程或设备相关的试验模版等操作，工程安排功能模块设计图如图 8-4 所示。

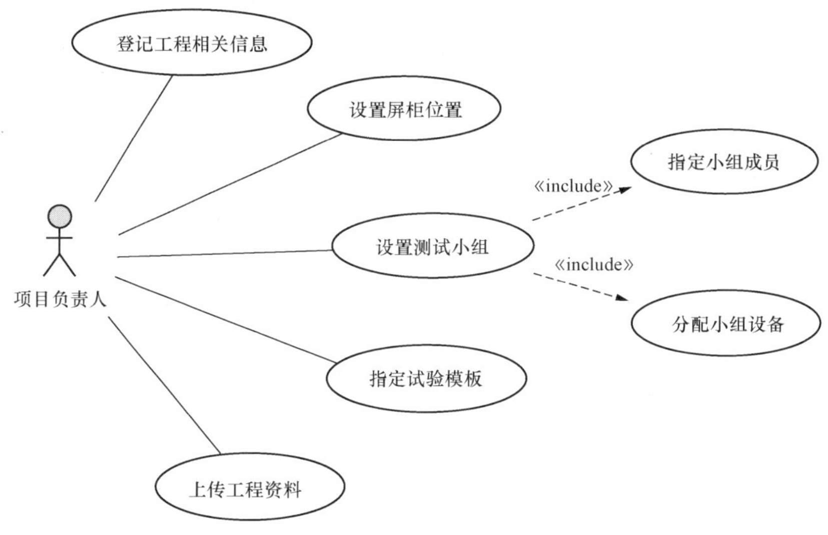

图 8-4 工程安排功能模块设计图

1）登记工程相关信息：

a．登记屏柜信息：屏柜编号、屏柜名称、发货地址等。

b．登记设备信息：设备编号、设备名称、型号规格、生产厂家等。

c．登记系统信息：系统名称等。

2）设置屏柜位置：

a．屏柜位置：系统基础信息中定义好屏柜存放位置的信息，设置位置时选择基础信息中的对应位置信息即可。

b．设置屏柜位置：工程登记时，登记了工程相关的屏柜以及屏柜下的设备，设置屏柜位置时针对工程中的屏柜记录，选择基础信息中的位置信息，将位置信息添加到屏柜记录上即可完成设置。

3）设置测试小组：

a．添加测试小组：针对工程添加测试小组，测试小组信息主要有小组名称、小组说明等。

b．指定小组成员：添加完成测试小组后，给小组指定成员（小组成员从组织结构中的人员信息中选择）。

c．分配测试设备：将工程登记时的设备信息分配到测试小组（注意：同一个设备可以分配到多个测试小组，即多个小组完成同一个设备的测试工作）。

4）指定试验模版：

a．试验模板：试验表单对应的模板，在系统基础数据中定义并维护好分析测试时需要用到的试验表单模板，供填写试验表单时调取。

b．指定模板：可针对工程或设备选择试验模板，最终所有工程相关的试验模板都对应到工程上。

5）上传工程资料：针对工程项目上传有关的资料文件，系统将上传的资料文件保存至服务器。

（3）设备配置。设备配置功能由厂家人员进行操作，主要包括设备配置相关的文件上传和下载等功能，设备配置功能模块设计图如图 8-5 所示。

文件上传功能：

1）在工程下上传与设备相关的 ICD 文件，可供相关人员下载查看。

2）在工程下上传与设备相关的 CID 文件。

3）系统记录对应的上传人、上传时间等信息，并将上传的文件保存至服务器。

文件下载功能：

1）可下载与工程相关的资料文件。

2）可下载工程下与系统相关的 SCD 文件。

（4）系统配置。系统配置功能由系统配置员进行操作，主要包括上传与系统相关的文件，下载工程相关的资料，下载与设备相关的 ICD 文件。系统配置功能模块设计图如图 8-6 所示。

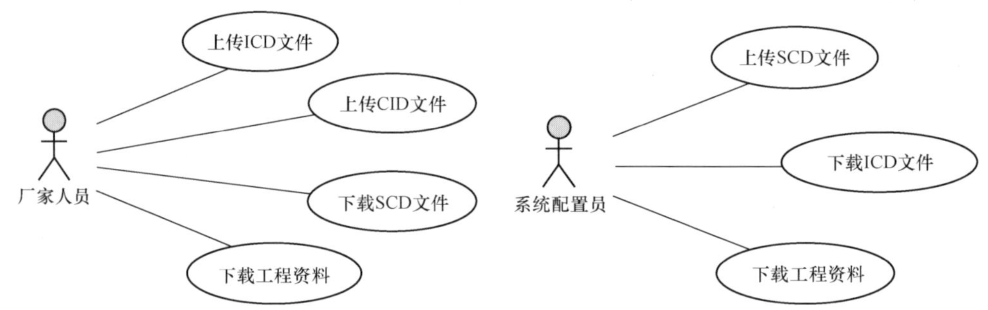

图 8-5　设备配置功能模块设计图　　　图 8-6　系统配置功能模块设计图

上传 SCD 文件：

1）上传工程下与系统相关的 SCD 文件，可供相关人员下载查看。

2）系统记录对应的上传人、上传时间等信息，并将上传的文件保存至服务器。

文件下载功能：

1）可下载与工程相关的资料文件。

2）可下载工程下与设备相关的 ICD 文件。

（5）分析测试。分析测试功能模块由试验人员进行操作，主要包括仪器领用、分析测试等功能。

1）仪器领用。仪器领用功能是试验人员在分析测试前对领用仪器的登记操作。仪器领用功能模块设计图如图 8-7 所示：

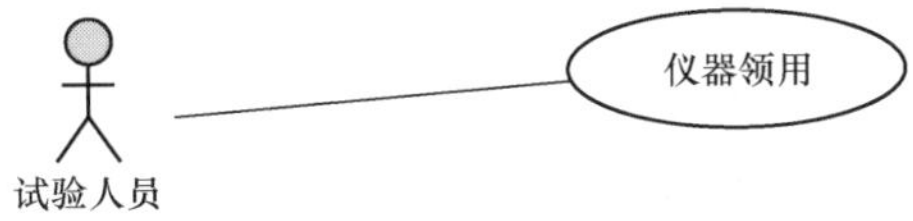

仪器领用

试验人员

图 8-7 仪器领用功能模块设计图

测试仪器：系统在基础数据信息中维护好所有仪器的台账信息，在对仪器台账信息执行领用、归还等操作时，对应的可变换仪器的状态信息，如当仪器领用后，状态处于已领用。

仪器状态：正常、已领用、其他（可根据实际情况设置）。

仪器领用：在工程下选择仪器领用，进行仪器台账信息中，选择需要领用的仪器（注意：可同时选择多个仪器），执行领用操作即可。

系统保持工程下领用的仪器，并记录下领用人、领用时间等信息。

2）分析测试功能。分析测试功能由试验人员根据试验情况填写试验表单内容（试验表单即是工程安排时指定的试验模版）。分析测试功能设计图如图 8-8 所示。

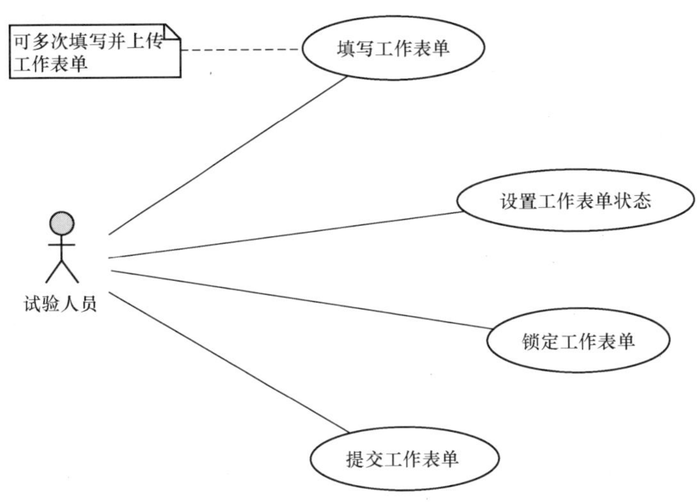

图 8-8 分析测试功能设计图

a．填写试验表单。

试验表单：工程安排时指定的试验模板，可对应工程或设备。

试验人员根据试验模板和试验结果填写试验表单。

可多次填写并上传试验表单，后面填写并上传的试验表单覆盖前面保持的试验表单，直至完成填写。

b．设置试验表单状态。试验人员在填写试验表单时，可设置工程下对应表单当前的状态信息，供相关人员查看。

表单状态：正在填写、已填写、其他（可根据实际情况设置）。

c．锁定试验表单。试验人员在填写试验表单时，可锁定试验表单，其他成员将不能对锁定的试验表单进行操作。

d．提交试验表单。当试验人员完成试验表单的填写工作后，提交试验表单，即最后一次填写试验表单时提交。

提交后的试验表单项目负责人可看到，并能进行审核和设置其状态等。

提交后的试验表单，并且项目负责人在没有设置状态时，小组内的其他成员可对该试验表单进行再次编辑（编辑动作和之前描述的填写动作一致）。

（6）报告编制。报告编制功能由项目负责人进行操纵，主要包括设置试验表单状态、锁定试验表单，设置工程相关试验表单顺序并合成最终报告等。报告编制功能模块设计图如图 8-9 所示。

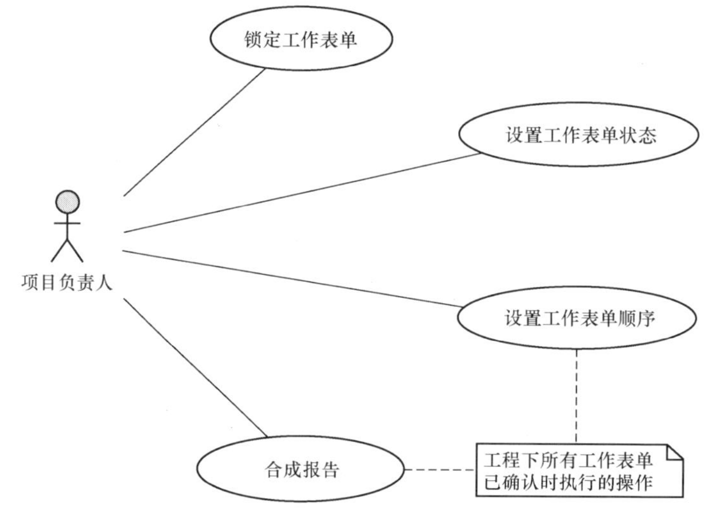

图 8-9　报告编制功能模块设计图

1）锁定试验表单。项目负责人在查看（即审核、确认等工作）工程下已填写完成的试验表单时，可锁定试验表单（项目负责人可解除锁定的试验表单）。

锁定后的试验表单，其他成员将不能对该表单进行填写操作。

2）设置试验表单状态。项目负责人确认已完成填写的试验表单没有问题时，可设置试验表单状态，如：已确认。

表单状态：已确认、其他（可根据实际情况设置）。

项目负责人确认后的试验表单可参与后续的报告合成。

3）设置试验表单顺序。在工程下所有试验表单已确认后，项目负责人选择需要进行后续报告合成的试验表单。

项目负责人对选择的试验表单设置先后顺序。

4）合成报告。项目负责人执行合成报告操作。

系统根据工程下已选择并且已设置好顺序的试验表单，合成最终报告。

（7）问题管理。问题管理功能模块是针对工程试验过程中发现的问题，以及问题的处理情况进行管理，主要的工程问题管理人员有项目负责人、试验人员、系统配置员。问题管理功能模块设计图如图 8-10 所示。

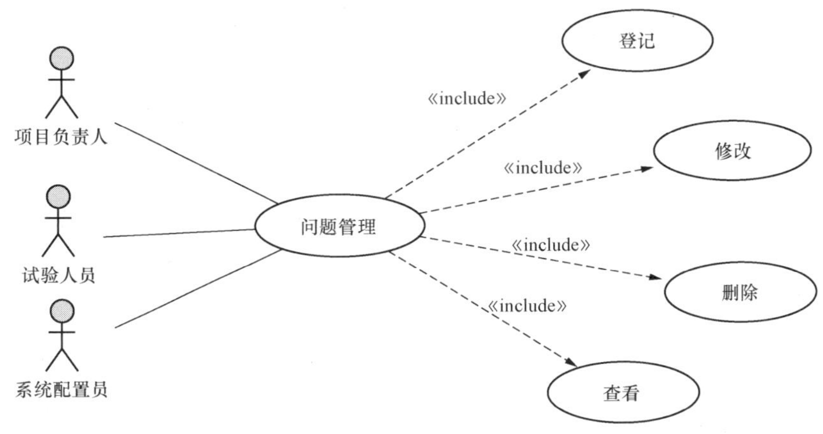

图 8-10 问题管理功能模块设计图

1）登记：在工程试验过程中，发现问题时，具备登记权限的人员（如图 8-10 中所示的三类人员）进行问题登记。

登记信息：问题名称、问题说明、处理情况、备注等。

系统记录信息：登记人、登记时间。

2）修改：对工程下登记的问题进行修改。

系统记录信息：修改人、修改时间。

3）删除：对工程下登记的问题进行删除。

执行删除操作时，系统给出提示“是否确定删除？”，确定后系统执行删除命令。

4）查看：对工程下登记问题的信息查看功能。

第二节 集成测试组织

在具备了各项集成测试的软硬件条件后，可组织开展集成测试工作。承担集成测试的单位可以是中标的设备提供商和集成商，也可以是项目的安装调试单位，或是各属地电科院等有资质的第三方单位。

一、集成测试的组织过程

一项集成测试工作的完整开展，一般要求负责单位按序组织完成下述工作：

（1）确定参加本次项目的负责人和技术人员。

（2）召开由设计、厂家、专业管理部门、运行维护单位、现场调试单位等参加的启动会，明确各项要求（可以要求管理部门组织召开）。

（3）由设计单位提供本项目的设备清单，并明确参与集成测试的设备。

（4）集成测试负责人确定屏柜安放位置和联网方案，组织编制集成测试方案。

（5）敦促厂家及时发货，并组织到货设备在调试大厅就位，将设备标识并入库。

（6）完成装置电源、网络、对时等接入。

（7）负责人确认并分配各项调试任务到调试人员。

（8）安排厂方等其他单位人员入场并接受入场教育，了解安全、流程方面的事项。

（9）收集设计资料。

（10）开展集成及测试工作。

（11）由管理部门组织验收会，开展验收。

（12）整改及复验。

（13）分解被测试二次系统。

（14）设备出库、包装、发货。

（15）完成测试报告。

过程中注意以下一些事项，会有助于更顺利地开展工作：

（1）联调参加单位：除了联调负责单位、设备商外，设计单位、运行单位和现场调试单位的参与也非常重要。如设计人员无法常驻，应定期到场收集、解决问题。需要主管部门明确工厂联调也是变电站工程现场服务的重要组成部分，设备商必须给予足够的保障和支持。

（2）启动会：一般需明确测试及验收大纲、各方任务、项目各节点时间、应遵循的技术要求等。所形成的会议纪要，将作为后期验收的依据。

（3）验收会：由管理部门组织专门的技术团队来进行。主要开展查阅试验报告，抽测装置功能，验证功能规范性，确认系统性能，明确后续现场调试要求等工作。经项目买卖双方同意，可将集成测试验收和工厂验收试验合二为一。

二、需要重点协调和把握的问题

在开展集成测试工作过程中，如能良好认识和把握下述问题，能使工作更为顺利地完成。

（一）设计、系统集成、装置配置等工作的分界面

设计根据装置的输入输出，组合各类信号的逻辑关系，并用表格的方式表达虚端子联系。集成工作则结合变电站的一次设备调度命名、装置命名、网络地址分配等多项信息，将其最大地完善到 SCD 中，同时将设计所作出的输入输出关系在 SCD 文件中一一实现，最后通过 CID 文件分发给设备商。设备商负责将 CID 和其他要求的功能配置下载到具体的装置中。在实际工作中为提高效率，各方的工作内容会有所交叉，但明确各参加单位的职责界线是工作组织的基础，集成测试工作界面如图 8-11 所示。

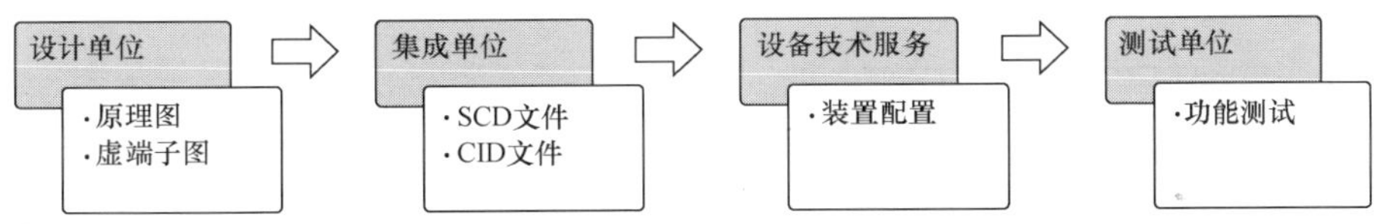

图 8-11 集成测试工作界面图

（二）相关支撑工作的及时性

设计、调度命名、装置定值等要素对二次系统功能的实现和完善至关重要。开展集成测试后，其工作时间相对常规的现场安装调试工作有所提前，就要求这部分支撑工作也能相应提前完成。以调度命名为例，智能站中信息自描述的技术特点要求在 SCD 文件源头即确认各对象的命名。实际工作中，往往由于未引起足够的重视，及早确认调度命名，使得集成测试只能采用设计命名和临时编号开展工作，只能形成一个中间产品，大量的修改核对工作需要到最后阶段去执行，从而丧失了集成测试工作的优势。

（三）文件版本控制

在调试中，对应于设计更改、功能要求、错误验证、版本更新等，形成的 CID 文件更改及装置参数化文件更新是难以避免的，其本身就是调试工作的体现。工作中应安排专门的人员唯一负责，严格掌控、及时发布 SCD 文件的更新，使得各系统能保持同步，保证试验的可靠性和完整性。厂方技术人员应了解并严格遵循相关的修改流程。必要时可辅以一定的技术手段来保障模型的一致性。

（四）规范性、完整性

在智能站技术体系下，衡量的目标已不仅仅局限于功能的正确实现。网络传递过程中，信息表达的规范性也受到重点关注，其直接涉及到后期的扩建改造等的难易程度和各类高级应用。通过 Q/GDW 1396—2012《智能变电站二次系统相关技术》等规范，专业技术管理部门规范了模型和应用。厂家处于自身技术能力、技术体系甚至于技术投入的限制，在工程中更倾向与按自己的方式去实现。在集

成测试过程中要充分把握好规范性这一关。这类问题如放到现场调试阶段去发现和更正，往往会牵一发而动全身，时间压力和工作量会相当大。同时，随着无人值守、集中调控等工作模式和相关应用的推进，对信息的可读性和准确性要求已大大提高。集成测试中应重视模型信息填写的完整正确，模型文件中数据对象工程实例描述应和实际保持一致。

（五）充分利用现有环境，完成系统性试验

在集成测试环境下，设备高度集中，便于开展系统性的测试。如开展全站遥信 SOE 精度及雪崩试验，通过合并各测控装置开入点，可完成全站规模的测试。而在变电站现场，往往因为小室间物理位置分散无法完成。现场组织程序化操作验证时，受一次设备的干扰比较大，集成测试可有效屏蔽一些外部影响因素，通过模拟开关等辅助设备的使用，方便完成程序化操作的验证。另外集成测试应贯彻最大系统试验的理念，即按可能的最终规模来组织对设备的试验，以减少后续现场接入的工作量和风险。对于一些因尚未生产或现场运行等原因未能出现在联调现场的设备，可利用数字化技术的特点采用仿真设备的方法完成验证。

（六）建立工厂联调试验期间工作联系的机制

在工厂联调试验中，对发现的问题如何能迅速反馈到相关部门或人员，并得到回应和解决，是测试工作按计划顺利开展的重要保证。受联调团队技术分工的限制，一些问题需协调外部解决。如对于项目中新型号或含新功能的产品，所出现的问题往往需要厂家的研发人员处理。再如须设计明确或修正的问题。人员间以电话、邮箱沟通的非正式的方式反映问题，往往因为该临时任务进入不了生产任务队列，得不到足够的重视，效果较差。

建立一个工厂联调试验工程联系单的机制来与厂家、业主及调度主管部门等进行沟通，在联调中发现的问题，以联调负责单位的名义发出联系单给相关单位，敦促其对不满足相关规程规范要求的地方进行修改，同时抄送给业主及调度主管部门。这样对提出的意见会比较重视，既有利于问题的跟踪处理，也有利于在以后的工程中避免出现相同的问题。

集成测试着眼最终规模和最终状态来开展工作，以超前开展并代替部分现场试验。伴随智能站技术、管理水平的不断提升，其工作重点也对应发生变化。初期，各家对技术的认知还不统一，着重于技术实现和可靠性验证；随着规范化的深入和统一测试的开展，主要工作是按标准要求完成系统搭建和功能验证。近年来，电网公司开展了装配式变电站的探索，其直接融合了现场调试工作。

集成测试工作的实践经验的不断积累，其必要性和优势逐步被建设单位和管理部分所认识。但管理上，该项工作未被确认成为一个必备环节，尚无相应的工作定额。技术上，对于集成测试工作的规范、集成测试工作与现场调试的衔接关系等，还没有专门的规定可依据。

第三节　集成测试新技术

随着智能变电站技术的不断发展，配送式智能变电站新一代智能变电站等新技术不断涌现。另一方面，合并单元、智能终端等一次设备数字化接口装置逐渐回归一次设备（由一次设备厂家集成），一次设备呈现数字化、智能化趋势。这些产业技术发展趋势逐渐给二次设备集成测试带来困难（一次设备不便于集中进行测试）。智能变电站采用统一的IEC 61850标准实现全站各数字化、智能化设备之间的通信，透明的通信规约和模型为“虚拟智能电子设备”创造了条件。智能变电站集成测试正在将过去多个厂家设备集中起来联调转变成分散装置加“虚拟智能电子设备”测试模式。数字化一、二次设备运行于网络，一、二次设备之间交换的信号变成了数据流，以统一的通信规约与网络进行交换，形成了不可分割的整体，而实际运行过程中控制、保护系统又需要长时间验证，因此系统级的动态模拟试验变得重要。

一、虚拟智能电子设备

如图8-12所示，通过仿真概念图，可以清楚基于虚拟智能电子设备通信仿真的调试基本思路，导入符合IEC 61850标准的自动化系统设备模型和配置文件，通过软件或者硬件构建新的仿真载体，来模拟实际智能电子设备的通信行为。采用SCL文件自动生成相应“虚拟智能电子设备”的仿真参数，同时运用通信仿真策略，控制具体通信行为，从通信网络看“仿真载体”与“智能电子设备”的通信行为是完全一致的，因此可以利用“仿真载体”替代实际“智能电子设备”，从而对整个自动化系统的调试、仿真和测试提供了一种新颖实用的技术方法。

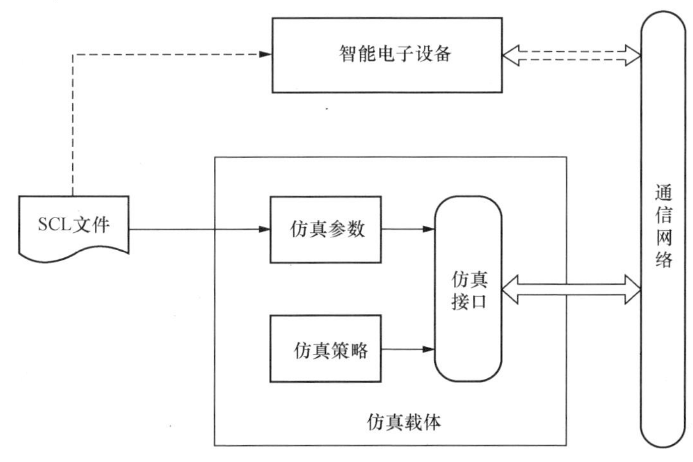

图8-12　虚拟智能电子设备仿真概念图

IEC 61850 标准对变电站三层设备之间的通信接口关系进行了定义，如表 8-3 所示。通过三层通信接口模型，IEC 61850 标准涵盖了现在和将来变电站自动化系统的各种通信需求。虚拟智能电子设备通信仿真的接口主要包括接口 1、3、4、5、6、8。从通信服务方面看，主要包括 MMS 通信仿真、GOOSE 通信仿真和 SV 通信仿真，从模型方面看，几乎可以仿真所有变电站常用模型。

表 8-3　　IEC 61850 标准定义的三层通信接口关系

接口	数据交互说明
1	间隔层和变电站层之间交换保护数据
2	间隔层和远方保护之间交换保护数据
3	间隔层之间交换数据
4	间隔层和过程层之间交换采样数据
5	间隔层和过程层之间交换控制数据
6	间隔层和变电站层之间交换控制数据
7	站层和远方工程师之间交换数据
8	间隔层之间直接快速交换数据（联锁）
9	站层之间交换数据
10	变电站与远方调度交换数据

有了虚拟智能电子设备技术，智能变电站过程层和站控层设备不再需要集中联调，可以实现智能变电站设备“分层、分区”逐步调试。另外虚拟智能电子设备技术对于老旧变电站智能化改造方式也有重要意义，对于改造过渡过程中的新老设备接口可以提供良好的仿真测试。

（一）MMS 通信仿真

在应用 IEC 61850 标准通信的变电站自动化系统中，装置作为 IEC 61850/MMS 服务器处理来自 IEC 61850 客户端的请求并主动上送各种报告给客户端。因此，对 IEC 61850/MMS 服务器的运行调试进行仿真，就是对装置 IEC 61850 通信功能的仿真，对于调试一个变电站自动化系统非常重要。

IEC 61850/MMS 服务器仿真系统的框架和流程如图 8-13 所示，首先由模型解析模块负责解析智能电子设备的 SCL 信息模型，建立与模型匹配的内存数据库，基于内存数据库，启动 IEC 61850/MMS 通信服务，仿真程序根据模型解析的结果提取可用于仿真的所有应用信号，产生虚拟信号库，基于这些虚拟信号，进行各项调试仿真。

在 IEC 61850/MMS 服务器运行调试中，信号变化上送是最基本的功能。传统的信号比对实验，需要用直流电点击信号端子来实验数字量，需要借助测试仪产生模拟信号来试验模拟量，此次设计的信号变化仿真流程，可以模拟信号仿真实验时智能电子设备的通信响应。信号变化仿真涉及的信号包括所有从SCL模型中抽取出来的虚拟信号，比如遥信、遥测、保护事件、告警事件等。信号变化仿真设计成手工调试仿真和自动调试仿真两种信号变化的模式。手工调试仿真下，手工置信号值，仿真程序判断当信号发生变化时，将信号发送给IEC 61850客户端；自动调试仿真下，建立多个状态序列，可设置每个状态的触发时间以及每个状态下各个信号的信号值，仿真程序建立定时器来触发信号发送给IEC 61850客户端。

为了更全面地模拟装置的IEC 61850/MMS服务器的通信行为，除了信号变化仿真，仿真系统还设计了多项应用功能的仿真，包括可控对象的闭环控制、保护定值的管理和上送、故障录波发生和上送等。

闭环控制仿真流程模拟远方遥控断路器、隔离开关、压板等可控对象时智能电子设备的响应和处理过程。仿真时，首先设置可控对象的位置信号，通信服务一旦接收到来自IEC 61850客户端的控制命令，如果是遥控选择命令，仿真应用程序检查仿真的可控对象是否存在以及对象的位置信号是否有效（控合时位置应处于分位，控分时位置应处于合位），然后将遥控选择的结果返回给通信服务。如果是遥控执行命令，仿真应用程序改变控制对象的位置信号，将位置信号变位和遥控执行的结果返回给通信服务，从而完成一个完整的闭环控制流程。

定值仿真流程模拟保护装置本地定值修改，本地活动定值区切换的操作，同时模拟接收远方修改定值，远方切换定值区，远方召唤定值等命令并做出响应。仿真时，如果是修改活动定值区的定值，先记录新值，然后主动将变化的定值上送给通信服务，更新内存数据库。如果是修改非活动区的定值，只记录新值，不上送给通信服务。如果是切换定值区，则将新定值区号和该区定值一起上送给通信服务，更新内存数据库。通信服务接收来自客户端定值请求，将内存数据库中的定值信息送给IEC 61850客户端。

故障录波仿真流程模拟保护装置产生录波文件后通知IEC 61850客户端召唤录波文件的过程。仿真时，由用户选择一个录波文件，仿真程序以当前时间当作故障发生时间，按递增方式自动产生一个故障序号，在预先设定的文件目录下自动生成一个新的录波文件名，然后通过通信服务将故障信息上送IEC 61850客户端，通知IEC 61850客户端来召唤录波文件。仿真程序响应客户端的召唤录波文件请求，把刚才的录波文件通过文件服务传送给IEC 61850客户端。

按照上述仿真方法和流程可模拟多种应用功能的IEC 61850/MMS服务器运行调试仿真系统，大大方便了对IEC61850客户端系统的信号对点、控制、定值操作和召唤故障录波文件等功能进行调试，减轻了系统调试的工作量。

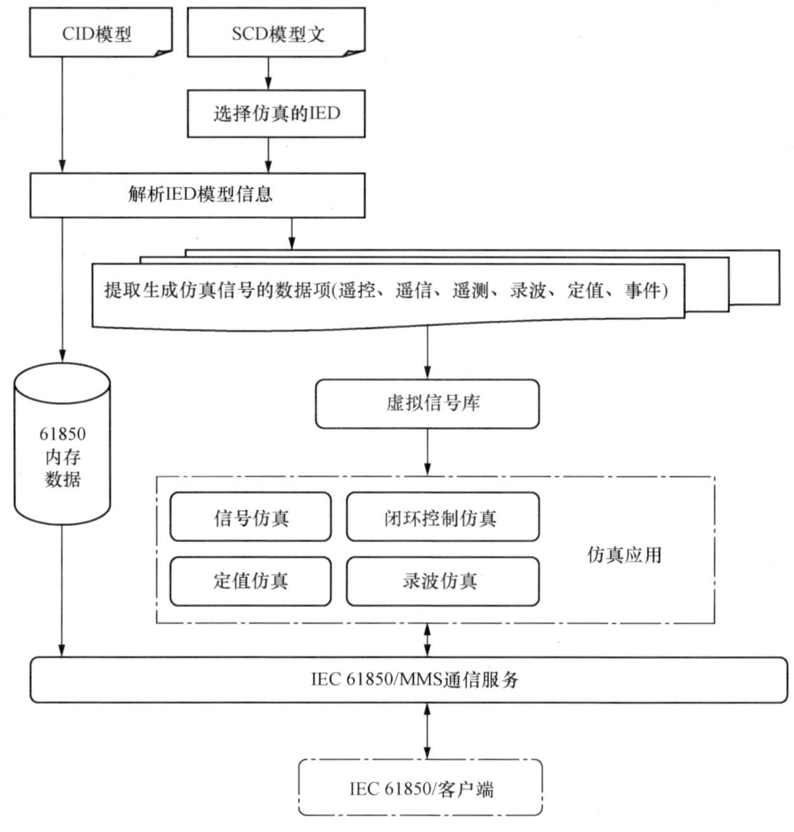

图 8-13　IEC 61850/MMS 服务器仿真系统的框架和流程

（二）GOOSE 通信仿真

自动化系统设备在线实时 GOOSE 通信仿真技术通过导入符合 IEC 61850 标准的自动化系统设备模型和配置，模拟智能电子设备作为快速报文发布方和接收方的 GOOSE 通信行为。可以利用“仿真载体”替代实际“智能电子设备”，从而对整个自动化系统的调试、仿真和测试提供了一种技术方法。

GOOSE 通信仿真调试方法主要包括 SCL 模型解析、通信仿真初始化配置、通信仿真实例化配置、通信仿真策略配置和在线通信仿真五个主要环节。具体机制实现要点说明如下：

1. SCL 模型解析

采用标准 XML 解析器读入变电站自动化系统 SCL 模型配置文件，解析包含 GOOSE 配置的智能电子设备列表，针对每一智能电子设备的 GOOSE 访问点，提取出 GOOSE 收发通信涉及的有关参数和数据（主要包括 GOOSE 发送控制块，发送数据集信息及每个数据元素的数据类型、GOOSE 接收的 Inputs 配置信息等)，并根据以上信息自动建立 GOOSE 发送信息点和接收信息点之间的对应关系，进而形成智能电子设备的 GOOSE 通信参数、GOOSE 发送信息点列表、GOOSE 接收信息点列表。

2. 通信仿真初始化配置

初始化配置包括通信参数配置与数据参数缺省配置两个内容。

通信参数包括最小时间 T1、心跳时间 T0、组播 MAC 地址、APPID、GOCBRef、GoID 和 TEST，初始化配置过程中将以上通信参数自动载入仿真载体。数据参数包括数据结构和数据类型，数据结构表现为 XML 数据嵌套关系，数据类型为单点信号、双点信号、浮点数据和整型数据。初始化配置过程中，仿真载体自动根据 XML 数据嵌套关系建立仿真信息表，同时自动为仿真数据赋予缺省运行值。

3. 通信仿真实例化配置

实例化配置包括 GOOSE 仿真数据的实例配置和数据实例名称关联配置两块内容。从仿真信息表中选择需要参与仿真的数据对象，根据被仿真的智能电子设备的装置特性具体编辑仿真发送数据变化状态和运行值，同时配置仿真接收数据的监视运行值。根据实际智能电子设备工程应用背景，配置 GOOSE 发送和接收数据的具体工程定义。

仿真载体具备数据输入输出接口，可以将 GOOSE 仿真实例化配置保存为外部文件，也具备外部导入文件实现 GOOSE 仿真实例化配置的功能。

4. 通信仿真策略配置

通信仿真策略提供了实时状态变化仿真、状态序列变化仿真和逻辑自驱动变化仿真三种模式。实时状态变化仿真模式用于模拟智能电子设备配合人工置遥信产生变位的过程，状态序列变化仿真模式模拟智能电子设备配合自动测试仪在多个时序分别触发多个信号同时变位的过程，逻辑自驱动变化仿真模拟智能电子设备 GOOSE 输入输出内部触发机制。

为了达到更好的仿真效果，实时状态和状态序列两种模式下的信号均包含了初始态和运行态这两个状态，对应于仿真装置初始化过程状态和运行过程状态。实时状态仿真时，人工逐个修改运行态所关心的信号值，每修改一个信号就触发 GOOSE 服务发送变位信号。状态序列仿真时，先确定需要多少个运行状态，设定每个状态的信号值，设定每个状态的触发时间间隔，设定这些状态序列是否循环反复进行，然后才启动 GOOSE 通信。仿真载体采用一个计时器判断当前时间计数是否达到触发时间，如达到则将该状态的信号值通过 GOOSE 服务发送出去。在状态序列变化模式下，允许设定等时间间隔逐个信号变位的策略，自动触发 GOOSE 信号的逐个变位，从而方便 GOOSE 收发通信双方的信号对点调试。

在实现 GOOSE 仿真接收和 GOOSE 仿真发送的基础上，采用逻辑自驱动的 GOOSE 通信仿真策略。逻辑自驱动的 GOOSE 通信仿真策略包括三个环节：GOOSE 接收、GOOSE 发送和输入输出逻辑驱动。其中关键环节是输入/输出逻辑驱动，输入/输出逻辑驱动遵循相应的仿真规则，即输入/输出逻辑驱动规则决定了 GOOSE 发送的触发条件。当仿真平台接收到 GOOSE 报文满足了输入/输出逻辑驱动规则所需要的输入条件，就根据预先定义的逻辑规则驱动 GOOSE 发送仿真。这种逻辑元件包含是与门、或门、非门和异或门，输入/输出逻辑驱动规则可以根据测试要求预先定义，形成通用的逻辑驱动规则库，在通信仿真中直接调用相应逻辑驱动规则即可实现仿真策略配置。

5. 在线通信仿真

在线通信仿真包括 GOOSE 发送仿真和 GOOSE 接收仿真两个内容。

在实例化配置文本基础上，生成智能电子设备在线 GOOSE 仿真配置文件，基于配置文件和仿真策略运行 GOOSE 通信服务，并通过外部通信接口实现实时仿真。仿真之前，先选择 GOOSE 服务所依赖的网卡。GOOSE 通信服务基于 WinPCAP 底层网络通信开发包，使得 GOOSE 报文直接绕过 TCP/IP 协议栈通过数据链路层直接通信。GOOSE 通信服务严格遵守 IEC 61850 标准。

（1）GOOSE 发送仿真。GOOSE 发送仿真基于模型中配置的 GOOSE 发送控制块关联的数据集中信号来进行，仿真前需要选择作为发送方的智能电子设备的模型。在线 GOOSE 发送状态和数值变化严格遵循发送仿真策略。GOOSE 发送模块实时检测信号的变位情况，当无信号变位时，以等时间间隔周期性发送 GOOSE 信号。当检测到信号变位时，以指数变化的时间间隔重复发送 GOOSE 变位信号。通过运行 GOOSE 服务，并在通信仿真的过程中改变通信控制策略和实例化数据，从而模拟智能电子设备在线 GOOSE 通信。

（2）GOOSE 接收仿真。GOOSE 接收仿真基于模型中配置的 GOOSE 接收信号来进行，接收时需要判断 GOOSE 收发双方的关系，因此仿真前需要同时选择发送方和对应接收方的智能电子设备的模型。GOOSE 接收仿真主要是监视 GOOSE 接收信号的实时状态，并记录每一次的 GOOSE 变位信号和变位时间。GOOSE 接收仿真实时监测网络上 GOOSE 报文，为了增强实际智能电子设备仿真的逼真度，仅接收匹配的 GOOSE 发送方数据包，过滤掉与接收方无关的 GOOSE 发送数据包。当判断发送的 GOOSE 报文里的 GocbRef，GoID，DataSetRef 和接收方的配置一致时认为匹配成功；然后按 ASN.1 规则解析报文获得 GOOSE 接收的信号值。

（三）SV 通信仿真

智能变电站内过程层设备用 IEC 61850 采样值 SV 报文传送采样值数据。如果需要对智能电子设备进行测试，传统的通过加二次电流电压的手段已经无法使用，取而代之的是一种能模拟发送 SV 采样值数据报文的方法。

与基于 IEC 61850 模型的 GOOSE 通信仿真方法类似，SV 通信仿真通过 SCL 模型解析、实例化及策略配置，最终在线仿真为某些特定的采样值。为调试提供直接的支持。并且智能变电站的过程层和间隔层，采用以太网的通信方式，网络的稳定性和可靠性成为变电站内部能否及时准确传递数据的一种至关重要的因素。因此对智能变电站的网络通信检测也是必要的和必需的。

而二次设备往往对正常的数据不会产生错误的动作行为，因此一种能否模拟数字化通信中错误和异常的数据方法和手段，则变得非常重要。

（1）模拟 SV 报文发送丢帧。正常的继电保护和监控系统需要的 SV 发送帧是每秒 4000 帧，并且是固定的。该项是模拟 SV 每秒发送的数据帧少于 4000 帧的情况，通过该方法，可以观察二次设备对缺帧的 SV 数据，会产生什么样的动作情况。

（2）模拟 SV 发送频率抖动。正常的 SV 发送频率应该固定为每 250μs 一帧或者是每 100μs 一帧，并且是固定的。该项是模拟 SV 每帧的发送时间间隔发生较大的偏差，但平均每帧的发送间隔时间仍然为 250μs 情况，比如应该是每 250μs 一帧，而某些帧发送间隔时间为 270μs，某些帧的发送间隔时间为 230μs，在这种情况下，观察二次设备的反应。

（3）模拟 SV 发送报文中的同步和失步。观察 SV 报文中同步和失步标志位的变化，对二次设备的影响。

（4）模拟 SV 的发送报文中模拟量的品质因素的变化。观察 SV 模拟量的品质变化对二次设备的影响。

（5）模拟 SV 的每个模拟量数据。模拟 SV 报文中每个模拟量数据，包括有效值、相位和相角，并可以对这些数值进行设置，从而观察二次设备在不同模拟量数据的情况下的反应。

针对智能变电站过程层，能够仿真发送 SV 数据，不仅能模拟各种不同的电力应用，也能模拟各种通信情况，既可以对智能变电站的二次设备进行应用测试，以观察设备动作的正确性和及时性，也可以对智能变电站的内部网络进行通信测试，以观察网络的可靠性和稳定性。

与传统变电站不同，智能变电站的一个明显特点是采用了 IEC 61850 标准作为变电站内自动化系统的唯一标准。统一开放的模型和服务为变电站仿真测试技术提供了可能，利用基于智能电子设备模型文件仿真模拟技术的虚拟智能电子设备可以进行 MMS、GOOSE 和 SV 全方面的仿真，包括模型和服务。这些仿真技术提供了全新的调试方法和手段，使智能变电站仿真集成测试成为可能。

二、系统动模试验

基于 IEC 61850 标准的智能变电站给传统变电站的一、二次设备带来了巨大变化，对应每套一次设备的保护和测控装置均需运行于网络，二次设备所需的电流、电压和控制信号以及保护和测控装置在运行中产生的所有数据，又都以统一的通信规约与网络进行交换，形成了一个不可分割的整体。这对智能变电站自动化系统测试工作提出了全新的要求，这不仅需要根据 IEC 61850 标准测试和验证系统单个设备的硬件、软件，更重要的是必须测试自动化系统的整体性能。

《智能变电站调试规范》规定：当某种新技术首次应用到其最高电压等级且可能影响到变电站安全稳定运行时应进行系统动模试验。标准还给出了系统动模的定义，系统动模是为保证继电保护性能和可靠性进行的变电站继电保护系统动态模拟试验。动态模拟是在微机上建立数字仿真系统，对所模拟的电力系统进行动态实时仿真。该方式需要建立电网一次系统的模型，输入各种参数，进行高精度的电磁暂态实时仿真计算，可以准确模拟电网的各种运行方式和故障情况，自由设置故障点位置、类型、持续时间等参数，并可以设置复合故障，以检验保护在复杂故障时的动作行为，是一种非常逼真的测试方式，可实现变电站二次设备的整体测试，其动态交互的效果是静态模拟方式所达不到的。例如，可以模拟被保护线路区内外金属性故障、带电阻故障、转换性故障、跨线故障以及振荡中故障等各种故障情况，还可模拟母线故障变压器励磁涌流、变压器外部故障等情况，对母线保护和变压器保护进行测试。

如上一节所述，IEC 61850 标准的应用为仿真提供了良好的手段，利用现有的数字动态实时仿真系统搭建具备一定规模的数字动模仿真系统已经成为一种可能。为满足站级保护与自动化系统的性能测试，并支持 IEC 61850 标准规约，首先建立电力系统全数字实时仿真系统，与二次系统接口方面，可采用两种技术方案：①仿真系统+功放+开关量接口+数字化转换装置；②仿真系统+数字化接口。第一种方案中，仿真系统通过功放及接口装置输出常规的模拟量和数字量，再通过基于光电互感器或合并单元及智能终端转换为基于 IEC 61850 标准的数字化信号，这与目前数字化变电站内的接口情况一致，技术比较成熟，但输出量受到接口元件的限制，比较难实现大规模二次系统的接入；第二种方案中，开发与仿真系统直接通信的基于 IEC 61850 标准的数字化接口或装置，该接口装置直接输出标准的数字化信号，硬件扩展能力强且结构简单，能够实现一次系统节点电气量的大规模输出，从而能够简化系统结构，并满足大规模仿真的需要，是智能变电站系统动模发展的方向。下面以某数字动态实时仿真系统为例说明其方案。

测试系统由仿真计算、计算数据打包、采样值数据发送、GOOSE 报文接收、GOOSE 报文解析等多个环节构成，与被测装置一起构成完整的闭环系统。测试系统原理框图如图 8-14 所示。

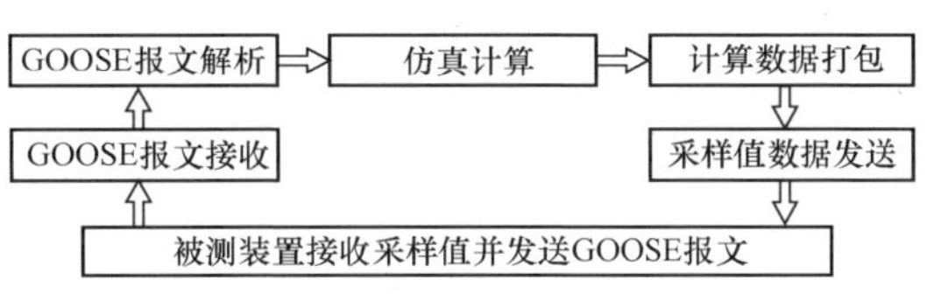

图 8-14 测试系统原理框图

仿真计算、计算数据打包、GOOSE 报文解析等功能由测试主机完成，其中仿真计算部分采用电力系统电磁暂态仿真算法，该算法利用瞬时值方式进行电力系统一次系统部分的仿真计算。可以通过图形界面对电网结构和元件参数进行修改，并可灵活地改变系统一次接线方式，用户可以设置各种典型故障，并可任意设置故障的类型和接地阻抗等参数，从而对系统运行情况进行完整的仿真模拟。采样值数据发送、GOOSE 报文接收等功能由 IEC 61850 通信卡和信号扩展器完成。测试系统硬件平台总体构架如图 8-15 所示。

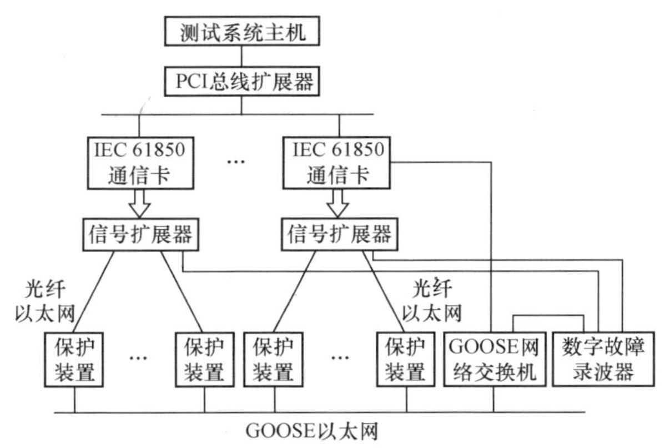

图 8-15 测试系统的硬件平台总体构架

整个系统工作过程如下：

（1）在测试主机上搭建数字化变电站一次系统模型，经过电磁暂态计算，产生测试需要的电压、电流等系统数据，其功能相当于变电站过程层中的电子式电流互感器+电子式电压互感器等。

（2）测试主机将计算出的电压、电流等数字量按照 IEC 61850 协议打包。

（3）通过外设组件互连 PCI 总线扩展器将打包好的数字量送至通信卡。通信卡与测试系统主机通信采用的是 PCI 总线接口。

（4）基于 PCI 总线的通信卡提供光纤以太网端口与保护装置及控制设备相连。

（5）保护装置产生的开关变位等信息通过 GOOSE 网并经通信卡返回测试主机，由测试主机模拟智能断路器的动作情况。

测试系统实现的关键技术包括以下内容。

（1）电磁暂态实时仿真计算。数字动态实时仿真系统提供了各种常用电力系统元件模型，包括发电机、变压器、输电线、电动机、电源、断路器、电流互感器、电压互感器等，可完整模拟电机、网络以及控制系统。

仿真系统具备方便的图形建模功能，可以方便地搭建电力系统单线图，形成不同规模的数字仿真系统，其仿真结果直接打包输出符合 IEC 61850 标准的数据，提供给数字化变电站二次装置。

（2）IEC 61850-9 通信协议。IEC 61850 通信卡模拟数字化变电站合并单元的功能，将符合 IEC 61850-9 协议的报文发送给保护、测控设备，主要包括各路电流、电压量及其有效性标志，此外还添加了其他辅助的二进制输入信息和时间标签信息。在与二次保护控制设备的通信网络上，采用了目前占主流地位的以太网。

（3）IEC 61850-8 GOOSE 通信协议。智能变电站二次设备将包含跳、合闸指令在内的众多信息以 GOOSE 报文的形式通过网络交换机送给智能一次设备，因此，在本测试系统中需要仿真系统接收 GOOSE 报文，并对 GOOSE 报文快速解析并完成相应操作，实现实时、闭环的测试。

（4）多路信号并发系统。针对数字化变电站运行中可能出现的信号传递延迟、阻塞等问题，开发多路信号并发系统，可以同步输出多路光纤信号，并对其中每路测试信号的收发速度进行准确控制，能够模拟和评估变电站运行过程中可能出现的各种恶劣工况。

（5）保证整个测试系统的实时性。动模试验需要完成包含多路信号的系统级测试过程，因此，基于 IEC 61850 协议数据的打包以及 GOOSE 报文解析等过程必须保证足够快的速度，才能保证整个测试系统的实时性，并取得满意的测试效果。

参 考 文 献

[1] 刘振亚. 智能电网技术 [M]. 北京：中国电力出版社，2010.

[2] 刘振亚. 智能电网知识读本 [M]. 北京：中国电力出版社，2010.

[3] 高翔. 数字化变电站应用技术 [M]. 北京：中国电力出版社，2008.

[4] 冯军. 智能变电站原理及测试技术 [M]. 北京：中国电力出版社，2011.

[5] 高新华. 数字化变电站技术丛书测试分册 [M]. 北京：中国电力出版社，2010.

[6] 郭秋萍. 计算机网络技术 [M]. 北京：清华大学出版社，2010.

[7] 王学超，李文鹏. 智能变电站二次系统集成测试工作浅析 [J]. 东北电力技术，2014，35（10）：33-36.

[8] 黄树帮，窦仁晖，梅德东，等. 基于 IEC 61850 标准的通用 IED 仿真系统的设计与实现 [J]. 电力系统自动化，2012，36（18）：153-158.

[9] 纪陵，李忠明，蒋衍君，等. 智能变电站二次系统仿真测试和集成调试新模式的探索和研究 [J]. 电力系统保护与控制，2014（22）：119-123.

[10] 浮明军，刘昊昱，董磊超. 智能变电站继电保护装置自动测试系统研究和应用 [J]. 电力系统保护与控制，2015（1）：40-44.

[11] 傅旭华，黄晓明，王松，等. 数字化变电站 GOOSE 技术工程化应用 [J]. 电力自动化设备，2011，31（11）：112-116.

[12] 王松，宣晓华，周华. 基于 IEC 61850 变电站自动化系统的系统组态研究 [J]. 继电器，2008，36（3）：48-51.

[13] 邹晓玉，王浩，吴晓博. IEC 61850 标准中的 SCL 语言的几个实践应用问题探讨 [J]. 电力系统自动化，2006，30（15）：77-81.

[14] 黄文华，朱渝宁，吴怡. XML 技术在 IEC 61850 标准中的应用研究 [J]. 西安邮电学院学报，2007，12（1）：63-67.

[15] 张结. IEC 61850 的结构化模型分析 [J]. 电力系统自动化，2004，28（18）：90-93.

[16] 常弘，茹锋，薛钧义. IEC 61850 标准语义信息模型的互操作性能分析及系统实现 [J]. 电工电能新技术，2005，24（3）：58-62.

[17] 王松. GOOSE 报文过滤方法研究 [J]. 电力系统自动化，2008，32（19）：54-57.

[18] 石文江，隋珺，朱亮亮. GOOSE 实例报文解析及过程层调试要点 [J]. 东北电力技术，2012，3：33-37.

[19] 周华良，郑玉平，等. 适用于合并单元的等间隔采样控制与同步方法 [J]. 电力系统自动化，2014，38（23）：96-100.

[20] 周春霞，李明，等. 针对 500kV 数字化变电站过程层采样的动模试验及若干问题探讨［J］. 电网技术，2011，35（1）：219-223.

[21] 刘海涛，黄鸣宇，赵旭阳. 智能变电站合并单元时间性能测试问题的研究［J］. 华东电力，2014，41（1）：119-121.

[22] 胡道徐，李广华. IEC 61850 通信冗余实施方案［J］. 电力系统自动化，2007，31（8）：100-103.

[23] 樊陈，倪益民，窦仁辉，等. 智能变电站过程层组网方案分析［J］. 电力系统自动化，2011，35（18）：67-71.

[24] 王松，陆承宇. 数字化变电站继电保护的 GOOSE 网络方案［J］. 电力系统自动化，2009，33（3）：51-54.

[25] 周春霞，李明，张维，等. 针对 500kV 数字化变电站过程层采样的动模试验及若干问题探讨［J］. 电网技术，2011，35（1）：219-223.

[26] 刘慧源，赫后堂，等. 数字化变电站同步方案分析［J］. 电力系统自动化，2009，33（3）55-58.

[27] 刘魏，熊浩清，石光，赵勇. IEEE 1588 时钟同步系统应用分析与现场测试［J］. 电力自动化设备，2012，32（2），127-130.

[28] 葛遗莉，葛慧，鲁大勇. 数字化变电站设计、运行中面临的问题［J］. 电力自动化设备，2010，30（12）：113-117.

[29] 樊陈，倪益民，窦仁晖等. 智能变电站一体化监控系统有关规范解读［J］. 电力系统自动化，2012，36（19）：1-5.

[30] 王德文，葛亮. 变电站在线监测智能电子设备的自动化测试［J］. 电力系统自动化，2014，38（14）：84-89.

[31] 刘焕志，胡剑锋，李枫等. 变电站自动化仿真测试系统的设计和实现［J］. 电力系统自动化，2012，36（9）：109-112.

[32] 贾德顺，张勇，邹国惠等. 基于 IEC 61850 标准的远动保信一体化平台开发与实践［J］. 电力系统保护与控制，2014，42（18）：116-121.

[33] 吴云. 基于光纤+SDH+IP 技术的继电保护及故障信息传输系统［J］. 电力系统自动化，2004，28（1）：88-91.

[34] 袁安富，于海，缪文贵，刁东宇. 智能变电站 MMS 报文捕获分析的研究与实现［J］. 电测与仪表，2013，9：75-78.

[35] 窦中山，魏勇，王兴安，金华蓉. 智能变电站网络报文分析关键技术研究［J］. 电气技术，2014，6：96-99.

[36] 丁国兴，王宏彦，邱建斌，高伟. 继电保护装置 IEC 61850 通信模型规范化测试软件开发［J］. 电力系统保护与控制，2014，42（17）：96-101.

[37] 樊陈，倪益民，窦仁晖，任浩，赵安国，黄国方. 智能变电站信息模型的讨论［J]. 电力系统自动化，2012，36（13），15-19.

[38] 王德文，阎春雨，毕建刚，袁帅. 变电设备在线监测系统中 IEC 61850 的一致性测试［J]. 电力系统自动化，2013，37（2）：79-85.

[39] 张明亮，许沛丰，等. 数字化变电站二次系统仿真测试方案［J]. 电力系统自动化，2010，34（10）：90-92.

[40] Nhat Nguyen-Dinh，Gwan-Su Kim，Hong-Hee. A study on GOOSE communication based on IEC 61850 using MMS Ease Lite［C]. International Conference on Control，Automation and System. 2007：1873-1877.

[41] RIM SJ，LEE Y J，LEE W T. Test and evaluation for power IT apparatus ［C]. Transmission and Distribution Conference，2009：26-30.

[42] INGRAM D E，SCHAUB P，TAYLOR R R，et al. Performance analysis of IEC 61850 sampled value process bus networks［J]. IEEE Transactions on Industrial Informatics，2013，9（3）：1445-1454.

[43] Hangtian Lei，Singh C，Sprintson A. Reliability Modeling and Analysis of IEC 61850 Based Substation Protection Systems[J]. IEEE Transactions on Smart Grid，2014，5(5)：2194-2202.

[44] Alexander Apostolov. Testing of complex IEC 61850 based substation automation systems［J]. International Journal of Reliability and Safety，2008，2（1）：51-63.

[45] Mazur DC，Kreiter JH，Rourke ME. Developing Protective Relay Faceplates：Taking Advantage of the Benefits of IEC 61850［J]. IEEE Industry Applications Magazine，2015，21（1）：33-40.

索　　引